高等职业教育电子与信息大类"十四五"系列教材

数据结构项目教程

主　编◎李学国　廖　丽

副主编◎唐　艳　蔡冬玲　沈应兰

华中科技大学出版社
http://press.hust.edu.cn
中国·武汉

内 容 简 介

"数据结构"是计算机及相关专业的一门专业必修课程，在整个计算机科学体系中占有重要地位，并且已成为其他理工专业的热门选修课。全书共设计9个项目，分别是认识数据结构与算法、线性表、栈和队列、串、数组和广义表、树和二叉树、图、查找以及排序。本书将每个项目的实现过程分成了多个任务，而每个任务又包括若干个子任务，通过对实际任务进行分析，建立合适的逻辑结构和存储结构，并选择和使用较好的数据处理方法，编写高效的算法，把真实的企业工作任务与理论知识进行了有机结合。

本书概念严谨，逻辑推理严密，语言精练，用词准确，并根据知识点，巧妙地引入了思政元素。

本书可作为计算机类专业或信息类相关专业的专科教材，也可供从事计算机工程与应用工作的科技工作者参考。

为了方便教学，本书还配有电子课件等资料，任课教师可以发邮件至hustpeiit@163.com索取。

图书在版编目（CIP）数据

数据结构项目教程 / 李学国，廖丽主编 . —武汉：华中科技大学出版社，2023.1
ISBN 978-7-5680-9021-6

Ⅰ . ①数… Ⅱ . ①李… ②廖… Ⅲ . ①数据结构 – 教材 Ⅳ . ① TP311.12

中国版本图书馆 CIP 数据核字（2022）第 254122 号

数据结构项目教程
Shuju Jiegou Xiangmu Jiaocheng

李学国 廖丽 主编

策划编辑：康 序
责任编辑：刘姝甜
封面设计：孢 子
责任监印：朱 玢
出版发行：华中科技大学出版社（中国·武汉） 电话：(027)81321913
　　　　　武汉市东湖新技术开发区华工科技园 邮编：430223
录　排：武汉创易图文工作室
印　刷：武汉市籍缘印刷厂
开　本：787 mm×1092 mm　1/16
印　张：18.5
字　数：439千字
版　次：2023 年 1 月第 1 版第 1 次印刷
定　价：55.00 元

前言

PREFACE

计算机学科是实践性很强的学科，通过编程解决实际工作、生活中的问题是该学科的基础，也是训练计算机相关专业学生基本技能的方式。编写"优雅"的程序不仅是指熟练运用程序设计语言，更是指能设计精巧的算法高效地解决实际问题。

"数据结构"课程是一门专业技术性课程，其主要研究的是计算机内部数据的逻辑组织结构，数据在计算机中的存储结构，以及在这基础之上构建高效的算法，从而解决生产与生活中的实际问题。算法设计体现出一种计算思维，编写程序的目的是将算法设计思想变成计算机能够执行的指令序列。一个优秀的软件工程师需要掌握数据结构的相关算法，并能进行算法效率的分析。

2021年10月中共中央办公厅、国务院办公厅印发《关于推动现代职业教育高质量发展的意见》明确提出，要"建设技能型社会，弘扬工匠精神，培养更多高素质技术技能人才、能工巧匠、大国工匠，为全面建设社会主义现代化国家提供有力人才和技能支撑"，"推动思想政治教育与技术技能培养融合统一"。本书正是基于此，以技能培养为主线，面向生产与生活的实际情况，着力培养学生解决问题的能力。

本书编写特色如下：

1. 项目任务式组织本书架构。

本书根据学生认知规律进行编写，学生可以提出任务需求、明确任务目标、开展任务分析、了解任务中所涉及的知识（体系）、实现任务为步骤，循序渐进进行学习。全书把知识有机融入任务，学生在完成任务后，自然就掌握了相关知识，如此便把枯燥的理论学习，变成在实践中实现任务，使理论和实践进行了有机融合。

2. 突出职业技能的培养。

全书以技能培养为主线，把技能培养放在突出的位置，把抽象的数据结构知识简单化、任务化，突出对学生动手能力的培养，每一个任务中都把算法变成了可以执行的程序（学生可以运用C语言实现算法），并给出程序运行结果，以帮助学生进行分析、理解和实践。

3. 深入挖掘课程思政元素。

本书把思政元素贯穿于教育教学的整个过程。在每个任务中，根据"数据结构"

课程所蕴含的思政元素,进行深入挖掘,把思政元素贯穿于本书,从理想信念、道德情操、大国工匠精神、爱国精神、法治建设、思想素质等方面共设计 27 个思政小课堂。

4. 突出知识体系结构的完整性。

本书设认识数据结构与算法、线性表、栈和队列、串、数组和广义表、树和二叉树、图、查找以及排序 9 个项目,由浅入深、完整讲解了计算机学科中所需要的常用的算法,有利于培养学生科学完整的知识体系结构。另外,本书注重知识和基本概念的介绍,注重任务的完成,以实现实践能力的培养。

5. 提供思维导图,帮助掌握知识脉络。

本书对每一个项目都提供了思维导图,以帮助学生快速了解每个项目所涉及的知识体系,有助于学生在学习时掌握并有利于学生进行复习巩固,让学生学会对知识进行总结与提炼。

本书主要分为 9 个项目,28 个任务,建议理论教学 32 ~ 48 学时,实践教学 16 ~ 32 学时。各项目主要内容及学时建议如下表,教师可以根据实际教学情况进行调整。

项目名称	主要任务	理论学时	实践学时	自学学时
认识数据结构与算法	任务 1　简单学生成绩管理系统 任务 2　学生成绩统计 任务 3　学生成绩查询	2	2	2
线性表	任务 1　数据逆置 任务 2　数据分类排列 任务 3　一元多项式加法运算 任务 4　线性表的应用——约瑟夫环问题	6	2	4
栈和队列	任务 1　数值转换器 任务 2　迷宫求解	6	2	4
串	任务 1　文本统计 任务 2　文件复制及多页文本段落数统计	4	2	2
数组和广义表	任务 1　矩阵相乘 任务 2　文本文件压缩存储 任务 3　稀疏矩阵 任务 4　广义表	6	2	4
树和二叉树	任务 1　八皇后问题 任务 2　二叉树遍历 任务 3　树和森林 任务 4　哈夫曼树及其应用	8	2	4

续表

项 目 名 称	主 要 任 务	理论学时	实践学时	自学学时
图	任务1　城市之间连通性判断 任务2　图的存储结构 任务3　周游世界 任务4　线路铺设最小代价	8	2	4
查找	任务1　手机短信内容电话号码提取 任务2　散列表的双散列探测查找	4	2	2
排序	任务1　双向冒泡排序 任务2　堆排序 任务3　基数排序	4	2	2

　　本书由重庆化工职业学院李学国教授、重庆城市职业学院廖丽担任主编，重庆化工职业学院唐艳、蔡冬玲、沈应兰担任副主编，重庆化工职业学院党委书记范永同审稿，重庆市树德科技有限公司董事长李军凯、重庆瀚海睿智大数据科技股份有限公司陈继董事长、腾讯云（重庆）数字经济产业基地王延飞经理参与编写，全书由李学国统稿、定稿。本书在出版过程中得到了华中科技大学出版社的大力支持，在此一并表示感谢。

　　由于编者水平有限，书中难免存在一些不足之处，恳请读者批评指正。

　　为了方便教学，本书还配有电子课件等资料，任课教师可以发邮件至 hustpeiit@163.com 索取。

编者
2022 年 7 月

目录

CONTENTS

认识数据结构与算法

知识目标

（1）理解和掌握数据结构中的基本概念

（2）理解和掌握线性结构、树形结构和图形结构的概念以及二元组的表示方法

（3）理解算法评价的规则，算法时间复杂度和空间复杂度的概念，以及数量级的表示方法

技能目标

（1）具有对现实世界的数据进行抽象表示的能力

（2）具有对算法时间复杂度和空间复杂度进行简单分析的能力

素质目标

（1）培养正确认识计算机中数据的表示与存储方法的能力

（2）培养团队协作精神

（3）培养分析问题、解决问题的能力

项目思维导图

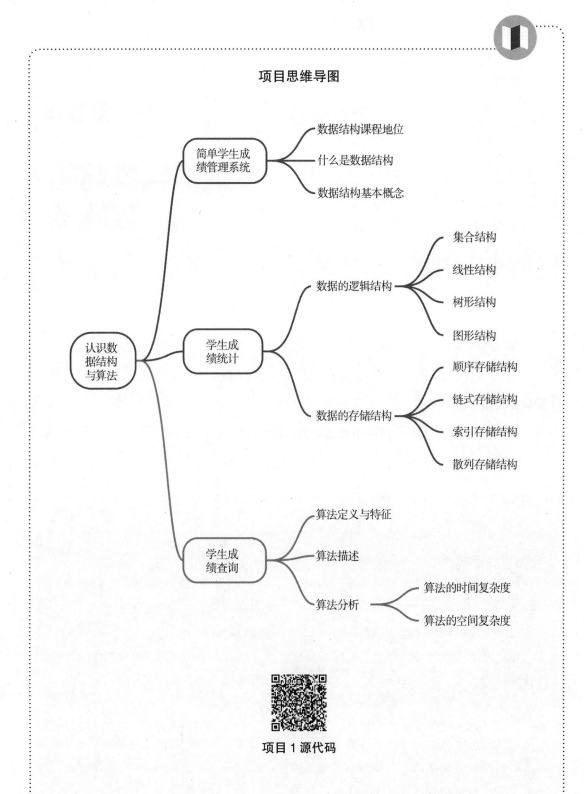

项目 1 源代码

任务 1　简单学生成绩管理系统

任务简介

设计一个简单的学生成绩管理系统，能存储三个学生的学号、姓名及各科成绩，并进行输出。

任务目标

通过实现简单的成绩输入输出，能理解计算机中数据组织形式，理解数据结构课程的地位，掌握什么是数据结构及数据结构课程研究的内容，理解数据结构的基本概念。

任务分析

要存储学生的学号、姓名及各科成绩，可以利用 C 语言提供的结构体（构造体）数据类型来实现，将信息输入存储在结构体类型中，再进行输出。计算机中数据是怎么组织的呢？数据与数据之间有什么关系呢？为了弄清这些问题，我们在实现成绩管理之前，需要掌握数据结构的基本知识。

思政小课堂

做一个珍惜时间、努力学习的人

大学生活在人的一生中虽然只占很小的一部分，但每个人都需要珍惜大学学习时间，勤奋好学，勇攀科学高峰。在 21 世纪，每个人都需要不断学习，才能赶上时代的发展。知识往往能改变一个人的命运。西汉匡衡勤奋好学，因家中没有蜡烛，而邻家有蜡烛，但光亮照不到他家，匡衡就在墙壁上凿了洞引来邻家的光亮读书。县里有个大户人家，主人叫文不识，家中有很多书，匡衡就到他家去做雇工，但不要报酬。主人感到很奇怪，问他为什么这样，他说：“我想读遍主人家的书。”主人听了，深为感叹，就借给匡衡书。后来匡衡成了西汉时期大学问家。在新时代，我们学习条件好了，更应当抓紧一分一秒努力学习。

知识储备

自 1946 年计算机在美国诞生后，计算机产业的飞速发展远远超出人们对它的预料。计算机应用领域从最初的科学计算逐步发展到人类活动的各个领域。如今，互联网正在改变着人们的传统生活方式，在云计算和大数据时代，计算机处理的对象不仅包括简单的数值和字符，而且还包括文本、图形、图像、声音、视频等多媒体数据，其数据的结构也变得愈加复杂，这就给程序设计带来了一些新的问题。为了设计编写一个性能良好的程序，设计者不仅要根据实际情况掌握至少一种适合的计算机高级语言或开发工具，更重要的是研究数据的不同结构和组织方法以及进行数据处理的不同算法，通过分析和比较，选择出较好的设计方案。这正是数据结构这门课程所涵盖的内容。

◆ **子任务 1　数据结构课程地位**

数据结构
课程地位

"数据结构"是计算机及相关专业的一门专业必修核心课程,在整个计算机科学体系中占有重要地位,也是全国计算机专业考研的一门专业基础课程,是培养程序员、软件设计师、系统分析师等的一门重要课程。数据结构课程涉及多方面的知识,如计算机硬件范围内的存储装置与存取方法,软件范围中的文件系统,数据的动态管理,信息检索、数据表示,以及云计算与大数据等。数据结构课程也是后继课程如操作系统、数据库原理、编译原理、人工智能、云计算与大数据等的先修课程。数据结构课程不仅讲授数据在计算机中的组织与表示方法及相关运算,更重要的是培养学生分析问题和解决问题的能力,培养良好的计算机科学职业素养。

◆ **子任务 2　什么是数据结构**

什么是
数据结构

计算机是抽象处理现实事务的一种数据装置,用计算机处理实际问题时,一般先对具体问题进行抽象,抽象出一个适当的数学模型,然后设计一个数学模型的算法,最后编写程序,进行测试、调试,直至得到满意的解答。建立数学模型的实质是分析问题,从中提取操作的对象,并找出这些操作对象之间的关系,然后用数学语言加以描述。

在计算机处理问题的过程中,大批量的数据并不是孤立、杂乱无章的,它们之间有着内在的联系,只有利用这些内在联系,把所有数据按照某种规则有机组织起来,才能根据这些内在联系,对数据进行有效处理。

例 1-1　学生信息登记表

在表 1-1 所示的学生信息登记表中,每一行为一个学生的信息,每一列数据的类型相同,它是一个二维表,整个二维表形成用户数据的完整学生信息,学生信息的排列有先后次序。诸如此类的还有图书馆的图书自动查询系统、飞机订票系统、人口统计系统等,在这类文档管理的数学模型中,计算机处理的对象之间通常存在着一种简单的线性关系,这类数学模型可称为具有线性的数据结构。

表 1-1　学生信息登记表

学号	姓名	性别	出生日期	家庭地址	联系电话
202201001	张振刚	男	1997-9-1	四川成都建设路 1 号	028-573****9
202201002	刘红艳	女	1998-6-3	江苏无锡软件园 8-12#	183456****9
202201003	李建国	男	1997-10-4	广东汕头市人民西路 56-8#	136278****5
⋮	⋮	⋮	⋮	⋮	⋮

例 1-2 计算机存储设备文件目录结构

在计算机存储设备文件目录（见图 1-1）中，包含一个根目录和若干个子目录，每个子目录中可能包含下一级子目录或文件。在这样一种数据模型中，数据之间的关系是一对多的非线性关系，这也是我们常用的一种数据结构，称为树形结构。

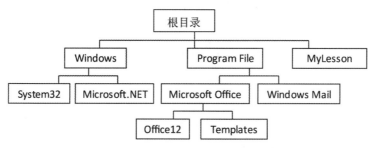

图 1-1　计算机存储设备文件目录

例 1-3 Internet 网络系统问题

在一个企业内部，有多台计算机，利用网线将其连接起来，实现计算机之间的资源共享与通信，如图 1-2 所示。在这样一种数学模型中，数据之间的关系是多对多的一种非线性关系，我们称这种数据结构为图形结构。

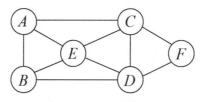

图 1-2　网络结构示意图

综合以上三个例子可见，描述这类非数值计算问题的数学模型不再是数学方程，而是诸如表、树和图之类的数据结构。因此，数据结构是一门研究非数值计算的程序设计问题中计算机操作对象以及它们之间的关系和操作等的学科。

数据结构研究的主要内容：

（1）对所加工的对象进行逻辑组织。

（2）把加工对象存储到计算机中去。

（3）数据运算。

◆　**子任务 3　数据结构基本概念**

（1）数据（data）是对客观事物的符号表示，在计算机科学中是指所有能输入计算机中并被计算机程序处理的符号的总称。它是计算机程序加工的"原料"。例如，一个文件、一个程序、一幅图画、一段视频、一段声音都可以通过编码而归为数据。

（2）数据元素（data element）是数据的基本单位，在计算机程序中通常作为一个整体进行考虑和处理。如对于一个文件来说，每个记录就是它的数据元素；对于一个字符串来说，每个字符就是它的数据元素。数据和数据元素是相对而言的。对于一个记录来说，

数据结构
基本概念

它是所属文件的数据元素，而它相对于所含的多个数据项而言又可看作数据。一个数据元素可包含一个或多个数据项（data item）。数据项是数据的不可分割的最小单位。如表1-1中，每个学生的信息（如"202201001，张振刚，男，1997-9-1，四川成都建设路1号，028-573****9"）是一个数据元素，其中学生信息中的学号（"202201001"）是该数据元素的数据项。

（3）数据对象（data object）是性质相同的数据元素的集合，是一个数据的子集，例如，整数数据对象的集合是N={0, 1, 2, -1, -2, ⋯}，字母字符数据对象集合是C={'A'，'B'，'C'，⋯，'Z'}。

（4）数据类型（data type）是一组性质相同的值的集合以及定义于这个值的集合上的一组操作的总称。每个数据项属于一个确定的基本数据类型。例如C语言中的整型（int）变量，其值的集合为某个区间上的整数，定义在这个值的集合上的操作有加、减、乘、除和取模等算术运算。

按值的不同特性，高级程序设计语言中的数据可以分为两类。一类是非结构的原子类型。原子类型的值是不可分解的，如C语言的基本数据类型（整型、实型、字符型、枚举型）、指针类型和空类型等。另一类是结构类型。结构类型的值可以由若干成分按某种结构组成，因此可以再分解，并且它的成分可以是非结构的，也可以是结构的。例如，数组的值由若干分量组成，每个分量可以是整数，可以是数组等。在某种意义上，数据结构可以看成是"一组具有相同结构的值"，而结构类型可以看成由一种数据结构和定义在其上的一组操作组成。

（5）数据结构（data structure）是指相互之间存在一种或多种特定关系的数据元素的集合。它是按照某种关系把数据组织起来，以一定的存储方式把它们存储在计算机中，并依据这些数据定义了一组运算的集合。在任何问题中，数据元素都不是孤立存在的，它们之间存在某种关系，数据元素之间的这种相互关系就称为结构。

数据结构是一个二元组，其形式定义为：

$$Data\_Stru=(D,S)$$

其中，D是数据元素的有限集合，S是D上关系的有限集合。

例 1-4

假设需要编制一个事务管理系统管理学校科学研究课题小组的各项事务，则首先要为程序的操作对象——课题小组设计一个数据结构。假设每个小组由1位教师、1~3名研究生及1~6名本科生组成，小组成员之间的关系是：教师指导研究生，每名研究生指导1~2名本科生。由此可以定义数据结构如下：

$$Group=(D,S)$$

其中，D={T，G_1,⋯,G_n, S_{11},⋯,S_{nm}}，$1 \leq n \leq 3$，$1 \leq m \leq 2$。

$$R=\{R_1,\ R_2\}$$

其中：$R_1=\{<T,\ G_i>|1\leqslant i\leqslant n\}$;

$R_2=\{G_i,\ S_{ij}|1\leqslant i\leqslant n,\ 1\leqslant j\leqslant m\}$。

上述数据结构的定义仅是对操作对象的一种数据描述，换句话说，是从操作对象抽象出来的数学模型。数据结构定义的"关系"描述的是数据元素之间的逻辑关系，因此又称为逻辑结构。

数据结构作为一门课程，就是研究数据的逻辑结构、数据的存储结构及其运算的一门学科。

任务实现

```
#include "stdio.h"
struct student{   /* 定义一个结构体类型实现学生成绩信息的存储 */
    int xh;
    char xm[20];
    float cj;
}
main(){
    struct student st[3];
    int i;
    for(i=0;i<3;i++){        /* 输入三个学生的成绩 */
        scanf("%d",&st[i].xh);
        scanf("%s",st[i].xm);
        scanf("%f",&st[i].cj);
    }
    printf(" 学号 \t 姓名 \t 成绩 \n");        /* 输出三个学生成绩 */
    for(i=0;i<3;i++)
    printf("%d\t%s\t%.2f\n",st[i].xh,st[i].xm,st[i].cj);
}
```

程序运行结果如图 1-3 所示。

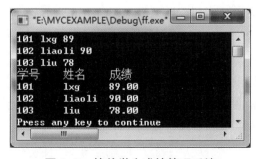

图 1-3　简单学生成绩管理系统

任务 2　学生成绩统计

在任务 1 基础上实现对学生的成绩求平均值，并进行输出。

在进行学生成绩统计时，需要理解学生成绩数据在计算机中是以什么样的逻辑结构进行组织的，其存储结构又是怎么样的，因此，需要掌握计算机中数据的逻辑结构和存储结构，为后期学习打下良好的基础。

利用结构体对学生信息进行存储后，读取学生成绩信息，进行累加求和，再计算平均值。通过此任务，明确学生数据的逻辑结构及其在计算机中的存储结构。

成功的道路不止一条

数据在计算机中的组织可以有多种方式，数据的存储结构也可以有多种方式，不管采用哪种方式，都可以达到有效组织与有效存储数据的目的，就像我们的人生一样，只要确定正确的目标，向目标迈进，就一定会成功。在向目标挺进的过程中，我们可以选择多种路径，只是有些路径要付出的代价更高。尽管通向成功的道路有千万条，但我们只能选择其中一条，并坚定地走下去，直到我们取得成功的一天，当我们成功以后，回想起来，我们会觉得无怨无悔、此生无憾。

◆　子任务 1　数据的逻辑结构

数据的逻辑结构是指数据元素之间的逻辑关系。常见的逻辑结构有集合结构、线性结构、树形结构和图形结构，如图 1-4 所示。

数据的
逻辑结构

（1）集合结构（set structure）：在该逻辑结构中，只有数据元素集 D，而关系集为空集，即 $R=\{\}$。也就是说，结构中的数据元素除了同属于一个集合外，数据元素之间没有其他关系。集合结构如图 1-4（a）所示。

（2）线性结构（linear structure）：在该结构中，除了第一个元素（记录）外，其他各元素（记录）都有唯一的前驱；除了最后一个元素（记录）外，其他各元素（记录）都有唯一后继；第一元素无前驱，最后一个元素无后继。线性结构数据各元素之间存在一对一的关系。在后面项目中研究的线性表、队列、栈等属于线性结构。线性结构如图 1-4（b）所示。

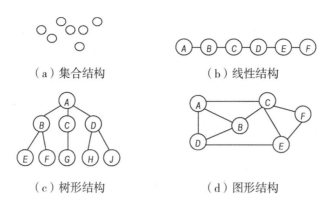

（a）集合结构　　　　　　（b）线性结构

（c）树形结构　　　　　　（d）图形结构

图 1-4　数据的逻辑结构

（3）树形结构（tree structure）：在该结构中，有且只有一个根结点，其余所有结点有且只有一个唯一的前驱，但可以有多个后继结点。数据中各元素之间存在一对多的关系，如一个组织机构的领导管理模式、一个家族的血缘关系等。在后面项目中研究的树、二叉树就属于树形结构。树形结构如图 1-4（c）所示。

（4）图形结构（graph structure）：在该结构中，各元素之间可以有多个前驱和多个后继。数据中各元素之间存在多对多的关系。如一个城市之间的道路交通，是一种图形结构。图形结构如图 1-4（d）所示。

◆ 子任务 2　数据的存储结构

数据的存储结构又称为数据的物理结构（data physical structure），是数据在计算机中的存储表示，它包括数据本身在计算机中的存储方式，以及数据之间的逻辑关系在计算机中的表示。因此，数据的存储结构是依赖于计算机的。

1. 顺序存储结构

把逻辑上相邻的结点存储在物理位置相邻的存储单元里，结点间的逻辑结构以存储单元的邻接关系来体现，由此得到的存储方式表示为顺序存储结构（sequential storage structure），通常顺序存储结构是借助于程序语言的向量来描述的。该存储方法主要用于线性的数据结构。顺序存储结构如图 1-5 所示。

数据的
存储结构

A	B	C	D	E	F	G	H

图 1-5　顺序存储结构

2. 链式存储结构

不要求逻辑上相邻的结点在物理位置上相邻，结点间的逻辑关系是由附加的指针表示的，由此得到的存储方式表示为链式存储结构（linked storage structure），通常要借助于程序语言的指针类型来描述它。链式存储结构如图 1-6 所示。

图 1-6　链式存储结构

3. 索引存储结构

索引存储方法是指在存储结点的同时，还建立附加的索引表。索引表中的每一项称为索引项，索引项的一般形式是"（关键字，地址）"，关键字能唯一标识一个结点的数据项。若每一个结点在索引表中都有一个索引项，则该索引表为稠密索引（dense index）；若一组结点在索引表中只对应一个索引项，则该索引表为稀疏索引（sparse index）。稠密索引中索引项指示结点所在的存储位置，而稀疏索引中索引项的地址指示一组结点的起始存储位置。

4. 散列存储结构

散列存储方法的基本思想是根据结点的关键字直接计算该结点的存储地址。

上述四种基本的存储方法也可以组合起来对数据结构进行存储映象。同一逻辑结构采用不同的存储方法，可以得到不同的存储结构。选择何种存储结构来表示相应的逻辑结构，主要遵循使其运算方便的原则及根据算法的时空要求来具体确定。

值得指出的是，很多教科书上将数据的逻辑结构和数据的存储结构定义为数据结构，而将数据的运算定义为数据结构上的操作。但是，无论怎样定义数据结构，都应该将数据的逻辑结构、数据的存储结构及数据的运算这三方面看成一个整体。我们在学习时，不要孤立地去理解一个方面，而要注意它们之间的联系。

任务实现

```c
#include "stdio.h"
struct student{
     int xh;
     char xm[20];
     float cj;
};struct student st[3];
main(){
     int i;
     float sum=0;
     for(i=0;i<3;i++){
          scanf("%d",&st[i].xh);
          scanf("%s",st[i].xm);
          scanf("%f",&st[i].cj);
     }
for(i=0;i<3;i++)
          sum=sum+st[i].cj;
printf(" 平均成绩 :%.1f\n",sum/3);
}
```

程序运行结果如图 1-7 所示。

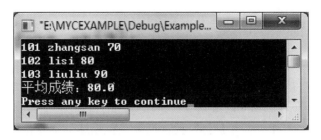

图 1-7　学生成绩统计

任务 3　学生成绩查询

任务简介

根据任务 1 中的简单学生成绩管理系统，实现输入一个学生的学号可查询这个学生的姓名和成绩。

任务目标

编写一个程序，需要考虑程序的执行效率，包括时间效率和空间效率，即下文所说的算法时间复杂度和空间复杂度，因此，需要掌握什么是算法及算法描述的方法，理解算法的时间复杂度和空间复杂度。

任务分析

学生成绩查询是指根据关键字查找匹配相关信息。选择不同的查询方法，程序执行的效率会不一样。这里只是用一个简单的顺序查询方法实现，更多的查询方法在后面项目中有专门讲解。

思政小课堂

做事要讲究方法与效率

算法是解决一个问题的方法与步骤。我们在做任何事情的时候，需要讲究方法；解决同样一个问题，采用不同的方法其效率是不一样的。在学习、工作时，我们需要多分析，对同样一个问题，我们可以从不同的方面分析主客观因素，从而得到不同的解决方法，然后分析每一种方法实施的步骤及可能面临的困难，再选择一条我们认为最简单的方法。很多时候问题不能很好地被解决，其实就是方法不对。行动需要讲究方法，方法决定效率。

知识储备

◆　子任务 1　算法定义与特征

算法（algorithm）是对特定问题求解步骤的一种描述。通俗地讲，一个算法就是一个求解问题的方法。更严格地说，算法是由若干条指令

算法的定义
与算法分析

组成的有限序列，其中每一条指令表示一个或多个操作。一个算法具有下列特征：

（1）有穷性。一个算法必须总是（对任何合法的输入值）在执行有穷步骤之后结束，且每一步骤在有穷时间内完成。

（2）确定性。算法中的每一步必须有确切的含义，并且在任何条件下，算法只有唯一的一条执行路径，即对于相同的输入只能得出相同的输出。

（3）可行性。一个算法必须是可行的，即算法中描述的运算都可通过已经实现的基本运算的有限次执行得以实现。

（4）输入。一个算法可以有零个或多个输入，这些输入是在算法开始前赋给算法初值的量，取自特定的数据集合。

（5）输出。一个算法必须有一个或多个输出，这些输出是同输入之间存在某种特定关系的量。

算法的含义与程序十分相似，但二者是有区别的。一个程序不一定满足有穷性，例如操作系统，只要整个系统不遭破坏，它就永远不会停止，即使没有作业要处理，它仍处于一个等待循环中，以待新的作业进入，因此操作系统不是一个算法。另外，程序中的指令必须是机器可以执行的，而算法的指令则无限制。一个算法若用机器可执行的语言来描写，它就是一个程序。

◆ 子任务 2　算法描述

算法可以使用不同的方法来描述，最简单的方法是使用自然语言。用自然语言来描述算法的优点是简单且便于人们对算法进行理解，缺点是不够严谨。

算法的描述也可以使用程序流程图、N–S 图等算法描述工具来描述，其特点是描述过程简洁明了。

使用以上方法描述的算法不能直接在计算机上执行，若要将它转换成可执行的程序，还有一个编程的问题。

算法还可以使用某种程序设计语言来描述，不过直接使用程序设计语言并不容易，而且不太直观，通常需要借助于注释才能使人看明白。

为了解决理解与执行这两者之间的矛盾，人们常常使用一种伪代码语言来进行算法描述。伪代码语言是介于高级程序设计语言与自然语言之间的一种语言，其忽略高级程序设计语言中一些严格的语法规则与描述细节，因此它比程序设计语言更容易描述和被人理解，而比自然语言更接近程序设计语言，虽然不能直接执行但容易被转换成高级语言。本书中的算法绝大多数就是采用伪代码语言或自然语言来描述的。

◆ 子任务 3　算法分析

求解一个问题，可以有许多不同的算法，那么如何来评价一个算法呢？

显然，选用的算法首先应该是正确的。此外，主要考虑如下三点：

（1）执行算法所耗费的时间。

（2）执行算法所耗费的存储空间，其中主要考虑辅助存储空间。

（3）算法应当易于理解、易于编码、易于调试等。

我们总是希望选用一个存储空间小、运行时间短、性能也好的算法，然而，实际上很难做到十全十美，原因是上述要求有时会相互抵触。要节约算法的执行时间往往要以牺牲更多的空间为代价；而为了节省空间又可能要以更多的时间为代价。因此，我们只能根据具体情况有所侧重。若该程序使用次数较少，则力求算法简明易懂，易于转换为机器可执行的程序。对于反复多次使用的程序，应尽可能选用快速的算法。若待解决的问题数据量极大，机器的存储空间较小，则选用相应算法时主要考虑如何节省空间等。

1. 算法的时间复杂度

一个算法所耗费的时间，应该是该算法中每条语句执行时间之和，而每条语句的执行时间是该语句的执行次数（也称为频度（frequency count））与该语句一次执行所需时间的乘积。在算法转换成程序之后，每条语句一次执行所需的时间取决于机器的指令性能、速度以及编译所产生的代码质量，这是很难确定的。因此，我们假设每条语句一次执行所需时间是单位时间，这样，一个算法的时间耗费就是该算法中所有语句的频度之和。于是，我们就可以独立于机器的软、硬件系统来分析算法的时间耗费。

> **例 1-5**

求两个 n 阶方阵的乘积 $C=A \times B$，其算法如下：

```
void Matrix(int A[n][n],int B[n][n]){
    int C[n][n],i,j,k;
(1) for(i=0;i<n;i++)                          /*n+1*/
(2)     for(j=0;j<n;j++){                      /*n(n+1)*/
(3)         C[i][j]=0;                          /*n²*/
(4)             for(k=0;k<n;k++)               /*n²(n+1)*/
(5)                 C[i][j]+=A[i][k]*B[k][j];  /*n³*/
    }
}
```

右边列出的是各语句的频度，语句（1）循环控制变量 i 要增加到 $n+1$，测试 $i \geq n$ 成立时才会终止，故它的频度是 $n+1$，但它的循环体却只能执行 n 次。语句（2）作为语句（1）循环体内的语句应该执行 n 次，但语句（2）本身要执行 $n+1$ 次，所以语句（2）的频度是 $n(n+1)$。同理可得到语句（3）、（4）和（5）的频度分别是 n^2、$n^2(n+1)$ 和 n^3。该算法中所有语句的频度之和（即算法的时间耗费）为：

$$T(n) = 2n^3+3n^2+2n+1$$

由此可知，算法 Matrix 的时间耗费 $T(n)$ 是矩阵阶数 n 的函数。

一般来说，我们将算法所要求解问题的输入量（或初始数据量）称为问题规模（size，大小），并且以一个整数表示。一个算法的时间复杂度（time complexity）$T(n)$ 则是该算法的时间耗费，它是该算法所求解问题规模 n 的函数。当问题的规模 n 趋向无穷大时，我们把时间复杂度 $T(n)$ 的数量级（阶）称为算法的渐进时间复杂度。

例如：算法 Matrix 的时间复杂度为 $T(n)$，当 n 趋于无穷大时，显然有：

$$\lim_{n\to\infty}\frac{T(n)}{n^3}=\lim_{n\to\infty}\frac{2n^3+3n^2+2n+1}{n^3}=2$$

因此，上述算法的时间复杂度为 $O(n^3)$。

例 1-6

分析下列程序段的时间复杂度：

```
for(i=0;i<=n;i++)
{
    sum=sum+i;
}
```

该算法规模为 n，基本操作是语句 sum=sum+i，它在循环内执行次数为 $n+1$，for 语句执行次数为 $n+1$，基本操作的频度为 $f(n)=2n+2$。时间复杂度为 $T(n)=O(f(n))=O(n)$。

例 1-7

分析下列程序段的时间复杂度：

```
i=s=0;
while(s<n)
{
    i++;
    s+=i;
}
```

该算法的规模为 n，基本操作语句是 s+=i，它在循环中的执行次数为 $f(n)$，即有关系式 $s=1+2+3+\cdots+f(n)=(1+f(n))f(n)/2<n$，即 $f(n)<\sqrt{2n}$。其时间复杂度为 $T(n)=O(f(n))=O(\sqrt{n})$。

例 1-8

分析以下程序段的时间复杂度：

```
i=1;
while(i<=m)
i=i*3;
```

该算法的规模为 m，基本操作是语句 i=i*3，它在循环中的执行次数为 $f(m)$ 次，即有关系式 $i=3^{f(m)}\leqslant m$，即 $f(m)\leqslant\log_3 m$。时间复杂度为 $T(m)=O(f(m))=O(\log_3 m)$。

2. 算法的空间复杂度

一个算法的空间复杂度记作 $S(n)$，是指该算法在运行过程中所耗费的辅助存储空间，

它也是问题规模 n 的函数。若一个算法所耗费的辅助空间与问题规模 n 无关，记作 $S(n)$ $=O(1)$ 。

算法所耗费的存储空间包括 3 部分，即算法本身所占用的存储空间、算法的输入 / 输出所占用的存储空间和算法在运行过程中临时占用的辅助存储空间。其中，算法的输入 / 输出所占用的存储空间是由算法要解决的问题规模决定的，它不随算法的不同而改变。算法本身所占用的存储空间与实现算法的程序源代码长短有关，要压缩这部分存储空间，就必须编写较短的算法。算法在运行过程中临时占用的辅助存储空间随算法的不同而异，有的算法只需要占用少量的临时工作单元，而且不随问题规模的大小而改变；有的算法需要占用的临时工作单元数与问题规模 n 有关，它随着 n 的增长而增大。

任务实现

```c
#include "stdio.h"
struct student{
    int xh;
    char xm[20];
    int cj;};
void main(){
    struct student st[4]={{101,"zhangsan",90},{102,"lisi",80},
                          {103,"wangwu",76},{104,"liuliu",50}};
    int v_xh,i;
    printf(" 请输入要查询的学生学号：");
    scanf("%d",&v_xh);
    for(i=0;i<4;i++)
            if(st[i].xh==v_xh){
                    printf(" 查询成功 \n学号 \t 姓名 \t 成绩： \n");
                    printf("%d\t%s\t%d\n",st[i].xh,st[i].xm,st[i].cj);
                    break;}
    if(i>=4)
            printf(" 查询失败，输入的学号有误 !\n");
}
```

程序运行结果如图 1-8 所示。

图 1-8　学生成绩查询

项目小结

　　数据结构课程是计算机及相关专业的一门专业必修核心课程，在整个计算机科学体系中占有重要地位，学好此门课程对后继课程的学习非常重要。本项目讲解了数据结构课程的地位、数据结构的基本概念，以及数据结构研究的主要内容（数据的逻辑结构、数据的存储结构及其运算）。数据的逻辑结构主要有集合结构、线性结构、树形结构和图形结构。数据的存储结构主要有顺序存储结构、链式存储结构、索引存储结构和散列存储结构等。在书写算法时，需要考虑算法的时间复杂度和空间复杂度，需要学会对一个算法的时间复杂度和空间复杂度进行分析，从而减少一个算法的时空量，提高算法效率。

 习题演练

一、简答题

1.简述数据、数据元素、数据项、数据类型、数据结构的基本含义。

2.举出实践中的几个线性结构、树形结构和网状结构的例子。

3.算法分析的目的是什么？算法分析的两个主要方面是什么？

二、选择题

1.算法指的是（　　）。

A.计算机程序　　　　　　　　　　　　B.解决问题的计算方法

C.排序方法　　　　　　　　　　　　　D.解决问题的有限运算序列

2.数据在计算机存储器内表示时，其物理地址与逻辑地址相同，称为（　　）。

A.存储结构　　　　　　　　　　　　　B.顺序存储结构

C.链式存储结构　　　　　　　　　　　D.逻辑结构

3.图形结构是指数据元素之间存在一种（　　）。

A.一对一关系　　　　　　　　　　　　B.一对多关系

C.多对多关系　　　　　　　　　　　　D.多对一关系

4.下列程序的时间复杂度是（　　）。

```
for(i=1;i<=n;i++)
    for(j=i;j<=n;j++)
        sum=sum+i*j;
```

A.$O(1)$　　　　　　　　　　　　　　B.$O(n)$

C.$O(n^2)$　　　　　　　　　　　　　D.$O(n^3)$

5.分析下列用二元组表示的数据结构，其属于（　　）。

$S=(D,R)$

$D=\{a,b,c,d,e,f\}$

$R=\{<a,b>,<b,c>,<c,d>,<d,e>,<e,f>\}$

A. 集合结构   B. 线性结构

C. 树形结构   D. 图形结构

三、算法分析题

分析下列各算法的时间复杂度。

1. 求和算法。

```
int sum(int n)
{
int s=0,i=1;
    while(i<=n)
      s=s+(i++);
    return s;
}
```

2. 求阶乘算法。

```
long fact(int n)
{
    if(n==1)
        return 1;
    else
        return(n*fact(n-1));
}
```

3. 选择排序算法。

```
void Select_Sort(RecType r[],int n)
{
  int i,j,k;
  for(i=1;i<n;i++)
  {
        k=i;
        for(j=i+1;j<=n;j++)
                if(r[j].key<r[k].key)
                        k=j;
        if(k!=i)
        {
                r[0].key=r[i].key;
                r[i].key=r[k].key;
```

```
                    r[k].key=r[0].key;
            }
        }
    }
```

四、算法设计题

1. 设计一个算法，求数组 $R[0, \cdots, n-1]$ 中的最大数和最小数，并计算两者之间的差值，分析该算法的时间复杂度和空间复杂度。

2. 设计一个算法，实现在输入一个整数（如 4 位整数）时分离出每一位，求各位数值之和，并分析该算法的时间复杂度和空间复杂度。

知识目标

（1）掌握线性表的顺序存储结构及其相关操作算法

（2）掌握线性表的链式存储结构及其相关操作算法

技能目标

（1）能利用线性表的顺序存储结构和链式存储结构对数据进行相应的运算

（2）具有对算法时间复杂度和空间复杂度进行简单分析的能力

素质目标

（1）能进行团队协作，开展算法效率分析

（2）具有不怕吃苦的精神

（3）具有一定的研究和创新精神

项目思维导图

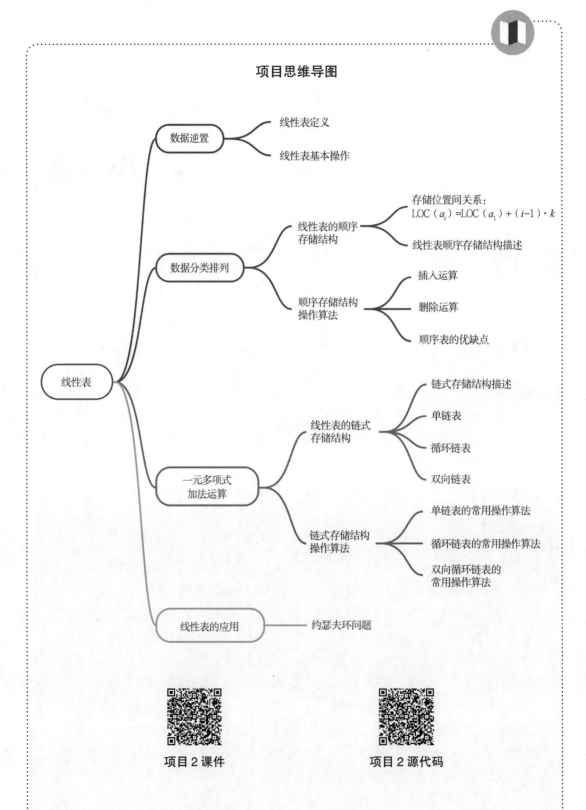

线性表

数据逆置
- 线性表定义
- 线性表基本操作

数据分类排列
- 线性表的顺序存储结构
  - 存储位置间关系：$LOC(a_i) = LOC(a_1) + (i-1) \cdot k$
  - 线性表顺序存储结构描述
- 顺序存储结构操作算法
  - 插入运算
  - 删除运算
  - 顺序表的优缺点

一元多项式加法运算
- 线性表的链式存储结构
  - 链式存储结构描述
  - 单链表
  - 循环链表
  - 双向链表
- 链式存储结构操作算法
  - 单链表的常用操作算法
  - 循环链表的常用操作算法
  - 双向循环链表的常用操作算法

线性表的应用
- 约瑟夫环问题

项目 2 课件

项目 2 源代码

任务 1 数据逆置

任务简介

设计一个算法,输入一组数字,在计算机中以顺序方式存储 $(a_1, a_2, a_3, \cdots, a_{n-1}, a_n)$,把元素 a_1 和 a_n 的位置互换,a_2 和 a_{n-1} 位置互换,依次类推,最后输出逆置以后的数据。

任务目标

在生活中会遇到很多类似的例子,如排队等问题。完成此任务要掌握线性表的定义及线性表的基本操作,会在生活中运用线性表知识解决相关实际问题。

任务分析

对于此任务,首先需要确定在表中存储的元素个数,按序赋给其下标,根据其下标,将第一个元素和最后一个元素进行交换,第二个再和倒数第二个进行交换。存储数据时,不仅要存储其元素值,还要存储其表的长度,因此可以定义一个结构体来实现。此任务的目的是让读者理解数据在计算机中的顺序存储方式。

思政小课堂

养成遵守规则的习惯

线性表即是将一组数据按顺序排列,具有规则。我们处在一个有规则的社会,做任何事情,都必须遵守规则,按规则办事。一个人如果不遵守社会规则,则必受到社会规则的处罚。我们在学习、生活及以后的工作中,同样需要遵守规则。我们在计算机中制定数据存放规则以后,数据就按规则存放,同样,各个企业、单位都会制定相关制度规则,任何一个企业、单位,都会欢迎遵守规则、秩序的员工。

知识储备

◆ 子任务 1 线性表定义

线性表由有限个类型相同的数据元素组成,数据元素构成一个有序的序列,除了第一个元素和最后一个元素外,其他元素有唯一的一个直接前驱和直接后继。线性表的逻辑结构如图 1-4(b)所示。

例如,英文字母表(A,B,…,Z)就是一个简单的线性表。表中的每个英文字母就是一个数据元素,每个元素存在唯一的顺序关系,在英文字母表中,字母 B 的直接前驱是 A,而字母 C 是 B 的直接后继。

线性表的定义

较为复杂的线性表中,数据元素可由若干个数据项组成,例如,表 1-1 所示的学生信息登记表中,每个学生的信息由学号、姓名、性别、出生日期、家庭地址、联系电话这些数据项组成。数据项是数据元素的最小单位。

因此，线性表可定义为：线性表是具有相同数据类型的 n（$n \geqslant 0$）个数据元素所组成的有限序列，通常记作

$$(a_1, a_2, \ldots, a_{i-1}, a_i, \cdots, a_{n-1}, a_n)$$

其中，n 为表长，如果 n 为空，则称为空线性表。a_i 为数据元素，这里 a_i 可以是原子数据类型（即不可再分），也可以是构造数据类型（即结构体类型）。

◆ **子任务 2　线性表基本操作**

线性表是一种非常灵活的数据结构，它的长度可以根据问题的需要增加或减少，对线性表中的数据元素可以进行访问、插入和删除等一系列基本操作。在解决实际问题的过程中，我们可能会遇到不同运算对象和不同的数据类型。

下面是线性表常用的基本操作：

（1）InitList（List）：初始化操作，建立一个空的线性表 List。

（2）ListLength（List）：求线性表 List 的长度。

（3）GetElement（List, i）：取线性表 List 中的第 i 个元素（$1 \leq i \leq n$，n 为线性表长度）。

（4）LocateElement（List, x）：若 x 存在于 List 表中，则取得 x 的位置（次序）。

（5）ListInsert（List, i, x）：在线性表 List 中第 i 个元素之前插入一个数据元素 x。

（6）ListDelete（List, i）：删除线性表 List 中的第 i 个元素（$1 \leq i \leq n$，n 为线性表长度）。

根据以上基本操作，可以实现一些比较复杂的操作，例如，将若干个线性表合并成一个线性表、把一个线性表分成若干个线性表等。

任务实现

```
#include "stdio.h"
struct sqlist{
    int data[10];
    int length;
};
Create_Sqlist(struct sqlist *L,int n){
    int i;
    for(i=0;i<n;i++)
            scanf("%d",&L->data[i]);
    L->length=n;
}
void Reverse_Sqlist(struct sqlist *L){
    int i,j,t;
    for(i=0,j=L->length-1;i<j;i++,j--)  {
            t=L->data[i];
            L->data[i]=L->data[j];
```

```
            L->data[j]=t;
        }
}
Print_Sqlist(struct sqlist *L)  {
    int i;
    for(i=0;i<L->length;i++)
    printf("%d ",L->data[i]);
    printf("\n");
}
void main(){
    struct  sqlist  L;
    int  n;
    printf("\n请输入数的个数 :");
    scanf("%d",&n);
    Create_Sqlist(&L,n);
    Reverse_Sqlist(&L);
    printf("\n 数据逆置以后输出 :\n");
    Print_Sqlist(&L);
}
```

程序运行结果如图 2-1 所示。

图 2-1   数据逆置运行结果

任务 2   数据分类排列

任务简介

设计一个算法，要求对一组数据进行分类排列，以第一个数据为基准进行排列：比基准数据小的，排在基准数据之前；比基准数据大的，排在基准数据之后。

任务目标

此任务要求掌握数据分类排列的规则，从而掌握线性表的定义、存储结构及相关的算法，会运用线性表解决实际生活中的问题。

■ 任务分析

此任务是将一组数据 $(a_1, a_2, \cdots, a_{n-1}, a_n)$ 重新排列，以 a_1 为基准分成两部分，a_1 前面的值均比 a_1 小，a_1 后面的值均比 a_1 大。数据分类排列举例如图 2-2 所示。

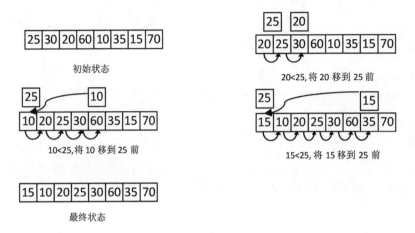

图 2-2　数据分类排列举例

■ 思政小课堂

优秀是一种习惯

我们学习线性表，需要学会写算法；写算法时，我们需要有良好的逻辑思维能力；而逻辑思维能力要求我们有严谨、认真的态度。写程序时错一个符号，程序都不会运行成功。我们要有意识地培养自己严谨认真的习惯，中国华侨出版社出版的《优秀是一种习惯》的作者王峰谈到，优秀的人之所以能够创造出令人瞩目的成就，是因为他们在日常生活、工作和学习中养成了各种各样良好的习惯。优秀是一种气质，优秀是一种状态，优秀更是一种习惯。编程也是一种习惯，我们要养成严谨认真的习惯，克服一切困难，去发现问题、解决问题，时间久了，你就会发现，一个平常的自己也能创造很多奇迹。

■ 知识储备

◆　**子任务 1　线性表的顺序存储结构**

线性表的存储结构主要有两种，即顺序存储结构和链式存储结构。线性表的顺序存储是指在内存中用地址连续的一块存储空间顺序存放线性表的各元素，用这种存储形式存储的线性表称为顺序表。

假设线性表有 n 个元素，每个元素占用 k 个存储单元，如果第一个元素的存储位置记为 $\mathrm{LOC}(a_1)$，第 i 个元素的存储位置记为 $\mathrm{LOC}(a_i)$，则第 $i+1$ 个元素的位置记为 $\mathrm{LOC}(a_{i+1})$。第 i 个元素和第 $i+1$ 个元素满足如下关系：

线性表的
顺序存储

$$\mathrm{LOC}(a_{i+1})=\mathrm{LOC}(a_i)+k$$

线性表的第 i 个元素的存储位置与第一个元素 a_1 的存储位置满足如下关系：

$$\text{LOC}(a_i)=\text{LOC}(a_1)+(i-1)\cdot k$$

顺序表是一种随机存取的存储结构。只要知道顺序表的其中一个元素的存储地址，就可以得到顺序表中任何一个元素的存储地址。

在 C 语言中，一维数组在内存中占用的存储空间就是一组连续的存储区域，因此，我们采用数组描述线性表的顺序存储结构。线性表的顺序存储结构描述如下：

```c
#define MAXSIZE 100
typedef int DataType;
typedef struct
{
    DataType list[MaxSize];
    int      length;
}Sqlist;
```

其中，DataType 表示数据元素的类型，可以根据需要定义为具体的类型，如 int、char、float 或其他类型。length 用于记录线性表中的元素的个数。需要注意元素序号和该元素在数组中下标之间的对应关系，如果元素 a_1 在线性表中的序号为 1，其对应的 list 数组下标为 0，a_i 在线性表中的序号为 i，其对应的 list 数组的下标为 $i-1$。

◆ **子任务 2　顺序存储结构操作算法**

在定义了线性表顺序存储结构之后，就可以讨论在这种结构上如何实现有关数据运算的问题。在这种存储结构下，某些线性表的运算很容易实现，如求线性表的长度，取第 i 个数据元素以及求直接前驱和直接后继等。下面讨论线性表数据元素的插入和删除运算。

线性表顺序存储
结构操作算法

1. 插入运算

插入运算是指在具有 n 个元素的线性表的第 i（$1 \le i \le n$）个元素之前插入一个新元素 x，由于顺序表中的元素在机器内是连续存放的，要在第 i 个元素之前插入一个新元素，就必须把第 n 个到第 i 个元素之间的所有元素依次向后移动一个位置，空出第 i 个位置后，再将新元素 x 插入第 i 个位置。新元素插入后线性表长度变为 $n+1$。

也就是说，长度为 n 的线性表

$$(a_1, a_2, \cdots, a_{i-1}, a_i, \cdots, a_{n-1}, a_n)$$

在插入元素 x 后，变为长度为 $n+1$ 的线性表

$$(a_1, a_2, \cdots, a_{i-1}, x, a_i, \cdots, a_{n-1}, a_n)$$

例如：要在线性表（20，10，25，21，36，8，47）的第 4 个位置插入一个元素 80，需要将后 4 个元素依次向后移动 1 个位置，空出第 4 个位置，再将 80 插入第 4 个位置，线性表就变成了（20，10，25，80，21，36，8，47），如图 2-3 所示。

数据结构项目教程

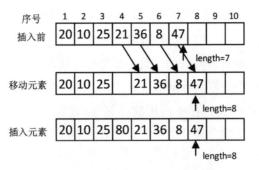

图2-3 插入元素过程示意图

实现的算法如算法 2-1 所示。

算法 2-1 线性表的插入算法

```
int InsertList(Sqlist *L,int i,DataType x)   //i 是插入的位置,x 是插入的元素
{
    int  j;
    if(L->length==MAXSIZE)      // 对能否插入进行判断
    {
    printf(" 表满,不能进行插入!");
        return -1;
    }
    if(i<1||i>L->length+1)            // 对插入位置的合法性进行判断
    {
        printf(" 插入位置非法!");
        return 0;
    }
    for(j=L->length;j>=i;j--)
        L->list[j+1]=L->list[j];      // 结点元素向后移动
    L->list[i]=x;                     // 腾出空间后,元素 x 插入
    L->length++;                      // 插入成功后,表长加 1
    return 1;
}
```

算法分析:

顺序表上的插入运算,时间主要消耗在数据的移动上。如果要插入的元素在第一个位置,则需要移动元素的次数为 n 次;如果插入的元素在最后一个位置,则需要移动元素的次数为 1 次;如果插入位置在最后一个元素之后,即第 $n+1$ 个位置,则需要移动元素的次数为 0 次。更普遍的是,如果在第 i 个位置上插入 x,则从 a_i 到 a_n 都要向后移动一个位置,共需要移动 $n-i+1$ 个元素,而 i 的取值范围为 $1 \leqslant i \leqslant n+1$。设在第 i 个位置上插入的概率为 p_i,则平均移动元素的次数为:

$$E_{\text{ins}} = \sum_{i=1}^{n+1} p_i \cdot (n-i+1)$$

在等概率的情况下，即 $p_i=1/(n+1)$，则在插入操作时需要移动元素的平均次数为：

$$E_{ins} = \sum_{i=1}^{n+1} p_i \cdot (n-i+1) = \frac{1}{n+1} \sum_{i=1}^{n+1} (n-i+1) = \frac{n}{2}$$

则插入操作的平均时间复杂度为 $O(n)$。

2. 删除运算

线性表的删除运算是指将表中第 i 个元素从线性表中删除掉，删除后原表长为 n 的线性表

$$(a_1, a_2, \cdots, a_{i-1}, a_i, a_{i+1}, \cdots, a_{n-1}, a_n)$$

成为表长为 $n-1$ 的线性表

$$(a_1, a_2, \cdots, a_{i-1}, a_{i+1}, \cdots, a_{n-1}, a_n)$$

其中，i 的取值范围为 $1 \leqslant i \leqslant n$。

删除操作的步骤如下：

（1）为了删除第 i 个元素，需要将第 i 个元素后面的元素依次向前移动一个位置，从而将前一个元素覆盖掉。移动元素时要先将第 $i+1$ 个元素移动到第 i 个位置，再将第 $i+2$ 个元素移动到第 $i+1$ 个位置，依次类推，直到将最后一个元素向前移动一个位置。线性表的长度也由 n 变成 $n-1$。

（2）修改表长 length 的值。

例如，要删除线性表（20，10，25，21，36，8，47）中的第 4 个元素 21，需要将原序号为 5、6、7 的 3 个元素依次向前移动一个位置，并将表长减 1，如图 2-4 所示。

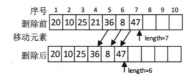

图 2-4　删除元素过程示意图

实现的算法如算法 2-2 所示。

算法 2-2　线性表的删除算法

```
void DeleteList(Sqlist *L,int i)
{
    int j;
    if(L->length==0)
            printf(" 表空，不能进行删除 !");
    if(i<0||i>L->length)
            printf(" 删除的位置不合法 !");
    for(j=i+1;j<L->length;j++)
            L->list[j-1]=L->list[j]; // 元素移动，实现删除的目的
    L->length--;
}
```

算法分析：

与插入运算相同，其时间主要消耗在移动元素操作上。删除第 i 个元素时，其后面的元素 $a_{i+1} \sim a_n$ 都要向前移动一个位置，共移动了 $n-i$ 个元素，因此平均移动元素的次数是：

$$E_{\text{del}} = \sum_{i=1}^{n} p_i \cdot (n-i)$$

在等概率情况下，即 $p_i = 1/n$，在删除操作时需要移动元素的平均次数为：

$$E_{\text{del}} = \sum_{i=1}^{n} p_i \cdot (n-i) = \frac{1}{n+1} \sum_{i=1}^{n} (n-i) = \frac{n-1}{2}$$

则删除操作的平均时间复杂度为 $O(n)$。

3. 顺序表的优缺点

线性表的顺序存储结构的特点是线性表中逻辑关系相邻的数据元素在物理位置上也相邻，即用物理位置上的相邻实现逻辑上的相邻，它要求用连续的存储单元顺序存储线性表中的各元素，这一特点使得顺序表有如下优缺点：

主要优点：

（1）无须为表示元素间的逻辑关系而增加额外的存储空间。

（2）可以方便地随机存取线性表中任意元素。

主要缺点：

（1）插入和删除不方便。为了保持顺序表中数据元素之间的逻辑关系，在插入和删除运算时需要移动大量的数据元素，影响了运算效率。

（2）顺序表的长度总有一定的限制，需要预先估算好所用空间的大小。估计小了，会造成顺序表的溢出；估计大了，又会造成存储空间的浪费。

任务实现

```c
#include "stdio.h"
#define N  8
InputNum(int a[]){ //输入数据
    int i;
    for(i=0;i<N;i++)
        scanf("%d",&a[i]);
}
OutputNum(int a[]){ //输出数据
    int i;
    for(i=0;i<N;i++)
        printf("%3d",a[i]);
    printf("\n");
}
Devision(int a[]){    //数据分类排列
    int i,j,x,y;
```

```
        x=a[0];
        for(i=0;i<N;i++)
                if(a[i]<x) {
                        y=a[i];
                        for(j=i-1;j>=0;j--)
                                a[j+1]=a[j];
                        a[0]=y;
                }
}
void main(){
        int a[N];
        printf("请输入 8 个数：\n");
        InputNum(a);
        Devision(a);
        printf("数据分类排列后：\n");
        OutputNum(a);
}
```

程序运行结果如图 2-5 所示。

图 2-5   数据分类排列运行结果

任务 3   一元多项式加法运算

任务简介

实现一元多项式的加法运算，即求两个一元多项式 $A(x)=a_nx^n+a_{n-1}x^{n-1}+\cdots+a_1x+a_0$ 和 $B(x)=b_nx^n+b_{n-1}x^{n-1}+\cdots+b_1x+b_0$ 的和，要求分别输入两个多项式的系数和指数，然后输出多项式的和。

任务目标

掌握线性表的链式存储方式，理解单链表建立算法及单链表数据的插入、删除算法，循环链表的常用操作算法，以及双循环链表的常用操作算法，会进行算法时间复杂度的分析。

在求多项式的和时，至少有两个或两个以上的多项式同时存在，而且在实现运算过程中所产生的中间多项式和结果多项式的项数和次数也是难以预料的，因此可采用单链表来表示一个一元多项式，多项式的每一项为单链表中的一个结点。每个结点包括三个域，即系数域、指数域和指针域。其结构可以用 C 语言描述如下：

```
typedef struct LNode
{
    float coef;   // 系数域
    int expn;     // 指数域
    struct LNode *next; // 指针域
}LNode,*PLinkList;
```

例如：一元多项式 $C(x) = 9x^8 + 10x^4 - 4x^2 + 14$ 可以表示成一个单链表，如图 2-6 所示。

图 2-6   一元多项式的单链表示例

要将两个一元多项式相加，应先将两个多项式表示成升幂排列，再依次比较两个多项式的指数。如果指数相等，则将对应的系数相加，指数不变，将其作为新多项式的一项；如果指数不等，则将其作为新多项式的一项。

例如，多项式 $A(x)$ 和 $B(x)$ 相加后得到 $C(x)$：

$$A(x) = 7 + 6x + 3x^2 + 4x^4$$

$$B(x) = 9x + 7x^2 + 6x^7$$

$$C(x) = 7 + 15x + 10x^2 + 4x^4 + 6x^7$$

知识储备

◆   子任务 1   线性表的链式存储结构

线性表的链式存储结构不要求逻辑上相邻的两个数据元素物理位置也相邻，它是通过"链"建立起数据元素之间的逻辑关系的。由于链式

线性表的链式
存储结构

存储结构不要求逻辑上相邻的元素在物理位置上也相邻,因此它没有顺序存储结构的缺点,但同时也失去了随机存取的优点。链式存储结构是一种非随机存取结构。

以链式存储表示的线性表称为链表。链表可用一组任意的存储单元来存放线性表中的数据元素,这组存储单元可以是连续的,也可以是不连续的。因此,链表中数据元素的逻辑次序和物理次序不一定相同。为了能正确表示数据元素间的逻辑关系,每个数据元素除了存储本身的信息之外,还需要一个指示其直接前驱或直接后继存储位置的信息,这个信息称为指针或链。存入该元素值的域称为数据域,存放后继结点存储地址的域称为指针域或链域。链表结点结构如图 2-7 所示。

数据域	指针域

图 2-7　链表结点结构

在 C 语言中可以用结构体类型定义链表中的每一个结点:

```
typedef int ElemType;
typedef struct node{
ElemType  data;   // ElemType 可以是任意类型的数据
struct node *next;
}LNode,*LinkList;
```

链表是通过结点指针域中的指针表示各结点之间的线性关系的。通常把链表画成用箭头相连接的结点序列,用结点之间的箭头表示链域中的指针。最后一个结点的指针没有指向任何结点,将该指针置为空指针,用 "^" 或 "NULL" 表示。

链表有带头结点和不带头结点、循环和非循环、单向和双向之分。

1. 单链表

单链表是线性表的一种最简单的链式存储结构。在单链表中,每个结点都包含两部分,即数据域和指针域。为了记录整个单链表存储在计算机中的起始位置(地址),需要在单链表中设置一个头指针,当链表为空时,则表示指针为空。单链表逻辑结构如图 2-8 所示。

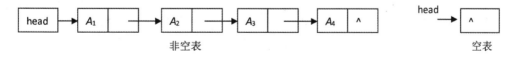

图 2-8　单链表逻辑结构

有时为了方便运算,会在链表的第一个结点之前设置一个附加结点,称为头结点,而其他结点称为表中结点。头结点的结构与表中结点的结构相同,头结点的数据域可以不存放任何信息,也可以存储线性表的长度等附加信息。头结点的指针域存储第一个结点的地址,即首元结点的存储地址。若线性表为空表,则头结点的指针域为空。

在链表中加入头结点有如下好处:

(1)由于首元结点的地址被存放在头结点的指针域中,因此链表的首元结点和表中其他结点的操作一致,无须进行特殊处理,这使得各种操作方便、统一。

(2)即使是空表,头指针也不为空,使得"空表"和"非空表"的处理一致。本书中如没有特别说明，所涉及的链表均是带头结点的链表。带头结点的单链表的逻辑结构如图 2-9 所示。

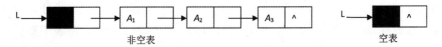

图 2-9　带头结点的单链表的逻辑结构

2. 循环链表

循环链表是链表的另一种形式，它的特点是将链表中最后一个结点和头结点链接起来，整个链表形成一个环。由此，从循环链表中的任一结点出发均可找到表中的其他结点。

可以将单链表头指针赋给最后一个结点的指针域，使得链表的头尾相连，形成循环链表，如图 2-10 所示。

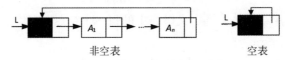

图 2-10　带头结点的循环链表

循环链表的运算与单链表基本相同，区别在于算法中的循环条件不再是 p 或 p->next 是否为空，而是它们是否等于头指针。

如果在循环链表中设一尾指针而不设头指针，那么无论访问第一个结点还是访问最后一个结点都很方便，这样尾指针就起到了既指头又指尾的功能，所以在实际应用中，往往使用尾指针代替头指针进行某些操作。

3. 双向链表

在单链表中，从任何一个结点出发都能通过指针域找到它的后继结点，但要寻找它的前驱结点，则需要从表头出发顺序查找。也就是说，在单链表中查找后继结点的时间复杂度为 $O(1)$，查找其前驱结点的时间复杂度为 $O(n)$。双向链表克服了单链表的这个缺点。

双向链表中的每个结点都含有两个指针域，一个指针域存放其后继结点的存储地址，另一个指针域存放其直接前驱结点的存储地址。双向链表结点结构如图 2-11 所示。

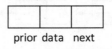

prior data next

图 2-11　双向链表结点结构

双向链表结点类型描述如下：

```
typedef int ElemType;
typedef struct DuLNode{
    ElemType data;
    struct DuLNode *prior,*next;
}DuLNode,*DuLinkList;
```

其中，prior 域存放的是其前驱结点的存储地址，next 域存入的是其直接后继结点的存储地址。如：结点 *p 的后继结点的指针是 p->next，指向结点 *p 的前驱结点的指针是 p->prior。

和单链表类似，双向链表通常也是用头指针标识的，并且可以有双向循环链表。图 2-12

是带头结点的双向循环链表。

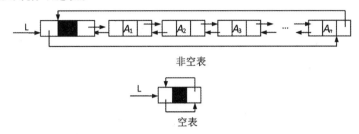

非空表

空表

图 2-12 带头结点的双向循环链表

双向链表有两个特点：一是可以从两个方向搜索某个结点，这使得链表的某些操作（如插入和删除）变得比较简单；二是无论利用前驱还是后继，都可以遍历整个链表。

4. 几种链表的比较

线性表的链式存储结构的共同点是采用指针表示线性表中元素之间的逻辑关系，它们的区别如下：

（1）在单链表中只能沿着指针所指方向从头到尾扫描，不能访问已经查找过的结点，而在循环链表中则可以从表中任一结点出发找到表中的其他结点。

（2）判断表尾的条件不同。假设 p 为指向链表中结点的指针，则对于单链表，判断表尾的条件是 p->next=NULL；对于循环链表，判断表尾的条件是 p->next=L，L 为头指针。

几种链表

（3）若指向链表的头指针为 L，则不带头结点的链表中的第一个数据结点为 L，带头结点的链表的第一个数据结点为 L->next。

◆ **子任务 2 链式存储结构操作算法**

1. 单链表的常用操作算法

单链表上常用的操作算法主要是头插法建立单链表、尾插法建立单链表、单链表的插入、单链表的删除算法等。

（1）头插法建立单链表。

头插法建立单链表是从一个空表开始，重复读入数据，生成新结点，将读入的数据存放在新结点的数据域中，然后将新结点插入当前链表的表头，直到读入结束标志为止。例如，使用头插法依次插入元素 40、30、50 的过程如图 2-13 所示。

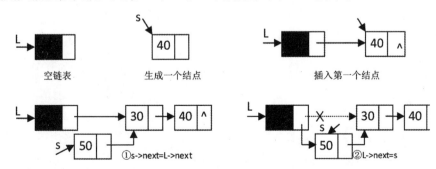

空链表　　　　　生成一个结点　　　　　　插入第一个结点

①s->next=L->next　　　②L->next=s

图 2-13 头插法建表过程

头插法建立单链表算法如算法 2-3 所示。

算法 2-3　头插法建立单链表

```
void CreLinkListHead(LinkList L, int n){
    LNode *s;
    ElemType x;
    int i;
    for(i=n;i>0;i--) {
        scanf("%d",&x);
        s=(LNode *)malloc(sizeof(LNode));
        s->data=x;
        s->next=L->next;
        L->next=s;
    }
}
```

（2）尾插法建立单链表。

用头插法建立单链表虽然简单，但生成的链表元素的次序与输入元素的顺序相反。若希望二者次序一致，可采用尾插法建立单链表。该方法是将新结点插入当前链表的表尾，为此，必须增加一个尾指针 r，使其始终指向当前链表的尾结点。使用尾插法依次插入元素 40、30、50 的过程如图 2-14 所示。

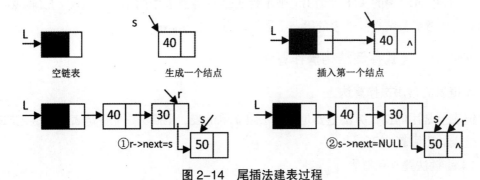

图 2-14　尾插法建表过程

尾插法建立单链表算法如算法 2-4 所示。

算法 2-4　尾插法建立单链表

```
void CreLinkListTail(LinkList L,int n){
    LNode *s,*r;
    int i;
    ElemType x;
    r=L;
    for(i=n;i>0;i--){
        scanf("%d",&x);
        s=(LNode *)malloc(sizeof(LNode));
        s->data=x;
```

```
            r->next=s;
            r=s;
    }
    if(r!=NULL)
            r->next=NULL;
}
```

（3）单链表的插入操作。

在带头结点的单链表中的第 i 个位置插入一个数据元素 x，插入成功返回 1，否则返回 0；如果插入位置不合法，则返回 0 表示失败。插入过程分三步：

① 查找，在单链表中找到第 $i-1$ 个结点，并用 pre 指针指向该结点。

② 生成新结点，将元素 x 存放在新结点中。

③ 插入，修改指针域，将新结点插入链表。

插入过程如图 2-15 所示。

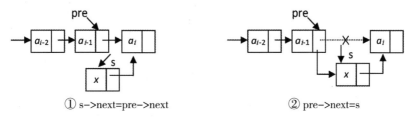

① s->next=pre->next　　　　　② pre->next=s

图 2-15　单链表的插入操作

单链表的插入操作算法如算法 2-5 所示。

算法 2-5　单链表的插入操作

```
int InsertList(LinkList L,int i, ElemType x){
    LNode *p,*s;
    int j=0;
    pre=L;
    while(pre->next!=NULL && j<i) { //查找第 i-1 个结点
            pre=pre->next;
            j++;
    }
    if(p==NULL)  {
        printf("插入位置不合理!");
        return 0;
    }
    else  {
        s=(LNode *)malloc(sizeof(LNode));  //动态生成一个结点
        s->data=x;                          //将元素 x 放在结点中
        s->next=pre->next;                  //进行插入
        pre->next=s;
```

```
        return 1;
    }
}
```

（4）单链表的删除操作。

删除操作就是使单链表中的第 i 个结点脱离链表，其他结点仍然是一个单链表。删除成功，返回 1；否则返回 0。其删除过程如下：

① 查找。找到第 i 个结点的直接前驱结点，即第 $i-1$ 个结点，用指针 pre 指向该结点。然后设置指针 s 指向要删除的结点（s=pre->next）。

② 删除。修改指针域，使第 i 个结点脱离链表。

删除操作过程如图 2-16 所示。

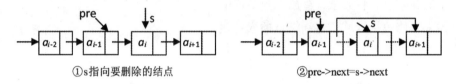

①s指向要删除的结点　　　　　　　　②pre->next=s->next

图 2-16　单链表的删除操作

单链表的删除操作算法如算法 2-6 所示。

算法 2-6　单链表的删除操作

```
int DelLinkList(LinkList L,int i){
    LNode *pre,*s;
    int j=0;
    pre=L;
    while(pre->next!=NULL && j<i) {   // 查找第 i-1 个结点
        pre=pre->next;
        j++;
    }
    if(pre==NULL){
        printf(" 删除位置不合理 !");
        return 0;
    }
    else   {
        if(pre->next!=NULL) {   // 删除的结点是中间结点
            s=pre->next;
            pre->next=s->next;
            free(s);
            return 1;
        }
        else{       // 删除的结点是最后一个结点
            s=pre->next;
            pre->next=NULL;
```

```
            free(s);
            return 1;
        }
    }
}
```

2. 循环链表的常用操作算法

循环链表与单链表有一样的操作算法，其基本思想与操作和单链表类似，区别在于算法中的循环条件不再是 p 或 p->next 是否为空，而是它们是否等于头指针。

有时我们很容易把两个循环单链表合并成一个循环链表。其基本过程如下：

（1）查找。首先找到第一个链表（La）的尾结点，设指针 p 指向它。找到第二个链表（Lb）的尾结点，设指针 q 指向它。

（2）连接。把第二个链表（Lb）的首元结点连接到第一个链表的最后一个结点后。

（3）释放。把第二个链表的头结点释放。

循环链表连接操作过程如图 2-17 所示。

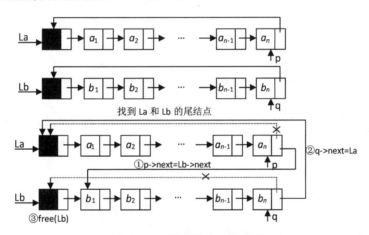

图 2-17　循环链表连接操作

两个循环链表连接操作算法如算法 2-7 所示。

算法 2-7　循环链表连接操作

```
LinkList ConLaLbList(LinkList La,LinkList Lb)
{
    LNode *p,*q;
    p=La;
    while(p->next!=La) // 找 La 的最后一个结点，注意循环条件与简单的单链表相区别
        p=p->next;
    q=Lb;
    while(q->next!=Lb)// 找 Lb 的最后一个结点
        q=q->next;
    p->next=Lb->next;  // 连接两个链表
```

```
    q->next=La;
    free(Lb);
    return La;
}
```

3. 双向循环链表的常用操作算法

双向循环链表常用的操作算法有插入和删除操作。双向循环链表每个结点都有两个指针域，因此在进行插入操作和删除操作时修改指针域比单链表和循环链表要复杂。

（1）双向循环链表的插入操作。

如果要在双向循环链表的第 i 个位置插入一个元素为 x 的结点，需要经过以下三步：

① 查找。找到第 i 个结点，用指针 p 指向它。

② 申请一个新结点，用指针 s 指向它，并将元素 x 放在结点之中。

③ 修改 p 和 s 指向的结点的指针域，将 s 插入链表中。

插入过程如图 2-18 所示。

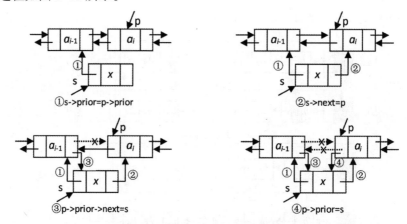

图 2-18 双向循环链表插入操作

双向循环链表插入操作算法如算法 2-8 所示。

算法 2-8 双向循环链表插入操作

```
int InsertDoubleList(DuLinkList head,int i,ElemType x){
    DuLNode *p,*s;
    int j=0;
    p=head->next;
    while(p!=head && j<i){  // 查找第 i 个位置
        p=p->next;
        j++;
    }
    if(j!=i){
        printf(" 插入位置不正确 !");
        return 0;
    }
```

```
    s=(DuLNode *) malloc(sizeof(DuLNode));    // 动态生成一个结点，用指针 s 指向
                                                  生成的这个结点
    s->data=x;                                // 把生成的结点插入双向链表中
    s->next=p;
    p->prior->next=s;
    p->prior=s;
    return 1;
}
```

（2）双向循环链表的删除操作。

如果要在双向链表的第 i 个位置删除一个元素为 x 的结点，需要经过以下三步：

① 找到第 i 个结点，并用指针 p 指向它。

② 修改指针域，把 p 所指结点从链表上取下来。

③ 释放 p 所指结点。

操作过程如图 2–19 所示。

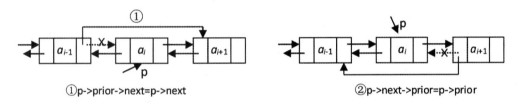

①p->prior->next=p->next   ②p->next->prior=p->prior

图 2–19　双向循环链表删除操作

双向循环链表删除操作算法如算法 2–9 所示。

算法 2–9　双向循环链表删除操作

```
int DelDoubleList(DuLinkList head,int i){
    DuLNode *p,*s;
    int j=0;
    p=head->next;
    while(p!=head && j<i){    // 查找第 i 个位置
        p=p->next;
        j++;
    }
    if(j!=i){
        printf(" 插入位置不正确 !");
        return 0;
    }
    p->prior->next=p->next;    // 断开结点之间的指针
    p->next->prior=p->prior;
    free(p);                   // 释放结点
    return 1;
}
```

数据结构项目教程

任务实现

```c
#include "stdio.h"
#include "stdlib.h"
typedef struct LNode{
    float coef;    // 系数域
    int expn;      // 指数域
    struct LNode *next; // 指针域
}LNode,*PLinkList;
void createpolyn(PLinkList L,int m){// 输出 m 项的系数和指数，建立表示一元多项式的
有序链表 L
    int i;
    float coef;  int expn;      // 分别是系数和指数
    PLinkList  tail,new;        // 两个指向结点的指针
    L->coef=m;   L->expn=-1;  tail=L;
    for(i=1;i<=m;i++){
        new=(struct LNode *)malloc(sizeof(LNode));
        // 动态生成一个结点 ,new 指针指向此结点
        printf(" 输入系数和指数 :");
        scanf("%f%d",&coef,&expn);
        new->coef=coef;
        new->expn=expn;
        new->next=NULL;
        tail->next=new;
        tail=new;
    }
}
PLinkList addpolyn(PLinkList La,PLinkList Lb){
// 完成多项式的加法运算 , 即 Lc=La+Lb, 并销毁一元多项式 Lb
    int x,len=0; float y;
    PLinkList Lc,pa,pb,pc,u;
    Lc=La;
    pc=Lc;
    pa=La->next;
    pb=Lb->next;
    while(pa&&pb){
        x=pa->expn-pb->expn;
        if(x<0)  {pc=pa;len++;pa=pa->next;}
        else if(x==0){
            y=pa->coef+pb->coef;
            if(y!=0.0) {pa->coef=y;pc=pa;len++;}
```

```
                else {pc->next=pa->next; free(pa);}
                pa=pc->next;
                u=pb;
                pb=pb->next; free(u);
            }
            else {
                u=pb->next;
                pb->next=pa;
                pc->next=pb;
                pc=pb;len++;
                pb=u;
            }
        }
        if(pb) pc->next=pb;
        while(pc) {
            pc=pc->next;
            if(pc) len++;
        }
        Lc->coef=len;  free(Lb);
        return Lc;
}
void printpoly(PLinkList q)
{
        if(q->expn==0)
            printf("%.0f",q->coef);
        else if(q->expn==1) {
            if(q->coef==1)
                printf("x");
            else if(q->coef==-1)
                printf("-x");
            else {
                printf("%.0f",q->coef);
                printf("x");
            }

        }
        else if(q->coef==1)
            printf("x^%d",q->expn);
        else if(q->coef==-1)
            printf("-x^%d",q->expn);
```

```
    else printf("%.0fx^%d",q->coef,q->expn);
}
void printpolyn(PLinkList L)
{// 打印并输出一元多项式
    int n;
    PLinkList p;
    p=L->next; n=0;
    while(p){
        n++;
        if(n==1)
            printpoly(p);
        else if(p->coef>0){
            printf("+");
            printpoly(p);
        }
        else
            printpoly(p);
        p=p->next;
    }
}
void main(){
    PLinkList La,Lb,Lc;
    int m,n;
    printf("\ninput n of La:");
    scanf("%d",&n);
    La=(struct LNode *)malloc(sizeof(LNode));
    createpolyn(La,n);
    printf("\ninput m of Lb:");
    scanf("%d",&m);
    Lb=(struct LNode *)malloc(sizeof(LNode));
    createpolyn(Lb,m);
    printf("\nLa=");
    printpolyn(La);
    printf("\nLb=");
    printpolyn(Lb);
    Lc=addpolyn(La,Lb);
    printf("\nLc=");
    printpolyn(Lc);
}
```

程序运行结果如图 2-20 所示。

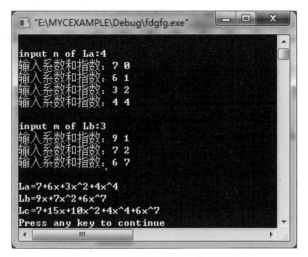

图 2-20　一元多项式加法运算结果

任务 4　线性表的应用——约瑟夫环问题

线性表在实际软件编程领域有广泛的用处，如信息管理系统的设计，学生成绩管理系统、图书管理系统、车辆信息管理系统、职工工资管理系统、员工通讯录管理系统等都可以利用线性表的思想进行设计。此任务中我们选取约瑟夫环问题进行设计应用。

任务简介

约瑟夫环问题：设编号为 1，2，3，…，n（n>0）的 n 个人按顺时针方向围坐一圈。开始时任选一个正整数 m 作为报数上限，从第一个人开始顺时针方向自 0 起顺序报数，报到 m 时停止报数，报 m 的人出列，从他的下一个人开始重新从 0 报数。如此下去，直到所有人全部出列为止。令 n 最大值取 30。要求设计一个程序模拟此过程，并求出出列编号序列。

任务目标

正确应用线性表的思想。

任务分析

这里使用单循环链表来解决这个问题。从第 1 个结点开始数，数到本次的报数上限 m 时，就把这个结点从单循环链表中删除，并释放空间。接下来以下一个结点作为起点开始数，如此循环，直到链表只剩下一个结点，将其删除，程序结束。

为此可设变量 num 标记出列人数，控制循环执行。当 num 取值为 0 到 n-1 时，执行循环，否则退出。设循环变量 count 累计报数人数，决定某一个人是否出列，count 从 1 开始累计，当 count=m 时，做如下处理：刚刚报数的人需要出列，即将其所在结点从表中删除。为了实现该操作，需要两个工作指针 pre 和 p，分别指向链表中的两个相邻结点。报到 m 时，出列人数 num 加 1，count 重新置 1，准备开始下一轮报数。

任务实现

```
#include "stdio.h"
#include "stdlib.h"
typedef struct point{
int data;
struct point *next;
}LNode,*LinkList;
int n,m;
LinkList create(){
    int i;
    LinkList head,tail,news;
    head=NULL;
    printf("\n请输入总人数:");
    scanf("%d",&n);
    printf("\n输入报数编号:");
    scanf("%d",&m);
    for(i=1;i<=n;i++){
    news=(LinkList)malloc(sizeof(LNode));
    news->data=i;
    if(head==NULL)
    {head=news;tail=head;}
    else  {
    tail->next=news;tail=news;
    }
    }
    tail->next=head;
    return head;
}
void search(LinkList head){
    int count,num;
    LinkList pre,p;
    num=0;count=1;
    p=head;
    printf("\ 出列顺序:");
    while(num<n)  {
          do{
                count++;
                pre=p;p=p->next;}
```

```
            while(count<m);
            pre->next=p->next;
            printf("%3d",p->data);
            free(p);
            p=pre->next;
            count=1;
            num++;
        }
}
main(){
    LinkList head;
    head=create();
    search(head);
    printf("\n");
}
```

程序运行结果如图 2-21 所示。

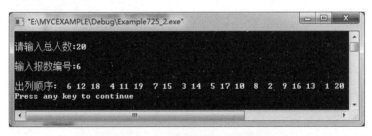

图 2-21　约瑟夫环程序运行结果

 项目小结

　　线性表是一种基本的数据结构，本项目介绍了线性表的定义、线性表的基本操作、线性表的顺序存储结构及其运算，以及线性表的链式存储结构及其运算。

　　顺序表是由数组来实现的，在顺序表上实现数据的插入、删除，需要移动大量的结点，我们要掌握其移动的方法，并能分析其效率。链表是通过指针和结构体来实现的，在链表中，为了方便操作，一般需要设置一个头结点。链表有单链表、循环链表、双向链表等，对其进行插入和删除需要注意指针指向的变化。

　　顺序表中数据元素的逻辑结构和物理结构一致，具有随机存取、存储空间利用率高的优点。其缺点是插入和删除元素时需要移动大量的结点，效率不高。而链表插入和删除操作不需要移动结点，操作方便，但由于数据元素的逻辑结构和物理结构不一致，只能从头指针开始进行顺序查找，且实现起来较复杂。因此，在实践中，选用顺序存储结构还是链式存储结构，需要根据具体的应用场景来确定。

习题演练

一、选择题

1. 若结点的存储地址与其关键字之间存在某种映射关系，则称这种存储结构为（　　）。

A. 顺序存储结构　　　　　　　　　　B. 链式存储结构

C. 索引存储结构　　　　　　　　　　D. 散列存储结构

2. 在长度为 n 的顺序表的第 i（$1 \leqslant i \leqslant n+1$）个位置上插入一个元素，元素的移动次数为（　　）。

A. $n-i+1$　　　　　　　　　　　　B. $n-i$

C. i　　　　　　　　　　　　　　　D. $i-1$

3. 对于只在表的首、尾两端进行插入操作的线性表，宜采用的存储结构为（　　）。

A. 顺序表　　　　　　　　　　　　　B. 用头指针表示的单循环链表

C. 用尾指针表示的单循环链表　　　　D. 单链表

4. 若不带头结点的单链表的头指针为 head，则该链表为空的判定条件是（　　）。

A. head==NULL　　　　　　　　　　B. head->next==NULL

C. head!=NULL　　　　　　　　　　 D. head->next==head

5. 线性表采用链式存储时，结点的存储地址（　　）。

A. 必须是不连续的　　　　　　　　　B. 连续与否均可

C. 必须是连续的　　　　　　　　　　D. 和头结点的存储地址相连续

6. 下面关于线性表的叙述中，错误的是（　　）。

A. 线性表采用顺序存储，必须占用一片连续的存储单元

B. 线性表采用顺序存储，便于进行插入和删除操作

C. 线性表采用链式存储，不必占用一片连续的存储单元

D. 线性表采用链式存储，便于进行插入和删除操作

7. 单链表中，增加一个头结点的目的是（　　）。

A. 使单链表至少有一个结点　　　　　B. 标识表结点中首元结点的位置

C. 方便运算的实现　　　　　　　　　D. 说明单链表是线性表的链式存储

8. 循环链表的主要优点是（　　）。

A. 不再需要头指针了

B. 已经知道某个结点的位置时，能够很容易地找到它的直接前驱

C. 在进行插入、删除运算时，能更好地保证链表不断开

D. 从表的任意结点出发都能扫描到整个链表

9. 若线性表中最常用的操作是取第 i 个元素和找第 i 个元素的前驱元素，则采用（　　）存储结构最节省运算时间。

A. 单链表　　　　　　　　　　　　　B. 顺序表

C. 双向链表　　　　　　　　　　　　D. 单循环链表

二、填空题

1. 在一个带头结点的单循环链表中，p 指向尾结点的直接前驱，则指向头结点的指针 head 可用 p 表示为 head=_____。

2. 删除双向循环链表中 *p 的前驱结点（存在）应执行的语句是_____。

3. 在图 2-22 所示的链表中，若在指针 p 所指的结点之后插入数据域值相继为 a 和 b 的两个结点，则可用下列两个语句实现该操作，它们依次是_____ 和 _____。

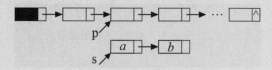

图 2-22　填空题 3 链表

三、算法分析题

1. 阅读下列算法，并回答问题：

（1）设顺序表 L=（3，7，11，14，20，51），写出执行 f30（&L，15）之后的 L；

（2）设顺序表 L=（4，7，10，14，20，51），写出执行 f30（&L，10）之后的 L；

（3）简述算法的功能。

```
void f30(SeqList*L, DataType x){
    int i=0, j;
    while (i<L->length && x>L->data[i])i++;
    if(i<L->length && x==L->data[i])  {
        for(j=i+1;j<L->length;j++)
            L->data[j-1]=L->data[j];
        L->length--;
    }
    else {
        for(j=L->length;j>i;j--)
            L->data[j]=L->data[j-1];
        L->data[i]=x;
        L->length++;
    }
}
```

2. 阅读下面的算法：

```
    LinkList mynote(LinkList L)
    {//L 是不带头结点的单链表的头指针
        if(L&&L->next){
            q=L;L=L->next;p=L;
S1:         while(p->next) p=p->next;
```

```
S2:          p->next=q;q->next=NULL;
            }
        return  L;
    }
```

请回答下列问题:

(1)说明语句 S1 的功能;

(2)说明语句组 S2 的功能;

(3)设链表表示的线性表为(a_1, a_2, …, a_n),写出算法执行后的返回值所表示的线性表。

四、算法设计题

1. 猴子选大王问题:设编号为 1,2,3,…,n 的 n 个猴子围坐一圈,约定编号为 k($1 \leq k \leq n$)的猴子开始报数,数到 m 的那只猴子出列,它的下一位从 1 开始报数,又数到 m 的那只猴子又出列,依次类推,直到只剩下一只猴子为止,剩下的这只猴子就是被选出的大王。

设计要求:

由用户输入开始时的猴子数 n、第一个报数的猴子的编号 k 及报数值 m,程序输出猴子出列的顺序及最后留在圈中的那只猴子的序号。

项目提示:

用不带头结点的循环链表来处理这个问题。先构成一个有 n 个结点的单循环链表,然后由 k 结点起从 1 开始计数,计到 m 时,对应结点从链表中删除,然后再由被删除结点的下一个结点从 1 开始计数,直到只剩下最后一个结点,算法结束。

2. 已知一个顺序表 A,其元素值非递减有序排列,编写一个算法删除顺序表中多余的值(相同的元素仅保留一个)。

3. 编写一个算法,从给定的顺序表 A 中删除值在 x 和 y($x \leq y$)之间的所有元素,要求以较高的效率来实现。

项目 3

栈和队列

知识目标

（1）掌握栈的定义以及两种存储结构的基本运算方法

（2）掌握算术表达式的前缀、中缀、后缀表示及其相互转换规则

（3）理解栈在递归执行过程中的作用

（4）掌握队列的定义及两种存储结构的基本运算方法

技能目标

（1）能利用栈和队列的特性解决实际软件开发中的问题

（2）利用栈和队列的知识，在实际运用中能高效编写相应的算法

素质目标

（1）能进行团队协作，开展算法效率分析

（2）具有不怕吃苦的精神

（3）具有一定的研究和创新精神

项目思维导图

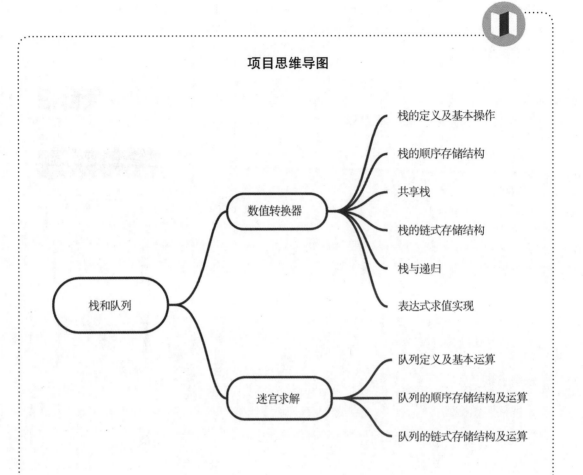

- 栈和队列
  - 数值转换器
    - 栈的定义及基本操作
    - 栈的顺序存储结构
    - 共享栈
    - 栈的链式存储结构
    - 栈与递归
    - 表达式求值实现
  - 迷宫求解
    - 队列定义及基本运算
    - 队列的顺序存储结构及运算
    - 队列的链式存储结构及运算

项目 3 课件

项目 3 源代码

栈和队列是两种重要的线性结构。从数据结构的角度看，栈和队列也是线性表，其特殊性在于，栈和队列的基本操作是线性表操作的子集，它们是操作受限的线性表，因此栈和队列可称为限定性的数据结构。对于栈来说，插入和删除操作在栈顶进行；对于队列来说，插入和删除操作分别在表的两端进行。

任务1 数值转换器

任务简介

设计一个算法，实现输入一个十进制数值，把其转换成相应的二进制、八进制或十六进制进行输出。

任务目标

掌握栈的定义及基本操作，能定义栈的顺序结构并写出常用的顺序栈的操作算法；理解共享栈，能掌握栈的链式存储结构定义及相关算法；理解栈与递归算法，能运用栈思想实现对表达式求值。

任务分析

把整数转换成二进制、八进制或十六进制，可以按"除基取余"的方法进行转换，转换后逐一保存在内存单元中，然后再把内存单元中的值按某种方式进行输出。在这个任务中，需要用到新的知识——栈。

思政小课堂

制度是事业成功的基石

栈和队列都是操作受限的线性表，其只能在规定的框架上进行相关的操作。同样，我们生活在社会中，也只能在规定的范围内进行生活、工作和学习，而制度就是我们正确行使权利和履行义务的框架，每个人在学习、工作和生活中，都必须遵守制度，不能违背制度胡作非为。制度是我们事业成功的基石，"没有规矩，不成方圆"，作为新时代的大学生，我们要从我做起，从小事做起，在学校里遵守学校的规章制度，努力学习；在工作岗位上遵守单位制度，保障企业良好运营；在社会上遵守社会秩序，遵守法律，才能让我们的生活变得更有序、更和谐。

知识储备

◆ 子任务1 栈的定义及基本操作

栈（stack）又称为堆栈，是一种特殊的线性表，它限定线性表中元素的插入和删除只能在线性表的一端进行，允许插入和删除的一端称为栈顶（top），栈顶的第一个元素称为栈顶元素，栈的另一端称为栈底（bottom）。

向一个栈插入新元素称为进栈或入栈，它是把该元素放在栈顶元素的上面，使之成为新的栈顶元素。从一个栈删除一个元素称为出栈或退栈，它是把栈顶元素删除掉，使其下面的相邻元素成为新的栈顶元素。也就是说，最先放入栈的元素在栈底，最后放入的元素在栈顶；而删除元素则相反，最后放入的元素最先被删除，最先放入的元素最后被删除。

栈的定义
及基本操作

图 3-1 所示的栈中，假设栈 $s=(a_0, a_1, a_2, \cdots, a_{n-1})$，则称 a_0 为栈底元素，a_{n-1} 为栈顶元素，栈中元素以 a_0，a_1，a_2，$\cdots$，a_{n-1} 的顺序进栈，而以 a_{n-1}，a_{n-2}，$\cdots$，a_2，a_1，a_0 的顺序出栈。所以，栈又被称为后进先出（last in first out）表，简称为 LIFO 表。

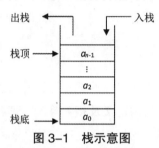

图 3-1　栈示意图

在日常生活中，有许多类似栈的例子。例如，洗盘子时，把洗好的盘子依次摞起来，相当于进栈；取用盘子时，从一摞盘子上一个接一个地拿走，相当于出栈。又如，存放货物的仓库里，货物入库时，总是从底层一层一层放上去，相当于进栈；货物出库时，只能将货物从顶层一层一层拿出，相当于出栈。

栈的基本操作主要有以下几个：

（1）InitStack（&s）：初始化操作，建立一个空栈 s。

（2）StackEmpty（s）：判断一个栈是否为空。如果栈为空，返回 1；否则返回 0。

（3）GetTop（s）：取栈顶元素，返回栈顶元素的值。

（4）PushStack（s，x）：入栈，在栈顶插入一个新元素 x，x 成为新的栈顶元素。

（5）PopStack（s）：出栈，删除栈顶元素的值。

◆　子任务 2　栈的顺序存储结构

1. 栈的顺序表示与实现

与线性表一样，栈也有两种存储表示，即顺序存储和链式存储。

栈的顺序存储结构简称为顺序栈，它是利用一组地址连续的存储单元依次存放自栈底到栈顶的数据元素，与顺序表的数据类型描述类似。

栈的顺序
存储结构

栈的顺序存储结构可用 C 语言定义为：

```
#define StackSize 100
typedef int ElemType;
typedef struct{
    ElemType  Stack[StackSize];
```

```
        int top;            // 定义栈顶指针为 top
}SeqStack;
```

在这个描述中，定义栈中数据元素的类型是整型，数组 Stack 存放栈中数据元素，数组最大容量为 StackSize，栈顶指针为 top。

由于栈顶的位置经常变动，所以要设一个栈顶指针 top，用它来表示栈顶元素当前的位置。栈顶指针动态反映栈中元素变动情况。当有新元素进栈时，栈顶指针向上移动，top 加 1；当有元素出栈时，栈顶指针向下移动，top 减 1。当栈中没有任何一个元素时，top=-1，表示空栈。当栈中只有一个元素时，top=0。当 top=StackSize-1 时，栈满。

当 top=-1 时，如果再从栈中删除一个元素，栈将溢出，称为下溢。当 top= StackSize-1，即栈满时，向栈中再插入一个元素，栈也将溢出，称为上溢。

顺序栈的插入和删除过程如图 3-2 所示。

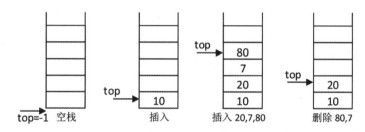

图 3-2　顺序栈的插入和删除过程示例

2. 顺序栈的基本运算

顺序栈的基本运算如算法 3-1 至算法 3-4 所示。

算法 3-1　初始化顺序栈

```
InitStack(SeqStack *s)
{

    s->top=-1;

}
```

算法 3-2　取栈顶元素

```
int GetTop(SeqStack *s,ElemType *x)
{   // 取栈顶元素，如果栈非空，用 *x 返回栈顶元素
    if (s->top==-1)
            return 0;
    else
    {
            *x=s->Stack[s->top];
            return 1;
    }
}
```

算法 3-3　进栈操作

```c
int PushStack(SeqStack *s, ElemType x)
{
    if(s->top==StackSize-1)    {
        printf(" 栈已满，不能进栈！\n");
        return 0;
    }
    s->top++;
    s->Stack[s->top]=x;
    return 1;
}
```

算法 3-4　出栈操作

```c
int PopStack(SeqStack *s, ElemType *x)
{
    if(s->top==-1)        {
        printf(" 该栈已空，不能进行出栈！\n");
        return 0;
    }
    *x=s->Stack[s->top];
    s->top--;
    return 1;
}
```

◆　子任务 3　共享栈

在实际工作中，我们有时会遇到同时使用多个栈的情况。如果给每个栈都定义一个数组来存储，由于某些栈操作数据较多，则可能会发生上溢的情况，而另外的栈由于有较少数据操作，势必会造成存储空间的浪费。因此，为了合理使用这些存储空间，可以让多个栈共享一个足够大的数组。通过利用栈的动态特性，使多个栈存储空间能相互补充，存储空间得到有效利用，这就是栈的共享，简称为共享栈。

共享栈

在实际运用中，最常用的是两个栈的共享。其实现方法是：把栈底设在数组的两端，有元素进栈时，栈顶位置从栈的两端迎面增长；当两个栈的栈顶指针相遇时，栈满。

共享栈的存储表示如图 3-3 所示。

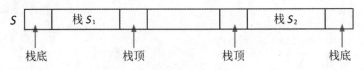

图 3-3　共享栈的存储表示

两个共享栈的数据结构类型定义描述如下：

```
#define StackSize 100
typedef int DataType;
typedef struct{
    DataType Stack[StackSize];
    int top1,top2;
}SSeqStack;
```

其中，top1、top2 分别是两个栈的栈顶指针。

算法 3-5 至算法 3-7 是共享栈的基本运算。

算法 3-5　初始化共享栈

```
void InitStack(SSeqStack *s)
{
    s->top1=-1;
    s->top2=StackSize;
}
```

算法 3-6　共享栈的进栈操作

```
int PushStack(SSeqStack  *s,DataType x,int Flag)
{//Flag 表示向哪个栈进栈
    if(s->top2-s->top1==1){      // 此表达式判断共享栈是否已经满
        printf(" 共享栈已经满，无法进栈 !");
        return 0;
    }
    switch(Flag){
        case 0:
            s->top1++;
            s->Stack[s->top1]=x;
            break;
        case 1:
            s->top2--;
            s->Stack[s->top2]=x;
            break;
        default:
            return 0;
    }
    return 1;
}
```

算法 3-7　共享栈的出栈操作

```
int PopStack(SSeqStack *s,DataType *x,int Flag) {
    switch(Flag) {  // 首先判断哪个栈要进行出栈操作
        case 0:
```

```
            if(s->top1 == -1)    // 如果左端栈为空，则返回 0
                    return 0;
            *x=s->Stack[s->top1]; // 出栈元素赋值给 x
            s->top1--;               // 修改左端栈顶指针
            break;
        case 1:
            if(s->top2==StackSize);   // 如果右端栈为空，则返回 0
                    return 0;
            *x=s->Stack[s->top2];
            s->top2++;               // 修改右端栈顶指针
            break;
        default:
            return 0;
    }
    return 1;
}
```

注意：共享栈判断栈满的条件是 s->top2-s->top1==1。

◆ 子任务 4 栈的链式存储结构

1. 栈的链式存储结构

栈的链式存储结构简称为链栈，它是一种特殊的单链表，限制插入和删除操作也只能在栈顶进行。链栈是一种动态存储结构，因此不会发生栈的溢出，不用预先分配存储空间。单链表的头结点称为栈顶，尾部结点称为栈底。

为了操作方便，通常在栈顶的第一个元素之前设置一个头结点，栈顶指针 top 指向头结点。例如，将元素 10，20，30，40 入栈，如图 3-4 所示。

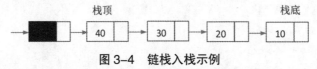

栈顶　　　　　　　　　　　　　　　　　　栈底

图 3-4　链栈入栈示例

链栈的基本操作与单链表相似，结点类型的定义也与单链表相似，用 C 语言描述如下：

```
typedef int DataType;
typedef struct node
{
    DataType data;
    struct node *next;
}LStackNode,*LinkStack;
```

由于链栈的操作都是在链栈的表头位置进行的，因而链栈的基本操作时间复杂度都为 $O(1)$。如果是空栈，对于不带表头结点的链栈，有 top=NULL；对于带头结点的链栈，有 top->next=NULL。

2. 链栈的基本运算

链栈的基本运算包括链栈的初始化，进栈、出栈，取栈顶元素等。

（1）链栈的初始化，即动态分配一个链结点，用指针指向其结点，并设置其结点的指针域为空。其算法如算法 3-8 所示。

算法 3-8　链栈的初始化

```
LinkStack InitLStack()
{
    LinkStack top;
    top=(LinkStack)malloc(sizeof(LStackNode));
    if(top==NULL)
            exit(-1);
    top->next=NULL;
    return top;
}
```

（2）进栈操作。进栈操作就是将新结点插到链表的第一个结点之前，和利用前插法建立链表操作类似，其算法过程如算法 3-9 所示。

算法 3-9　进栈操作算法

```
int PushLStack(LinkStack top,DataType x)
{
    LStackNode *p;
    p=(LStackNode *)malloc(sizeof(LStackNode)); // 动态生成一个结点
    if(p==NULL)  {
            printf("生成结点失败!");
            exit(-1);
    }
    p->data=x;
    p->next=top->next;
    top->next=p;
    return 1;
}
```

（3）出栈操作。出栈操作即是把链表的第一个结点删除，其操作方法与线性链表的删除操作类似，其算法过程如算法 3-10 所示。

算法 3-10　出栈操作算法

```
int PopLStack(LinkStack top,DataType *x)
{
    LStackNode *p;
    p=top->next;
```

```
    if(!p){
            printf(" 栈空，不能出栈！");
            return 0;
    }
    top->next=p->next;
    *x=p->data;
    free(p);
    return 1;
}
```

（4）取栈顶元素。算法过程如算法 3-11 所示。

算法 3-11 取栈顶元素

```
int ElemLStack(LinkStack top,DataType x)
{
    if(top->next==NULL){
            printf(" 此栈是空栈，不能取栈顶元素！");
            return 0;
    }
    x=top->next->data;
    return x;
}
```

◆ **子任务 5 栈与递归**

栈的一个重要的应用是在程序设计语言中实现递归过程。现实中，有许多实际问题是可以用递归定义的，用递归方法可以使许多问题大大简化。例如，$n!$ 定义如下：

$$n!=\begin{cases}1 & n=0 或 n=1（递归终止条件）\\ n(n-1)! & （递归步骤）\end{cases}$$

根据定义，可以写出相应的递归函数：

```
int fun(int n)
{
    if(n==0||n==1)
            return 1;
    else
            return n*fun(n-1);
}
```

递归函数都有一个终止条件，如上例，当 $n=0$ 时，将不再递归下去。

递归函数的调用类似于多层函数的嵌套调用，只是调用函数和被调用函数是同一个函数而已。在每次调用时，系统将属于各个递归层次的信息（调用实参、返回地址、局部变量）等组成一个活动记录，并且把这个活动记录保存在系统的"递归工作栈"中。递归调用一次，就把信息压入栈中一次，调用结束，则依次把活动记录出栈。下面就是以求 4! 说明调用进工作栈的执行过程，如图 3-5 所示。

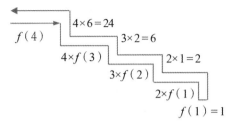

图 3-5　递归调用过程示意图

用栈来描述其具体的执行过程如图 3-6 所示。

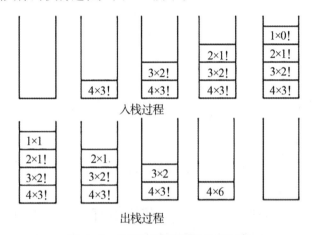

图 3-6　用栈来描述递归执行过程

利用栈模拟 n 的阶乘在递归过程中的入栈和出栈情况，非递归实现算法如算法 3-12 所示。

算法 3-12　n 的阶乘非递归实现

```c
#include "stdio.h"
#define MaxSize 10
int fun(int n){
    int   s[MaxSize][2],top=-1;
    top++;
    s[top][0]=n;
    s[top][1]=0;
    do
    {
        if(s[top][0]==1)
            s[top][1]=1;
        if(s[top][0]>1 && s[top][1]==0){
            top++;
            s[top][0]=s[top-1][0]-1;
            s[top][1]=0;
```

数据结构项目教程

```
            }
            if(s[top][1]!=0){
                    s[top-1][1]=s[top][1]*s[top-1][0];
                    top--;
            }
    }while(top>0);
    return s[0][1];
}
void main(){
    int n,result;
    printf("请输入一个数:");
    scanf("%d",&n);
    result=fun(n);
    printf("%d! 的结果为:%d\n",n,result);
}
```

◆ **子任务 6　表达式求值实现**

1. 算术表达式的计算

　　表达式求值是编译系统中的一个基本问题，目的是把人们平时书写的算术表达式变成计算机能够理解并能正确求值的表达式。

　　算术表达式包含运算符和操作数。在各运算符之间存在优先级，运算时必须按优先级顺序进行运算，先运算高级别的，后运算低级别的，而不能简单地从左到右进行运算。因此，进行表达式运算时，必须设置两个栈：一个栈用来存放运算符；另一个栈用于存放操作数。在表达式运算过程中，编译程序从左到右进行扫描，遇到操作数，就把操作数放入操作数栈中；遇到运算符时，要把该运算符与运算符栈的栈顶运算符相比较，如果该运算符优先级高于栈顶运算符的优先级，就把该运算符进栈，否则退栈。退栈后，在操作数栈中退出两个元素，其中先退出的元素在运算符右，后退出的元素在运算符左，然后用运算符栈退出的栈顶元素（运算符）进行运算，运算的结果存入操作数栈中。反复进行上述操作，直到扫描结束。此时，运算符栈为空，操作数栈只有一个元素，即为最终结果。

　　例如，用栈求表达式"9-8/4+6*5"的值，栈的变化如表 3-1 所示。

表 3-1　用栈求表达式的值

步骤	操作数栈	运算符栈	说　　明
开始			开始时两个栈为空
1	9		扫描到"9"入操作数栈
2	9	－	扫描到"－"，进入运算符栈
3	9, 8	－	扫描到"8"入操作数栈
4	9, 8	－, /	扫描到"/"，进入运算符栈
5	9, 8, 4	－, /	扫描到"4"入操作数栈

续表

步骤	操作数栈	运算符栈	说　明
6	9	–	扫描到 "+"，此时 "/" "4" "8" 退栈
7	9，2	–	8/4=2 进操作数栈
8			"–" "9" "2" 退栈
9	7		9–2=7 进操作数栈
10	7	+	扫描到 "+" 进入运算符栈
11	7，6	+	扫描到 "6" 入操作数栈
12	7，6	+，*	扫描到 "*"，进入运算符栈
13	7，6，5	+，*	扫描到 "5" 入操作数栈
14	7	+	扫描完，"*" "5" "6" 退栈
15	7，30	+	5×6=30，进操作数栈
16			"+" "30" "7" 退栈
17	37		7+30=37 入操作数栈
18	37		表达式值为 37

2. 算术表达式的前缀、中缀和后缀表示

在计算机中表达式有 3 种不同的表示方法，即前缀表达式（简称前缀式）、中缀表达式（简称中缀式）和后缀表达式（简称后缀式）。

前缀、中缀和后缀表达式的差异在于运算符所在的位置不同。一般用中缀表达式，将运算符写在两个操作数之间，如：

A+B 和 A+B*C

前缀表达式是将运算符写在两个操作数之前，如：

+AB 和 +A*BC

后缀表达式是将运算符写在两个操作数之后。如：

AB+ 和 ABC*+

不同的表示方法中，操作数之间的相对次序相同，但运算符之间的相对次序不同。在中缀表达式的计算过程中，既要考虑括号的作用，又要考虑运算符的优先级，还要考虑运算符出现的先后次序。因此，各运算符的运算次序往往同它们在表达式中的先后次序是不一样的，是不可预测的。但在后缀表达式中，不存在括号，也不存在优先级的差异，计算过程完全按照运算符出现的先后次序进行，整个计算过程仅需要扫描一趟即可完成，显然比中缀表达式的计算简便多了。

为了方便处理，编译程序常把中缀表达式首先转换成等价的后缀表达式，然后利用后缀表达式的运算规则对表达式求值。

中缀表达式转换成后缀表达式的规则是：把每个运算符都转移到它的两个操作数的后

面，同时删除所有的括号。

例如，中缀表达式

$$20*(30+50)/(60-40)$$

对应的后缀表达式为：

$$20\ 30\ 50\ +\ *\ 60\ 40\ -\ /$$

将中缀表达式存入字符串 infix 中，后缀表达式存入字符串 suffix 中，为了转换正确，必须设一个运算符栈，并在栈底设一个特殊的运算符"@"。运算符栈用来存放扫描中缀表达式时得到的暂时不能写出的后缀表达式中的运算符，待它的两个操作数都写入后缀表达式后，再令其退栈并写入后缀表达式中。

其转换规则如下：

（1）遇到操作数，直接输出，并输出一个空格作为两个操作数的分隔符；

（2）若遇到运算符，则必须与栈顶比较，运算符级别比栈顶级别高则进栈，否则退出栈顶元素并输出，然后输出一个空格作为分隔符；

（3）若遇到左括号，进栈，若遇到右括号，则一直退栈输出，直到退到左括号为止；

（4）当栈空时，输出的结果即为后缀表达式。

完整的程序代码如下：

```c
#include "stdio.h"
#include "ctype.h"
#define StackSize 100
typedef char ElemType;
typedef struct{
    ElemType  Stack[StackSize];
    int top;          //定义栈顶指针为 top
}SeqStack;
InitStack(SeqStack *s) //初始化栈
{
    s->top=-1;
}
int PushStack(SeqStack *s, ElemType x)   //入栈
{
    if(s->top==StackSize-1) {
        printf("栈已满，不能进栈!\n");
        return 0;
    }
    s->top++;
    s->Stack[s->top]=x;
    return 1;
```

```
}
int PopStack(SeqStack *s, ElemType *x)  // 出栈
{
    if(s->top==-1)  {
        printf(" 该栈已空，不能进行出栈 !\n");
        return 0;
    }
    *x=s->Stack[s->top];
    s->top--;
    return 1;
}
int pre(char op)  // 运算符的优先级
{
    switch(op)
    {
        case '+':
        case '-': return 1;
        case '*':
        case '/': return 2;
        case '(':
        case '#': return 0;
        default : return 0;
    }
}
// 把中缀表达式转换成后缀表达式算法
void TranExp(char suffix[],char infix[])
{
    SeqStack s;
    char ch;
    int i=0,j=0;
    InitStack(&s);
    PushStack(&s,'#');
    while(ch=infix[i])
        switch(ch)
        {
        case '(': PushStack(&s,infix[i]); i++;break;
        case ')':while(s.Stack[s.top]!='(')
                {
                        PopStack(&s,&ch);
```

```
                                                suffix[j++]=ch;
                                    }
                                PopStack(&s,&ch);
                                i++;break;
                case '+':
                case '-':
                case '*':
                case '/': while(pre(s.Stack[s.top])>=pre(infix[i]))
                            {
                                        PopStack(&s,&ch);
                                        suffix[j++]=ch;
                            }
                            PushStack(&s,infix[i]);
                            i++;break;
                default: while(isdigit(infix[i]))
                            {
                                        suffix[j++]=infix[i];
                                        i++;
                            }
                            suffix[j++]=' ';
            }
        while(s.Stack[s.top]!='#')
        {
                PopStack(&s,&ch);
                suffix[j++]=ch;
        }
        suffix[j]='\0';
}
// 主函数
void main()
{
        char infix[StackSize],suffix[StackSize]="";
        printf(" 请输入中缀表达式 :\n");
        scanf("%s",infix);
        TranExp(suffix,infix);
        printf(" 输出后缀表达式为 :\n");
        puts(suffix);
}
```

程序运行结果如图 3-7 所示。

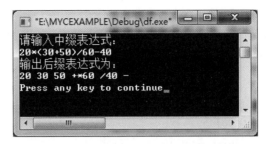

图 3-7 中缀表达式转换成后缀表达式

任务实现

```c
#include "stdio.h"
#define Maxsize 100
typedef int Datatype;
typedef struct{
    Datatype data[Maxsize];
    int top;
}Seqstack;
void init_seqstack(Seqstack *s){
    s->top=-1;
}
int empty_seqstack(Seqstack *s){
    if(s->top==-1)
        return 1;
    else
        return 0;
}
int full_seqstack(Seqstack *s){
    if(s->top==Maxsize-1)
        return 1;
    else
        return 0;
}
int push_seqstack(Seqstack *s,Datatype x){
    if(full_seqstack(s))
        printf("overflow\n");
    else
    {
        s->top++;
        s->data[s->top]=x;
```

```
    }
    return 1;
}
int pop_seqstack(Seqstack *s){
    Datatype x;
    if(empty_seqstack(s))
        printf("underflow\n");
    else
    {
        x=s->data[s->top];
        s->top--;
    }
    return x;
}
conver(int m,int d){
    Seqstack s;
    int x;
    init_seqstack(&s);
    while(m)  {
        push_seqstack(&s,m%d);
        m=m/d;
    }
    while(!empty_seqstack(&s)) {
        x=pop_seqstack(&s);
        printf("%d",x);
    }
}
main(){
    int n,m;
    printf("**************** 数值转换 *********************\n");
    printf("1   将十进制转为二进制     2    将十进制转为八进制 \n");
    printf("3   将十进制转为十六进制   4    退出 \n");
    printf(" 请选择功能 1-4:");
    scanf("%d",&n);
    while(n!=4)   {
        printf(" 请输入十进制数 :");
        scanf("%d",&m);
        switch(n){
            case 1:conver(m,2); break;
```

```
                case 2:conver(m,8);break;
                case 3:conver(m,16);break;
        }
        printf("\n请选择功能1-4:");
        scanf("%d",&n);
    }
}
```

程序运行结果如图 3-8 所示。

图 3-8　数据转换程序运行结果

任务2　迷宫求解

任务简介

求迷宫的最短路径。要求设计一个算法找出一条从迷宫入口到出口的最短路径。迷宫是图 3-9 所示的 m 行 n 列的 0-1 知了矩阵（这里以 5 行 5 列为例），其中 0 表示无障碍，1 表示有障碍。设入口为 (1，1)，出口为 (m，n)，每次移动只能从一个无障碍的单元移动到周围 4 个方向上任一无障碍的单元。

0	0	1	0	0
0	1	0	1	0
0	0	0	1	0
1	1	0	0	0
1	1	1	1	0

图 3-9　迷宫图

掌握队列的定义及基本运算，能表示队列顺序存储结构定义，能写出顺序队列基本操作算法；掌握队列链式存储结构定义，能写出队列链式存储结构的出队、入队算法。

我们从迷宫入口点 $(1，1)$ 出发，向四周试探方向，记下所有一步能到达的坐标点，然后依次从这些点出发，再记下所有一步能到达的坐标点，依次类推，直到到达迷宫的出口点 $(m，n)$ 为止，最后从出口点沿搜索路径回溯直至入口。这样就找到了一条迷宫入口到出口的最短路径，否则迷宫无路径。由于先到达的先向下搜索，所以利用了"先进先出"的数据结构——队列来保存已经到达的坐标点。

本算法的基本思想是从 $(1，1)$ 开始，利用队列的特点，一层一层向外扩展可走的点，直到找到出口为止。这个方法也是后继项目中要介绍的关于图的广度优先搜索方法。

算法的变量定义：我们用数组 $mg[1，\cdots，m][1，\cdots，n]$ 表示迷宫，为了算法方便，在四周加上一层边框，即变为数组 $mg[0，\cdots，m+1][0，\cdots，n+1]$ 表示迷宫。

抗日战争中的地道战

迷宫在我国抗日战争中起到了重要的作用，我国抗日战争中的地道战采用的就是迷宫原理。现存较为完整的地道战遗址位于河北省保定市清苑区冉庄镇冉庄村。我国当时武器装备与日本相差甚远，为了把日本侵略分子赶出中国，老百姓团结一致，挖地道抗战，建立了户户相通、家家相连、四通八达、能攻能守、长达八十多里地的地道网，地道就像迷宫一样，让敌人找不到方向，打击敌人于出其不意，冉庄村也成了当时全县闻名的抗日模范村。电影《地道战》里的高老忠和高传宝的原型就是这个村里的烈士"刘傻子"，而该电影的剧本也完全是从这里取材并写作的。

◆　子任务 1　队列定义及基本运算

队列（queue）也是一种特殊的线性表，它仅允许在表的一端进行插入、在表的另一端进行删除，即队列具有先进先出（first input first out，FIFO）的特征。

队列的定义
及基本运算

在队列中，允许插入的一端称为队尾（rear），允许删除的一端称为队头（front）。在队列尾插入一个元素的操作称为入队或进队运算，在队列的队首删除一个元素的操作称为出队或退队运算。如果队列中没有任何一个元素，则称为空队列；否则称为非空队列。

如图 3-10 所示的队列中，假设队列 $Q=(a_0，a_1，a_2，a_3，\cdots，a_{n-1})$，其中 a_0 是队首

元素，a_{n-1} 是队尾元素，队列的元素按 a_0，a_1，a_2，a_3，…，a_{n-1} 的顺序入队，按 a_0，a_1，a_2，a_3，…，a_{n-1} 的顺序出队。

图 3-10　队列

在日常生活中，有许多队列的例子，如顾客排队购物、学生排队在食堂就餐等。

与栈类似，队列的基本操作可以归纳为以下几种：

（1）InitQueue（&Q）：初始化操作，建立一个空队列。

（2）GetFront（&Q，&y）：取队列 Q 的队头元素，y 返回其值，但队列 Q 状态不变。

队列顺序存储
结构及运算

（3）EnQueue（&Q，x）：入队，如果队列 Q 还有空间，则将元素 x 插入队尾。

（4）DelQueue（&Q，&y）：出队，若队列 Q 不为空，删除队列 Q 的队头元素，y 返回其值。

（5）Empty（&Q）：判断队列是否为空，若为空则返回一个真值，否则返回一个假值。

◆　子任务 2　队列的顺序存储结构及运算

1. 顺序队列

队列的顺序存储结构简称为顺序队列（sequential queue）。顺序队列与顺序表一样，用一个一维数组来存放数据元素；在内存中，用一组连续的存储单元顺序存放队列中各元素。顺序队列的 C 语言描述如下：

```
#define MAXLEN 100    // 队列最大容量
typedef int DataType;
typedef struct
{
    DataType queue[MAXLEN];
    int front,rear;      // 队头指针和队尾指针
}SeqQueue;
```

为了描述方便，常约定：当队列为空时，有 front=rear=-1。有新元素入队时，队尾指针（rear）增 1；有元素出队时，队头指针（front）加 1。在非空队列中，队头指针 front 总是指向当前队头元素的前一个位置，队尾指针 rear 总是指向当前队尾元素。顺序队列如图 3-11 所示。

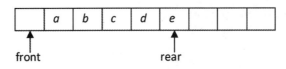

图 3-11　顺序队列示意图

入队操作时，首先判断队列是否满，在非满时，才能入队。入队时首先队尾指针加 1，再把元素放在队列中。

在出队时，首先需要判断队列是否为空，如果非空，把队头指针加 1，再把元素出队。

顺序队列的主要运算如算法 3-13 至算法 3-16 所示。

算法 3-13　队列初始化

```
InitQueue(SeqQueue *Q)
{
    Q->front=Q->rear==-1;   // 把队头指针和队尾指针设置为 -1
}
```

算法 3-14　判断队列是否为空

```
int Empty(SeqQueue *Q)
{
    if(Q->front==Q->rear)
        return 1;
    else
        return 0;
}
```

算法 3-15　入队操作

```
int EnQueue(SeqQueue *Q, DataType x)
{
    if(Q->rear=MAXLEN)
        return 0;
    Q->rear++;
    Q->queue[Q->rear]=x;
    return 1;
}
```

算法 3-16　出队操作

```
int DelQueue(SeqQueue *Q,DataType *y)
{
    if(Q->front==Q->rear)
        return 0;     // 删除元素之前，判断队列是否为空
    else
    {
        Q->front=Q->front+1;
        *x=Q->queue[Q->front];
        return 1;
    }
}
```

在顺序队列中，可能存在一种情况：由于不断进行队尾元素入队、队头元素出队，队尾指针指向数组的最后一个元素，而前面的队头元素已经出队。这时，尽管队列中有空余位置，但如果再把数据进行入队，则会发生溢出。这种情况称为"假溢出"。为了解决这个问题，下面讨论循环队列。

2. 循环队列

为了充分利用队列的存储空间，避免造成"假溢出"现象，通常采用循环队列实现队列的顺序存储。

循环队列

循环队列是将存储队列的存储区域看成一个首尾相连的环，即将表示队列的数组元素 queue[0] 与 queue[MAXLEN−1] 连接起来，形成一个环形表，如图 3−12 所示。

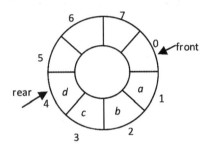

图 3−12　循环队列形成环形表

在循环队列中，同样设有队头指针（front）和队尾指针（rear）。当初始化时，队头指针和队尾指针相等（front=rear），此时队列为空。如果有新元素入队，rear 加 1。当队尾指针达到最大值 MAXLEN−1 时，队尾指针指向 0。同样，如果有元素出队，队头指针 front 指向 MAXLEN−1，如果此时还有元素出队，则 front 指针变为 0。在循环队列中，可以通过数学运算中的取余操作实现队列的首尾相连。例如，MAXLEN=6，当队尾指针 rear=5 时，如果要有新元素入队，队尾指针变为 rear=（rear+1）%6=0，即实现了逻辑上首尾相连。

但是，顺序循环队列在队空和队满状态时，都有 front=rear，如图 3−13 和图 3−14 所示。

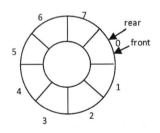

图 3−13　循环队列队空

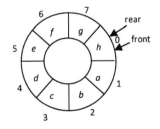

图 3−14　循环队列队满

为了区分是队列满还是队列空，通常的做法是少用一个存储空间来判断队列满还是空。当队列空时，front==rear。当 front=（rear+1）%MAXLEN 时，队满。因此，入队操作时，指针就不是简单加 1 操作，而是用 rear=（rear+1）%MAXLEN，再放数据；出队操作时，指针也不是简单加 1，而是 front=（front+1）%MAXLEN，再出队。少用一个存储空间的顺序队列队满情况如图 3−15 所示。

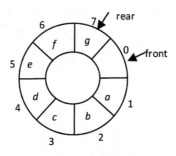

图 3-15 循环队列队满示意图

循环队列主要的操作算法如算法 3-17 至算法 3-20 所示。

算法 3-17 循环队列初始化

```
void InitCSeqQueue(SeqQueue *Q)
{
    Q->front=Q->rear=-1;
}
```

算法 3-18 循环队列入队

```
int EnCQueue(SeqQueue *Q, DataType x)
{
    if(Q->front==(Q->rear+1)%MAXLEN)     // 首先判断队列是否是一个满队列
    {
        printf(" 队列已满，不能入队 !");
        return 0;
    }
    Q->rear=(Q->rear+1)%MAXLEN;    // 入队操作时，指针循环加 1
    Q->queue[Q->rear]=x;
    return 1;
}
```

算法 3-19 循环队列出队

```
int OutCQueue(SeqQueue *Q,DataType *x)
{
    if(Q->front=Q->rear)     // 出队时，首先判断此队列是否是空队列
    {
        printf(" 此队列是一个空队列，不能出队 !");
        return 0;
    }
    Q->front=(Q->front+1)%MAXLEN;
    *x=Q->queue[Q->front];
    return 1;
}
```

算法 3-20　循环队列取队首元素

```
int GetCQueueHead(SeqQueue *Q, DataType *x)
{
    if(Q->front=Q->rear)
    {
        printf(" 此队列是一个空队列，不能取元素！");
        return 0;
    }
    *x=Q->queue[Q->front+1];
    return 1;
}
```

◆　**子任务 3　队列的链式存储结构及运算**

　　队列的链式存储结构简称为链队列（linked queue）。在链队列中，有一个头指针 front 和一个尾指针 rear，与单链表类似，另外给链队列增加一个附加表头结点。队列头指针指向队列表头结点，队列尾指针指向队列尾结点。队列空的条件是 front=rear，即头尾指针都指向表头结点。链队列的入队运算在队尾进行，链队列的出队运算在队首进行。图 3-16 是链队列示意图。

队列的链式存储
结构及运算

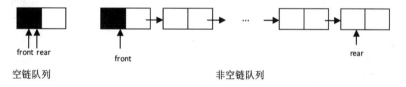

空链队列　　　　　　　　　　　　非空链队列

图 3-16　链队列示意图

　　链队列结点的结构用 C 语言描述如下：

```
typedef int DataType;
typedef struct LNode
{
    DataType data;
    struct LNode *next;
}LQueue,*QueuePtr;
typedef  struct
{
    QueuePtr front;
    QueuePtr rear;
}LinkQueue;
```

　　链队列的相关算法如算法 3-21 至算法 3-25 所示。

算法 3-21　链队列初始化

```
void InitLQueue(LinkQueue *Q)
{
```

```
    LQueue *p;
    p=(LQueue *)malloc(sizeof(LQueue));
    Q->front=Q->rear=p;
    Q->front->next=NULL;
}
```

算法 3-22　判断链队列是否为空

```
int LinkQueueEmpty(LinkQueue *Q)
{
    if(Q->front->next==NULL)
    {
        printf(" 此链队列为空！");
        return 1;
    }
    else
        return 0;
}
```

算法 3-23　入队操作

```
int EnLinkQueue(LinkQueue *Q,DataType x)
{
    LQueue *p;
    p=(LQueue *)malloc(sizeof(LQueue));
    if(!p)
        exit(-1);    // 动态生成结点失败
    p->data=x;       // 把元素放在结点中
    p->next=NULL;
    Q->rear->next=p;    // 连接两个结点
    Q->rear=p;       // 新生成的结点作为尾结点，尾指针指向尾结点
    return 1;
}
```

算法 3-24　出队操作

```
int OutLinkQueue(LinkQueue *Q,DataType *x)
{
    LQueue *p;
    if(Q->front->next=NULL)    // 判断链队列是否为空
    {
        printf(" 此链队列为空，不能出队！");
        return 0;
    }
    p=Q->front->next;
    *x=p->data;      // 把要删除的队首元素取出，保存在 x 指针指向的变量
```

```
        Q->front->next=p->next;    // 修改指针
        if(Q->rear==p)
            Q->rear=Q->front;
        free(p);  // 释放结点
        return 1;
}
```

算法 3-25　清空队列

```
void ClearLinkQueue(LinkQueue *Q)
{
    while(Q->front!=NULL)
    {
        Q->rear=Q->front->next;   // 队尾指针指向队头指针的下一个结点
        free(Q->front);    // 释放队头结点
        Q->front=Q->rear ; // 队头指针指向队尾指针
    }
}
```

任务实现

```
#include <stdio.h>
#define MaxSize 100
#define M 8
#define N 8
int mg[M+2][N+2]={
    {1,1,1,1,1,1,1,1,1,1},
    {1,0,0,1,0,0,0,1,0,1},
    {1,0,0,1,0,0,0,1,0,1},
    {1,0,0,0,0,1,1,0,0,1},
    {1,0,1,1,1,0,0,0,0,1},
    {1,0,0,0,1,0,0,0,0,1},
    {1,0,1,0,0,0,1,0,0,1},
    {1,0,1,1,1,0,1,1,0,1},
    {1,1,0,0,0,0,0,0,0,1},
    {1,1,1,1,1,1,1,1,1,1}
};
typedef struct{
    int i,j;                // 方块的位置
    int pre;                // 本路径中上一方块在队列中的下标
} Box;                      // 方块类型
typedef struct{
    Box data[MaxSize];
```

```
    int front,rear;        // 队头指针和队尾指针
} QuType;                  // 定义顺序队列类型

void print(QuType qu,int front) // 从队列 qu 中输出路径
{
    int k=front,j,ns=0;
    printf("\n");
    do{                    // 反向找到最短路径，将该路径上的方块的 pre 成员设置成 -1
        j=k;
        k=qu.data[k].pre;
        qu.data[j].pre=-1;
    }
    while(k!=0);
    printf(" 迷宫路径如下 :\n");
    k=0;
    while(k<=front)    // 正向搜索到 pre 为 -1 的方块，即构成正向的路径
    {
        if(qu.data[k].pre==-1){
            ns++;
            printf("\t(%d,%d)",qu.data[k].i,qu.data[k].j);
            if(ns%5==0)
                printf("\n");     // 每输出 5 个方块后换一行
        }
        k++;
    }
    printf("\n");
}
int mgpath(int xi,int yi,int xe,int ye)// 搜索路径为 (xi,yi)->(xe,ye)
{
    int i,j,find=0,di;
    QuType qu;                            // 定义顺序队列
    qu.front=qu.rear=-1;
    qu.rear++;
    qu.data[qu.rear].i=xi;
    qu.data[qu.rear].j=yi;   //(xi,yi) 进队
    qu.data[qu.rear].pre=-1;
    mg[xi][yi]=-1;                        // 将其赋值 -1，以避免回过来重复搜索
    while(qu.front!=qu.rear && !find)   // 队列不为空且未找到路径时循环
    {
        qu.front++;                      // 出队，由于不是循环队列，该出队元素仍在队列中
```

```
        i=qu.data[qu.front].i;
        j=qu.data[qu.front].j;
        if(i==xe && j==ye) {            // 找到了出口，输出路径
            find=1;
            print(qu,qu.front);             // 调用 print 函数输出路径
            return(1);                  // 找到一条路径时返回 1
        }
        for(di=0; di<4; di++)   { // 循环扫描每个方位，把每个可走的方块插入队列中
            switch(di) {
            case 0:
                i=qu.data[qu.front].i-1;
                j=qu.data[qu.front].j;
                break;
            case 1:
                i=qu.data[qu.front].i;
                j=qu.data[qu.front].j+1;
                break;
            case 2:
                i=qu.data[qu.front].i+1;
                j=qu.data[qu.front].j;
                break;
            case 3:
                i=qu.data[qu.front].i, j=qu.data[qu.front].j-1;
                break;
            }
            if(mg[i][j]==0) {
                qu.rear++;                      // 将该相邻方块插入队列中
                qu.data[qu.rear].i=i;
                qu.data[qu.rear].j=j;
                qu.data[qu.rear].pre=qu.front; // 指向路径中上一个方块的下标
                mg[i][j]=-1;            // 将其赋值 -1，以避免回过来重复搜索
            }
        }
    }
    return(0);                          // 未找到一条路径时返回 0
}
int main(){
    mgpath(1,1,M,N);
    return 0;
}
```

程序运行结果如图 3-17 所示。

图 3-17　迷宫程序运行结果

项目小结

栈和队列都是操作受限的线性表，其中栈只允许在栈顶进行插入和删除元素，队列只允许在两端进行插入和删除元素。

栈的操作特点是后进先出，队列的操作特点是先进先出。为了防止出现队列假上溢现象，可以采用循环队列来实现。循环队列中一般空余一个空间，用来判断队空和队满。

栈在实践中运用很广泛，计算机表达式数值求解、编译程序等大都运用栈来解决。

习题演练

一、选择题

1. 栈和队列是一种操作受限的线性表，其操作特点分别是（　　）。

A. LIFO、FIFO
B. FIFO、LIFO
C. FIFO、FIFO
D. LIFO、LIFO

2. 若进栈序列为 1,2,3,4,5,6,且进栈和出栈可以穿插进行,则不可能出现的出栈序列是(　　)。

A. 2, 4, 3, 1, 5, 6
B. 3, 2, 4, 1, 6, 5
C. 4, 3, 2, 1, 5, 6
D. 2, 3, 5, 1, 6, 4

3. 若进栈序列为 a,b,c,则通过进栈、出栈操作可能得到的 a,b,c 的不同排列个数为(　　)。

A. 4
B. 5
C. 6
D. 7

4. 引起循环队列队头位置变化的操作是（　　）。

A. 出队
B. 入队
C. 取队头元素
D. 取队尾元素

5. 判断一个栈 S（元素个数最多为 MaxSize）为空和满的条件分别是（　　）。

A. S->top!=-1 和 S->top!= MaxSize-1

B. S->top=-1 和 S->top= MaxSize-1

C. S->top=-1 和 S->top!= MaxSize-1

D. S->top!=-1 和 S->top= MaxSize-1

6. 下列哪种数据结构常用于系统程序的作业调度?（　　）。

A. 栈　　　　　　　　　　　　　　B. 队列

C. 链表　　　　　　　　　　　　　D. 数组

7. 由两个栈共享一个向量空间的好处是:（　　）。

A. 减少存取时间，降低下溢发生的概率

B. 节省存储空间，降低上溢发生的概率

C. 减少存取时间，降低上溢发生的概率

D. 节省存储空间，降低下溢发生的概率

8. 用不带头结点的单链表存储队列时，若队头指针指向队头结点，队尾指针指向队尾结点，则在进行删除运算时（　　）。

A. 仅修改队头指针　　　　　　　　B. 仅修改队尾指针

C. 队头、队尾指针都要修改　　　　D. 队头、队尾指针都可能要修改

9. 若用一个大小为 6 的数组来实现循环队列，且当前 rear 和 front 的值分别为 0 和 3，从队列中删除一个元素，再加入两个元素后，rear 和 front 的值分别为多少?（　　）。

A. 1 和 5　　　　　　　　　　　　B. 2 和 4

C. 4 和 2　　　　　　　　　　　　D. 5 和 1

10. 循环队列用数组 $R[0, \cdots, m-1]$ 存放其元素值，用 front 和 rear 分别表示队头和队尾指针，则当前队列中的元素个数可表示为（　　）。

A.（rear-front+m）%m　　　　　　B. rear-front+1

C. rear-front-1　　　　　　　　　D. rear-front

二、填空题

1. 栈是 ＿＿＿＿＿ 的线性表，其运算遵循 ＿＿＿＿＿ 的原则；队列是限制插入只能在表的一端、删除在表的另一端进行的线性表，其运算遵循 ＿＿＿＿＿ 原则。

2. 若一个栈的输入序列是（1, 2, 3），则不可能的栈的输出序列为 ＿＿＿＿＿。

3. 与中缀表达式 23+（12*4-5）/2+34*5/7+20/2 等价的后缀表达式为 ＿＿＿＿＿。

4. 用一个不带头结点的单链表来表示链栈 S，则创建一个空栈所需要执行的操作是: ＿＿＿＿＿。

5. 不论顺序存储还是链式存储的栈和队列，进行插入和删除运算的时间复杂度均为 ＿＿＿＿＿。

三、算法分析题

1. 假设两个队列共享一个循环向量空间，其类型 Queue2 定义如下:

```
typedef struct{
    DataType data[MaxSize];
    int front[2],rear[2];
}Queue2;
```

对于 $i=0$ 或 1，front[i] 和 rear[i] 分别为第 i 个队列的头指针和尾指针，如图 3-18 所示。

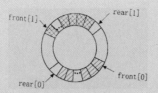

图 3-18　循环队列

请对以下算法填空，实现第 i 个队列的入队操作。

```
int EnQueue(Queue2 *Q,int i,DataType x)
{// 若第i个队列不满，则元素x入队列，并返回1；否则返回0
    if(i<0||i>1)   return 0;
    if(Q->rear[i]==Q->front[   ①   ])
        return 0;
    Q->data[   ②   ]=x;
    Q->rear[i]=[   ③   ];
    return 1;
}
```

2. 设栈 S=（1，2，3，4，5，6，7），其中 7 为栈顶元素。请写出调用 algo（&S）后栈 S 的状态。

```
void algo(Stack *S)
{
    int i=0;
    Queue Q; Stack T;
    InitQueue(&Q);InitStack(&T);
    while(!StackEmpty(S))
    {
        if((i=!i)!=0)  Push(&T,Pop(&S));
        else EnQueue(&Q,Pop(&S));
    }
    while(!QueueEmpty(Q))
        Push(&S,DeQueue(&Q));
    while(!StackEmpty(T))
        Push(&S,Pop(&T));
}
```

四、算法设计题

1. 假设称正读和反读都相同的字符序列为"回文"，例如"abccba"是回文，而"ashgash"不是回文，试写一个算法判断读入的一个以"@"为结束符的字符序列是否为回文。

2. 设以数组 Se[m] 存入循环队列的元素，同时设变量 front 和 rear 分别作为队头和队尾指针，且队头指针指向队头前一个位置，写出这样设计的循环队列出队和入队的算法。

3. 设计一个算法，判断一个算术表达式的圆括号是否正确配对。

知识目标

（1）掌握串的定义及基本运算，以及串的顺序存储结构上实现的各种运算方法

（2）理解串的链式存储及索引存储方法

（3）理解串的模式匹配算法

（4）理解堆串的存储结构及堆串的基本运算

技能目标

（1）能利用串的基本运算，编程实现串的其他各种运算方法

（2）能利用串的模式匹配算法，设计高质量的模式匹配程序

素质目标

（1）能进行团队协作，开展算法效率分析

（2）具有不怕吃苦的精神

（3）具有一定的研究和创新精神

项目思维导图

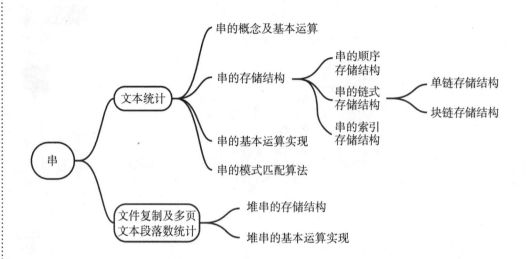

项目 4 课件

项目 4 源代码

在计算机上的非数值处理对象基本上是字符串数据。字符串简称为串，在计算机编程语言中的源程序、目标程序及编译程序都是字符串；在电子商务处理中，顾客的姓名、性别、地址及货物的名称、产地和规格等一般都是作为字符串处理的；在信息检索系统中，文字编辑程序、问答系统以及音乐分析程序等，都是以字符串作为对象进行处理的。

由于计算机硬件结构主要是反映计算机的数值需要的，处理字符串数据比处理整数和浮点数要复杂得多，而且，在不同类型的应用中，所处理的字符串具有不同的特点，因此，要有效地实现字符串的处理，就必须根据具体情况使用合适的存储结构。本项目将讨论一些基本的串处理操作和它的几种存储结构。

任务 1　文本统计

任务简介

编写一个程序，实现在文本文件中查询指定单词出现的次数。

任务目标

要求掌握串的概念及基本运算，掌握串的顺序存储结构定义、串的链式存储结构及串的基本运算，能写出串的模式匹配算法。

任务分析

要实现此任务，可以使用 C 语言提供的 strcmp 函数进行字符串的比较。由于单词是以空格开始、以空格或换行符结束，因此，在实现时，可以先把文本文件中单词读取出来，再和要查询的单词进行比较。

思政小课堂

模式匹配助力疫情防控排查

在疫情防控期间，如果发现一例确诊病例，我们常需要对密接人员等进行排查，利用目前大数据技术手段，有时也不能对密接人员等进行准确的排查，此时就需要借助模式匹配的技术手段进行排查。模式匹配技术手段排查目前主要通过人员的位置追踪手段进行，先通过 GPS 对人员进行定位（但也可能存在少数人不带手机情况），再通过模式匹配，采用比对的方式，确定是否是密接人员等，从而尽量阻断病毒的传播。在疫情防控期间，国家为了保障人民的生命健康安全，付出了巨大的努力，因此，我们要珍惜来之不易的学习环境，将来为国家建设做出自己的贡献。

知识储备

◆　子任务 1　串的概念及基本运算

串是一种特殊的线性表，它的数据对象是字符的集合，它的每个元素都是一个字符，一系列相连的字符就组成了一个字符串。

串（string）是由零个或多个字符组成的有限序列，记作：

$$S=\text{``}a_1a_2a_3\cdots a_{n-1}a_n\text{''}$$

其中，S 是串的名称，用双引号引起来的字符序列是串的值。双引号本身不属于串，它用来标志字符串的起始和终止，从而避免串与常数或标识符混淆。a_i（$1 \leqslant i \leqslant n$）可以是字母、数字或其他字符。

串的概念
及基本运算

"123" 是数字字符串，它不同于整常数 123。

"xl" 是长度为 2 的字符串。

空串和空白串：长度为零的串称为空串（empty string），它不包含任何字符；仅由一个或多个空格组成的串称为空白串（blank string）。注意：空串和空白串不同。

" " 和 "" 分别表示长度为 1 的空白串和长度为 0 的空串。

子串和主串：串中任意个连续字符组成的子序列称为该串的子串；包含子串的串相应地称为主串。通常将子串在主串中首次出现时该子串首字符对应的主串中的序号定义为子串在主串中的序号（或位置）。

设 A 和 B 分别为：

$$A=\text{``This is a string''} \quad B=\text{``is''}$$

则 B 是 A 的子串，B 在 A 中出现了两次，其中首次出现对应的主串位置是 3，因此称 B 在 A 中的序号（或位置）是 3。

注意：① 空串是任意串的子串；② 任意串是其自身的子串。

通常在程序中使用的串可分为串变量和串常量。

（1）串变量：和其他类型的变量一样，其取值是可以改变的。

（2）串常量：和整常数、实常数一样，在程序中只能被引用但其值不改变，即只能读不能写。

例 4-5

C++ 中，可定义串常量 path：

```
const char path[]="dir/bin/appl";
```

串相等：当且仅当两个串的长度相等，并且各个对应位置的字符都相等时，两个串才相等。

例 4-6

a="beijing"，b="bei jing"。由于 a、b 两个字符串中 a 没有空格，b 多了一个空格，其对应位置不相等，并且长度也不一致，所以两个字符串不相等。

字符串的基本运算有：

（1）Length_str（S）：求串的长度。

（2）Assign_Str（S，T）：将串 T 的值赋值给 S，覆盖 S 原来的值。

（3）Concat_str（S_1，S_2）：把两个字符串连接起来，其中 S_2 连接在 S_1 的后面。

（4）Sub_str（S，i，len）：返回 S 从 i 位置开始的 len 个长度的字符串。其中 $1 \leqslant i \leqslant$ Length_str（S），$0 \leqslant$ len $\leqslant$ Length_str（S）$-i+1$。

（5）Compare_str（S_1，S_2）：两个字符串比较，如果 $S_1 = S_2$ 则返回 0，如果 $S_1 < S_2$ 则返回值小于 0 的整数，如果 $S_1 > S_2$ 则返回值大于 0 的整数。

（6）Index_str（S，T）：子串定位，若 $T \in S$，则返回子串 T 在主串 S 中首次出现的位置；否则返回 0。

（7）Insert_str（S，i，T）：串插入，将串 T 插到串 S 的第 i 个位置上，其中 $1 \leqslant i \leqslant$ Length_str（S）$+1$。

（8）Delete_Str（S，i，len）：串删除，删除串 S 中从第 i 个字符开始的 len 长度的子串。其中 $1 \leqslant i \leqslant$ Length_str（S），$0 \leqslant$ len $\leqslant$ Length_str（S）$-i+1$。

（9）Replace_Str（S，T，R）：串替换，用串 R 替换串 S 中出现的所有与串 T 相等的不重叠的子串。

◆ 子任务 2　串的存储结构

线性表的顺序存储结构和链式存储结构对于串来说都是适合的。但串中的数据元素是字符，有其特殊性。对于串的存储，一般有两种处理方式。一是将串定义成字符型数组，由串名可以直接访问到串值。串的存储空间是在编译时分配完成的，其空间大小不能更改，一般称为定长串，也可称为静态存储结构。二是在程序运行时动态分配串的存储空间，并根据需要随时进行再次分配与释放，从而动态地改变其空间大小，这种方式称为串的动态存储。

串的存储结构

1. 串的顺序存储结构

串的静态存储结构采用顺序存储结构，简称为顺序串，顺序串中的字符被顺序存放在内存的一片连续的存储单元中。在计算机中，一个字符只存储一个字节，所以串的字符是顺序存放在相邻字节中的。

在 C 语言中，串的顺序存储可用一个字符型数组和一个整型变量来表示，其中字符型数组存入串值，整型变量存放串的长度。其描述如下：

```
#define MAXLEN  500
typedef struct
{
    char str[MAXLEN];
```

数据结构项目教程

```
    int length;
}String;
```

其中，MAXLEN 是存储串的最大长度，str 是存储串的字符数组，length 是存储串的长度。如有一个字符串 s= "Welcome you Tom!"，则顺序串的存储如图 4-1 所示。

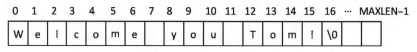

图 4-1　顺序串的存储示例

2. 串的链式存储结构

串的链式存储结构也称为链串，结构与链表类似，链串中每个结点有两个域，一个是值域（data），用于存放字符串中的字符，另一个是指针域（next），用于存放后继结点的地址。链串的特点是其中的结点数据类型只能是字符型。链串的存储结构用 C 语言描述如下：

```
typedef struct StrNode
{
    char data;
    struct StrNode *next;
}StrLinkNode;
```

一个链串一般是由头指针唯一确定的。如串 s= "abcd"，如果结点大小为 1 的话，每个结点放一个字符，该链串如图 4-2 所示。

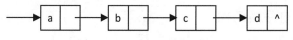

图 4-2　串的链式存储示例

在这种简单的链串中，由于一个存储单元只存储了一个字符，指针也占用了一个空间，存储空间利用率太低了，另外，在字符串的操作中，往往需要同时对多个字符串进行操作，通常需要考虑存储密度。存储密度可定义为：

$$存储密度 = \frac{串值所占的存储位}{实际分配的存储位}$$

为了提高存储密度，可以让每个结点的值域存放多个字符，例如每个结点值域存放 4 个字符，这种结构也称为块链结构，如串 s= "Welcome you Tom!" 的存储结构如图 4-3 所示。

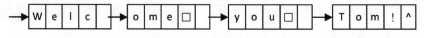

图 4-3　块链存储示例

串的块链结构类型 C 语言描述如下：

```
#define NodeSize 4
typedef struct node{
    char str[NodeSize];
    struct node *next;
```

```
}SNode,*LinkStr;
```

块链的存储结构节约了存储空间，但是在对字符串进行插入或删除运算时，会引起大量字符的移动，很不方便。例如，在图4-4（a）所示的串 *s* 的第3个字符后插入字符串 "Tom" 时，需要移动 *s* 中 "c" 后面的4个字符，如图4-4（b）所示。

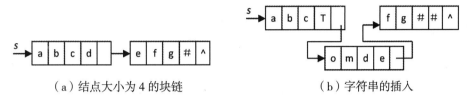

（a）结点大小为4的块链　　　　　（b）字符串的插入

图4-4　块链的字符串插入操作示例

3. 串的索引存储结构

串的索引存储结构的构造方法是：首先开辟一块地址连续的存储空间，用于存放各串本身的值。再另外建立一个索引表，在索引表的项目中存放一个串的名称、长度和在存储空间的起始地址等信息。

在系统运行过程中，每当有一个新的串出现时，系统就从存放串值的存储空间中给新串分配一块连续的空间，用于存放该串的值，另外在索引表中增加一个索引项，记录该串的名称、长度和起始地址。

串的索引存储结构可用C语言描述如下：

```
#define MAXSIZE 500
typedef struct{
    char str[MAXSIZE];
    int length;
    char *StartAdr;
}LSNode;
```

例如，有下面4个字符串：

$$A= \text{"you"} \quad B= \text{"are"} \quad C= \text{"a"} \quad D= \text{"student"}$$

若采用索引存储结构如图4-5所示。上部分是索引表，下部分是存放串值的连续存储空间。

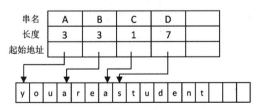

图4-5　串的索引存储结构示意图

◆　子任务3　串的基本运算实现

串的基本运算实现如算法4-1至算法4-5所示。

算法4-1　求串的长度

```
int Length_str(String *s)
```

```
{
    return s->length;
}
```

算法 4-2　串的赋值

```
int Assign_Str(String *S,String *T)
{   // 把串 T 赋值给串 S, 覆盖 S 原来的内容
    int i;
    if(T->length>S->length) {
            printf("串 S 的长度不足, 不能进行赋值!");
            return 0;
    }
    for(i=0;i<T->length;i++) {
            S->str[i]=T->str[i];
    }
    S->str[i]='\0';
    S->length=T->length;
    return 1;
}
```

算法 4-3　串的连接

```
int Concat_str(String *S1,String *S2)
{   // 把串 S2 连接在 S1 的后面
    int i;
    if(S1->length+S2->length>MAXLEN){
            printf("长度不够, 不能进行连接!");
            return 0;
    }
    for(i=0;i<S2->length;i++){
            S1->str[S1->length+i]=S1->str[i];
    }
    S1->str[S1->length+i]='\0';
    S1->length=S1->length+S2->length;
    return 1;
}
```

算法 4-4　取子串

```
String  Sub_str(String *S,int i,int len)
{   // 在串 S 中取第 i 个位置开始的 len 个字符
    String sub;
    int k;
    if(i<1 || i>S->length || i>S->length-len+1)
```

```
{
        printf("非法参数，不能取子串！");
        exit(-1);
    }
    for(k=0;k<len;k++)
    {
        sub.str[k]=S->str[i+k-1];
    }
    sub.str[k]='\0';
    sub.length=len;
    return sub;
}
```

算法 4-5　字符串比较

```
int Compare_str(String *S1,String *S2)
{
    int i;
    if(S1->length!=S2->length)
        return -1;   // 两个串长度不等，则一定不相等，返回小于 0 的整数
    else
    {
        for(i=0;i<S1->length;i++)
        {
            if(S1->str[i]>S2->str[i])
                return 1;  // 第一个串大于第二个串，则返回一个大于 0 的整数
            else
                if(S1->str[i]<S2->str[i])
                    return -1;// 第一个串小于第二个串，则返回一个小
                              于 0 的整数
        }
        if(i>=S1->length)
            return 0;  // 比较结束，两个字符串相等，则返回 0
    }
}
```

◆　**子任务 4　串的模式匹配算法**

串的模式匹配即子串定位，是一种重要的串运算。设 S 和 T 是给定的两个串，在主串 S 中查找子串 T 的过程称为模式匹配。如果在主串 S 中找到等于 T 的子串，则称匹配成功，函数返回子串 T 在主串 S 中首次出现的位置；否则称匹配失败，返回 0。子串 T 也称为模式串。

简单的模式匹配算法的基本思想：首先将 S_1 和 T_1 进行比较，若不同，就将 S_2 和 T_1 进行比较，直到 S 的某一个字符 S_i 和 T_1 相同，再将它们之后的字符进行比较，若也相同，则如此继续进行比较，当 S 的某一个字符 S_i 与 T 的字符 T_j 不相同时，则返回到本趟开始字符的下一个字符，即 S_{i-j+1}，T 返回到 T_1，开始下一趟比较。重复上述过程，若 T 中字符全部扫描到一遍，则说明本趟匹配成功，本趟的起始位置是 $i-j+1$ 或 $i-T[0]$；否则，匹配失败。

串的模式匹配算法如算法 4-6 所示。

算法 4-6　模式匹配算法

```c
int Index_str(String *S,String *T)
{
    int i=1,j=1;
    while(i<S->length && j<T->length)
    {
        if(S->str[i]==T->str[j])
        {
            i++;
            j++;
        }
        else
        {
            i=i-j+1;
            j=0;
        }
    }
    if(j>=T->length)
        return i-(T->length)+1;//加 1 表示位置序号，因为下标序号和位置序号差 1
    else
        return 0;
}
```

构造一个主函数来调用模式匹配算法：

```c
#include "stdio.h"
#include "string.h"
#define MAXLEN 100
typedef struct Str
{
    char str[MAXLEN];
    int length;
}String;
void main()
```

```
{
    String  S[100],T[100];
    int i,j,k;
    printf(" 输入主串 :");
    gets(S->str);
    for(i=0;S->str[i]!='\0';i++);   // 记录 S 字符串的长度
    S->length=i;
    printf("S 长度 %d\n",S->length);
    printf(" 输入子串 :");
    gets(T->str);
    for(j=0;T->str[j]!='\0';j++);  // 记录 T 字符串的长度
    T->length=j;
    printf("T 长度 %d\n",T->length);
    k=Index_str(S,T);
    printf(" 子串在主串中位置为第 : %5d\n",k);
}
```

程序运行结果如图 4-6 所示。

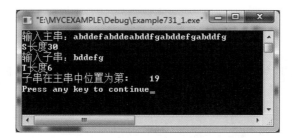

图 4-6　模式匹配算法的程序运行结果

任务实现

```
#include <stdlib.h>
#include <stdio.h>
#include <string.h>
// argc: 统计运行程序时命令行参数的个数
// *argv[]: 储存每个参数的字符串指针，每一个元素对应一个参数
int main(int argc,char *argv[])
{
    int ch,k=0,count=0;
    char find[50],temp[1000];
    FILE *pt;       // 文件指针
    // 判断是否输入文件
    if(argc != 2){
        printf(" 请使用格式 : %s 文件名 ",argv[0]);
```

```
        exit(1);      // 非正常退出
    }
    // 判断能否成功打开文件
    if((pt = fopen(argv[1],"r"))== NULL){   // 将 argv[1] 赋值给指针 pt
        printf(" 打开文件 %s 失败 ",argv[1]);
        exit(1);
    }
    printf(" 请输入要查找的单词 :");
    gets(find);                    // 输入的单词放在 find 中
    while((ch=getc(pt))!=EOF){   //EOF 表示文件结束
        if((ch!=' ')&&(ch!='\n')){   // 单词遇到空格或换行符结束
            temp[k++]=ch;
        }
        else {
            temp[k]='\0';
            if((strcmp(find,temp))==0)
                count++;
            k=0;
        }
    }
    printf(" 共在文件 %s 中查找到字符串 \"%s\" %d 个 \n",argv[1],find,count);
    getch();
    return 0;
}
```

程序运行结果如图 4-7 所示。

图 4-7　文本统计程序运行结果

任务 2　文件复制及多页文本段落数统计

任务简介

试编写一算法，实现文件复制及多页文本内容段落数的统计，并输出结果。

掌握堆串的存储结构及堆串的类型定义，能运用堆串的知识，写出常用堆串的操作算法。

文件复制是指把一个文件按原样重新写到另一个文件中去，可以利用 C 语言提供的文件指针（FILE *FP）实现，利用一个文件指针顺序读（fgetc）出文件中的内容，再利用另一个文件指针，顺序写（fputc）到另一个文件中去。因一个段落的结束标记是回车键，在 C 语言中用 "\n" 表示，因此，在读文件时，如果遇到 "\n" 就进行计数，这样就可以统计一个文件的段落数了。

人无完人，每个人都应扬长避短

串在计算机中只能存储一系列的字符串，而不能存储其他的内容，在计算机中，经常以串的形式进行处理。我们经常在文字处理软件中使用的查找和替换功能就是通过串的查找和替换来实现的。但串的存储若选择不同的方式，其操作结果也有快慢之分，不论哪种存储方式，都有优缺点。同样，我们对待生活、学习、工作也可采取不同的态度，不同的人会有不同的特点，每个人都有优缺点。因此，我们要尽可能发扬长处，把自己的优点发挥到极致，而尽可能避开自己的短处，时刻改正自己的缺点。另外，我们看待他人也需要看别人的长处，不要盯着别人的短处不放，要有容忍别人短处、缺点的胸襟。

◆ 子任务 1　堆串的存储结构

串的顺序存储是静态分配存储空间，如果存储空间设置不当，可能会造成存储空间浪费或存储空间不足的现象。采用块链存储方式尽管可以增加存储空间的使用率，但由于插入和删除需要移动大量的元素，计算机的消耗也很大。采用索引存储方式尽管可以较容易地进行插入和删

堆串的存储结构

除操作，但由于插入和删除后需要修改索引表，并且索引表本身也要占用大量的存储空间，因此算法效率也不高。串的存储空间可以在使用时进行动态分配，如可以使用堆串实现。

在 C 语言中，由函数 malloc 和 free 管理堆串的存储空间。利用函数 malloc 为新产生的串动态分配一块实际的存储空间，如果分配成功，返回一个指向存储空间起始地址的指针，作为串的基地址（起始地址）。如果使用完毕，使用函数 free 释放内存空间。

堆串的类型定义如下：

```
typedef struct
{
    char *str;
```

```
        int len;
}String;
```

其中，str 是指向堆串的起始地址的指针，len 表示堆串的长度。

◆ 子任务 2　堆串的基本运算实现

1. 串的赋值

串的赋值就是将字符串常量 cstr 中每个字符赋值给串 S，如算法 4-7 所示。

算法 4-7　串的赋值

```
void StrAssign(String  *S,char cstr[])
{
        int i=0,len;
        if(S->str)
                free(S->str);
        for(i=0;cstr[i]!='\0';i++)
                len=i;   // 求串 cstr 的长度
        if(!len)
        { // 如果 cstr 长度为零，则置串 S 的长度为零，内容置为空
                S->str='\0';
                S->len=0;
        }
        else
        {
                S->str=(char *)malloc(len*sizeof(char));   // 为串动态分配存储空间
                if(!S->str)
                        exit(-1);
                for(i=0;i<len;i++)
                        S->str[i]=cstr[i];   // 对 str 进行赋值操作
                S->len=len;   // 将串 S 的长度置为 len
        }
}
```

2. 串的插入

串的插入即是在串 S 中的第 pos 个位置插入一个字符串 T，如算法 4-8 所示。

算法 4-8　串的插入

```
int StrInsert(String *S,int pos,String T)
{
        int i;
        if(pos<0||pos-1>S->len)
        {
```

```
        printf(" 插入位置不正确 !");
        return 0;
    }
    S->str=(char *)malloc((S->len+T.len) *sizeof(char));
    if(!S->str)
    {
        printf(" 内存分配失败 !");
        exit(-1);
    }
    for(i=S->len-1;i>=pos-1;i--)
        S->str[i+T.len]=S->str[i];
    for(i=0;i<T.len;i++)
        S->str[pos+i-1]=T.str[i];
    S->len=S->len+T.len;
    return 1;
}
```

3. 串的删除

串的删除是指在串 *S* 中删除从第 pos 个位置开始的 length 个长度的字符，如算法 4-9 所示。

算法 4-9　串的删除

```
int StrDelete(String *S,int pos,int length)
{
    int i;
    char *p;
    if(pos<0||length<0||pos+length-1>S->len)
    {
        printf(" 删除位置不正确 !");
        exit(-1);
    }
    else
    {
        p=(char *)malloc(S->len-length);
        if(!p)
            exit(-1);
        for(i=0;i<pos-1;i++)
            p[i]=S->str[i];
        for(i=pos-1;i<S->len-length;i++)
            p[i]=S->str[i+length];
        S->len=S->len-length;
        free(S->str);
```

```
                S->str=p;
                return 1;
        }
}
```

任务实现

```c
#include<stdio.h>
main()
{
        FILE *fp,*fp1;
        int cap=0, i=1;  //cap 表示文件段落数
        char mid,filename[10],copyfilename[10];
        printf(" 输入要复制及统计段落数的文件名 (*.txt)!\n");
        scanf("%s",filename);   // 输入文件名
        printf(" 输入目标文件的文件名 (*.txt)\n");
        scanf("%s",copyfilename);
        if((fp=fopen(filename,"r"))==NULL)   // 测试文件是否能打开
        {
                printf("Can not open the file!\n");
                exit(0);
        }
        if((fp1=fopen(copyfilename,"w+"))==NULL)
        {
                printf("Can not open the file!\n");   // 建立一个输出文件
                exit(0);
        }
        while(!feof(fp))
        {
                mid=fgetc(fp);    // 读取文件指针指向的字符
                if(mid=='\n') cap++;   // 遇到回车键，说明是一个段落，cap+1
        }
        fclose(fp);
        if((fp=fopen(filename,"r"))==NULL)   // 重新打开文件
        {
                printf("Can not open the file!\n");
                exit(0);
        }
        fprintf(fp1,"%d ",i++);
        while(!feof(fp))
        {
                if(fputc(fgetc(fp),fp1)=='\n')
                        fprintf(fp1,"%d ",i++);
```

```
    }
    if(feof(fp))
            printf(" 文件成功复制，复制的文件名为 :%s\n",copyfilename);
    printf(" 统计文件段落数为 :%d \n",cap+1);
    fclose(fp);
    fclose(fp1);
}
```

程序运行结果如图 4-8 所示。

图 4-8　文件复制及段落数统计程序实现

 项目小结

　　串是一种特殊的线性表，它的结点仅由一个字符组成。串的应用非常广泛，凡是涉及字符处理的领域都会用到串，很多高级语言都有较强的串处理功能。

　　本项目主要讲解了串的基本概念、基本运算及串的顺序存储结构、串的链式存储结构、串的模式匹配算法及堆串的存储结构、堆串的基本运算等。其中，串的顺序存储结构在串的各种操作中实现方便，并且存储空间利用率很高，所以串的顺序存储结构更常用。

 习题演练

一、选择题

1. 以下关于串的叙述中，哪一个是不正确的？（　　　）。

A. 串是字符的有限序列

B. 空串是由空格构成的串

C. 模式匹配是串的一种重要运算

D. 串既可以采用顺序存储，也可以采用链式存储

2. 有串 p 和串 q，其中串 q 是串 p 的子串，求 q 在 p 中首次出现的位置的算法称为（　　　）。

A. 求子串　　　　　　　　　　　　B. 连接

C. 模式匹配　　　　　　　　　　　D. 求串长

3. 如下陈述中正确的是（　　）。

A. 串是一种特殊的线性表　　　　　　　　B. 串的长度必须大于零

C. 串中元素只能是字母　　　　　　　　　　D. 空串就是空白串

4. 若目标串的长度为 n，模式串的长度为 $n/3$，则执行模式匹配算法时，在最坏情况下的时间复杂度是（　　）。

A. $O\left(\dfrac{n}{3}\right)$　　　　B. $O(n)$　　　　　　C. $O(n^2)$　　　　　　　D. $O(n^3)$

5. 为查找某一特定单词在文本中出现的位置，可应用的串运算是（　　）。

A. 插入　　　　　B. 删除　　　　　　C. 连接　　　　　　D. 子串定位

6. 已知函数 Sub(s, i, j) 的功能是返回串 s 中从第 i 个字符起长度为 j 的子串，函数 Scopy (s, t) 的功能为复制串 t 到 s。若字符串 S="SCIENCESTUDY"，则调用函数 Scopy (P, Sub (S, 1, 7)) 后得到（　　）。

A. P="SCIENCE"　　　　　　　　　　B. P="STUDY"

C. S="SCIENCE"　　　　　　　　　　D. S="STUDY"

7. 字符串通常采用的两种存储方式是（　　）。

A. 散列存储和索引存储　　　　　　　　B. 索引存储和链式存储

C. 顺序存储和链式存储　　　　　　　　D. 散列存储和顺序存储

8. 设主串长为 n，模式串长为 m（$m \le n$），则在匹配失败情况下，模式匹配算法进行的无效位移次数为（　　）。

A. m　　　　　　　　　　　　　　　　B. $n-m$

C. $n-m+1$　　　　　　　　　　　　　D. n

9. 若 SubStr (S, i, k) 表示求 S 中从第 i 个字符开始的连续 k 个字符组成的子串的操作，则对于 S="Beijing&Nanjing"，SubStr (S, 4, 5) 的值为（　　）。

A. "ijing"　　　　　　　　　　　　　B. "jing&"

C. "ingNa"　　　　　　　　　　　　　D. "ing&N"

10. 若 index (S, T) 表示求 T 在 S 中的位置的操作，则对于 S="Beijing&Nanjing"，T="jing"，index (S, T) = （　　）。

A. 2　　　　　　　　　　　　　　　　B. 3

C. 4　　　　　　　　　　　　　　　　D. 5

二、填空题

1. 空串是指 ＿＿＿＿＿＿＿＿，其长度为 ＿＿＿＿＿＿＿＿。

2. 两个字符串相等的充分必要条件是 ＿＿＿＿＿＿＿＿＿＿。

3. 设有一个字符串 s="Welcome you Tom!"，采用顺序存储方式，共在计算机中占用存储字节数为 ＿＿＿＿＿＿＿＿。

三、算法设计题

1. 编写一个算法，从串 S 中删除所有与串 T 相同的子串。

2. 编写一个算法，统计一个字符串中某个字符出现的次数，并输出。

3. 编写一个算法，根据给定子串，求其在主串中出现的次数。

数组和广义表

知识目标

（1）掌握数组的定义及数组存储表示

（2）掌握稀疏矩阵的定义、二元组表和十字链存储结构

（3）掌握稀疏矩阵的转置运算，了解其算法描述

（4）理解广义表定义及其链式存储结构

技能目标

（1）能利用矩阵计算其存储地址

（2）能利用广义表的定义对广义表求深度和广度

素质目标

（1）能进行团队协作，开展算法效率分析

（2）具有不怕吃苦的精神

（3）具有一定的研究和创新精神

项目思维导图

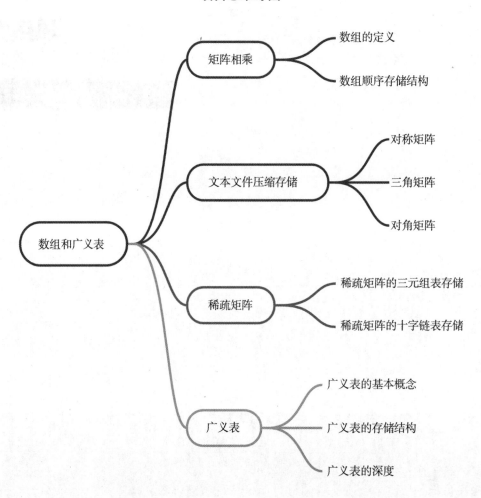

数组和广义表
- 矩阵相乘
  - 数组的定义
  - 数组顺序存储结构
- 文本文件压缩存储
  - 对称矩阵
  - 三角矩阵
  - 对角矩阵
- 稀疏矩阵
  - 稀疏矩阵的三元组表存储
  - 稀疏矩阵的十字链表存储
- 广义表
  - 广义表的基本概念
  - 广义表的存储结构
  - 广义表的深度

项目 5 课件

项目 5 源代码

数组和广义表是一种扩展的线性数据结构。在组成线性表的元素方面，线性表、栈、队列、串的数据元素都是不可再分的原子类型，而数组可以看成由某种结构的数据构成，广义表中的数据元素由单个元素或子表构成。因此，数组和广义表中的数据元素可以是单个的也可以是线性结构。从这个意义上来看，数组和广义表是线性表的推广。

任务 1　矩阵相乘

任务简介

试设计一个算法，求两个矩阵相乘，并输出结果。

任务目标

本任务要求掌握数组的定义、数组的顺序存储结构，会根据二维数组计算其存储位置，会根据三维数组计算其存储位置，会运用计算机观点写出数学的矩阵相乘的算法代码并运行。

任务分析

矩阵相乘指的是一般矩阵相乘，要第一个矩阵的列数 (column) 和第二个矩阵的行数 (row) 相同才有意义。设 A 为 m 行 p 列的矩阵，B 为 p 行 n 列的矩阵，那么 m 行 n 列的矩阵 C 为矩阵 A 与 B 的乘积，记作 $C=AB$，其中矩阵 C 的第 i 行第 j 列元素可以表示为：

$$(AB)_{ij} = \sum_{k=1}^{p} a_{ik}b_{kj} = a_{i1}b_{1j} + a_{i2}b_{2j} + \cdots + a_{ip}b_{pj}$$

例如：

$$C = AB = \begin{bmatrix} 1 & 2 & 3 \\ 4 & 5 & 6 \end{bmatrix} \times \begin{bmatrix} 1 & 4 \\ 2 & 5 \\ 3 & 6 \end{bmatrix} = \begin{bmatrix} 1\times1+2\times2+3\times3 & 1\times4+2\times5+3\times6 \\ 4\times1+5\times2+6\times3 & 4\times4+5\times5+6\times6 \end{bmatrix} = \begin{bmatrix} 14 & 32 \\ 32 & 77 \end{bmatrix}$$

可以用循环直接套用上面的公式计算每个元素。嵌套循环内部进行累加前，一定要注意对累加变量进行清零。

思政小课堂

遇事不要轻言放弃

计算机程序设计的思维源于数学思维，进行此类设计需具有较强的逻辑推理能力和解决事务的方法能力，有些人认为自己数学知识没有掌握好，学计算机会有困难，就想放弃学习。其实，我们需要的是更加努力地学习，不轻言放弃，世上没有哪件事情是轻易成功的。比如学习数组的三维存储，计算其存储位置相对困难一点，但只要我们充分思考，展开丰富的想象，困难就能克服。因此，作为新时代大学生，我们要将在学习、工作、生活中遇到的很多困难进行分解，一步步解决，不轻言放弃，这样我们生活中的任何一个问题都将不再是无法解决的。

◆ 子任务 1　数组的定义

数组是由一组具有相同特性的数据元素组成的。其中数据元素可以是整型、实型等简单类型，也可以是数组等构造类型。数据元素在数组中的相对位置是由其下标来确定的。如果数组元素只含有一个下标，这样的数组称为一维数组，若把数据元素的下标顺序变换成线性表的序号，则一维数组就是一个线性表。

数组的定义

如果每个数组元素含有两个下标，则称该数组为二维数组。如图 5-1 所示，一个 $m \times n$ 矩阵就是一个二维数组。

$$A_{m \times n} = \begin{bmatrix} a_{11} & a_{12} & a_{13} & \cdots & a_{1n} \\ a_{21} & a_{22} & a_{23} & \cdots & a_{2n} \\ \vdots & \vdots & \vdots & & \vdots \\ a_{m1} & a_{m2} & a_{m3} & \cdots & a_{mn} \end{bmatrix}$$

图 5-1　m 行 n 列的二维数组

可以把二维数组 $A_{m \times n}$ 看成是一个线性表 $A = (a_1, a_2, a_3, \cdots, a_n)$，其中 $a_j (1 \leq j \leq n)$ 本身也是一个线性表，称为列向量，即 $a_j = (a_{1j}, a_{2j}, a_{3j}, \cdots, a_{mj})$，如图 5-2 所示。

$$A = (a_1, a_2, a_3, \cdots, a_n)$$
$$\Uparrow$$
$$A_{m \times n} = \begin{bmatrix} a_{11} & a_{12} & a_{13} & \cdots & a_{1n} \\ a_{21} & a_{22} & a_{23} & \cdots & a_{2n} \\ \vdots & \vdots & \vdots & & \vdots \\ a_{m1} & a_{m2} & a_{m3} & \cdots & a_{mn} \end{bmatrix}$$

图 5-2　$A_{m \times n}$ 的列向量表示法

因此，可以把二维数组看成是一个一维线性表，只是每个元素又包含一列的多个元素。同理，可以将每一行看作一个元素，称为行向量，每一行又由多个元素组成。

◆ 子任务 2　数组顺序存储结构

数组的存储结构是指如何把数组存放在计算机的内存单元中。通常数组采用的是顺序存储结构，即把数组元素顺序地存放在一片地址连续的存储单元中。在计算机内存单元中，存储单元都是一维的结构，因此，存放二维数组时就必须按照某种次序将数组元素排成一个线性序列。

数组的顺序
存储结构

对于二维数组来说，可以有两种存储方式：一种是以行为主序的存储方式，即先存储第一行，再存储第二行，依次类推，每一行元素从左到右顺序存储；另一种是以列为主序进行存储，即先存储第一列，再存储第二列，依次类推，每一列元素从上到下顺序存储。例如，二维数组 $a_{3 \times 2}$ 是一个 3 行 2 列矩阵，以行为主序和以列为主序的存储结构如图 5-3 所示。

$$a_{3\times2} = \begin{bmatrix} a_{11} & a_{12} \\ a_{21} & a_{22} \\ a_{31} & a_{32} \end{bmatrix}$$

| a_{11} |
| a_{12} |
| a_{21} |
| a_{22} |
| a_{31} |
| a_{32} |

| a_{11} |
| a_{21} |
| a_{31} |
| a_{12} |
| a_{22} |
| a_{32} |

（a）3行2列矩阵　　　　（b）以行为主序存储　　　　（c）以列为主序存储

图 5-3　3 行 2 列矩阵顺序存储的两种方式

对于数组，一旦规定了它的维数和各维的长度，便可为它分配存储空间；反之，只要给出一组下标便可求得相对应数组元素的存储位置。如二维数组 $A_{m\times n}$ 以行为主序存储在内存中，设数组的基地址为 LOC（a_{11}），每个数据元素占 d 个存储单元，那么 a_{ij} 的地址函数为：

$$\text{LOC}(a_{ij})=\text{LOC}(a_{11})+[(i-1)\times n+(j-1)]\times d \tag{5-1}$$

元素 a_{ij} 的存储地址应是数组的基地址加上排在元素 a_{ij} 前面的元素所占用的单元数。因为数组元素 a_{ij} 前面有 $i-1$ 行，每一行的元素有 n 个，在第 i 行的前面还有 $j-1$ 个数组元素，所以元素 a_{ij} 前面一共有（$i-1$）$\times n+$（$j-1$）个元素。

由地址计算公式可得，数组中任一元素可通过地址计算公式在相同时间内存取，即顺序存储的数组是随机存取结构。

在不同的程序设计语言中，数组每一维的下界定义不尽相同，若数组每一维的下界定义为 0，则 a_{ij} 的地址为：

$$\text{LOC}(a_{ij})=\text{LOC}(a_{00})+(i\times n+j)\times d \tag{5-2}$$

如果二维数组 $A_{m\times n}$ 以列为主序进行顺序存储，设数组的基地址为 LOC（a_{11}），每个数据元素占 d 个存储单元，那么 a_{ij} 的地址函数为：

$$\text{LOC}(a_{ij})=\text{LOC}(a_{11})+[(j-1)\times m+(i-1)]\times d \tag{5-3}$$

根据以上公式，在二维数组中，如果知道其中一个元素的存储地址，并且知道每个元素所占的存储单元数，则可以计算任何一个元素的存储地址。

例如，在 $A_{m\times n}$ 以行为主序进行顺序存储时，设其中一个元素的地址为 LOC（a_{pq}），每个数据元素占 d 个存储单元，那么 a_{ij} 的地址函数为：

$$\text{LOC}(a_{ij})=\text{LOC}(a_{pq})+[(i-p)\times n+(j-q)]\times d \tag{5-4}$$

同理，在二维数组采用以列为主序的存储结构时，如果知道其中一个元素的存储地址，并且知道每个元素所占的存储单元数，则可以计算任何一个元素的存储地址，例如在 $A_{m\times n}$ 以列为主序进行顺序存储时，设其中一个元素的地址为 LOC（a_{pq}），每个数据元素占 d 个存储单元，那么 a_{ij} 的地址函数为：

$$\text{LOC}(a_{ij})=\text{LOC}(a_{pq})+[(j-q)\times m+(i-p)]\times d \tag{5-5}$$

根据二维数组的存储结构可以推广得到三维数组及更多维数组地址的计算函数，如三维数组 A_{mnp} 以行为主序进行顺序存储，设数组的基地址为 LOC（a_{111}），每个数据元素占 d 个存储单元，那么 a_{ijk} 的地址函数为：

$$LOC(a_{ijk})=LOC(a_{111})+[(i-1)\times n\times p+(j-1)\times p+k-1]\times d \tag{5-6}$$

任务实现

```
#include "stdio.h"
#define MAX 10
 void MatrixMutiply(int m,int n,int p,long lMatrix1[MAX][MAX],
 long lMatrix2[MAX][MAX],long lMatrixResult[MAX][MAX])
 {
     int i,j,k;
     long lSum;
// 嵌套循环计算结果矩阵 (m*p) 的每个元素
     for(i=0;i<m;i++)
        for(j=0;j<p;j++)// 按照矩阵乘法的规则计算结果矩阵的 i*j 元素
           {
                lSum=0;
                for(k=0;k<n;k++)
                       lSum+=lMatrix1[i][k]*lMatrix2[k][j];
                lMatrixResult[i][j]=lSum;
           }
}
main()
{
     long lMatrix1[MAX][MAX],lMatrix2[MAX][MAX];
     long lMatrixResult[MAX][MAX],lTemp;
     int i,j,m,n,p;
     printf("\n 请输入第一个矩阵的行数 :");
     scanf("%d",&m);
     printf(" 请输入第一个矩阵的列数（即第二个矩阵的行数）:");
     scanf("%d",&n);
     printf(" 请输入第二个矩阵的列数 :");
     scanf("%d",&p);
     printf("\n 请输入第一个矩阵的每个元素（%d 行 *%d 列）:\n",m,n);
     for(i=0;i<m;i++)
            for(j=0;j<n;j++)
            {
                scanf("%ld",&lTemp);
```

```
                    lMatrix1[i][j]=lTemp;
          }
    printf("\n 请输入第二个矩阵的每个元素 (%d 行 *%d 列 ):\n",n,p);
    for(i=0;i<n;i++)
          for(j=0;j<p;j++)
          {
                scanf("%ld",&lTemp);
                lMatrix2[i][j]=lTemp;
          }
// 调用函数进行乘法运算，结果放在 lMatrixResult 中
    MatrixMutiply(m,n,p,lMatrix1,lMatrix2,lMatrixResult);
    printf("\n 矩阵相乘的结果如下：\n");// 打印输出结果矩阵
    for(i=0;i<m;i++)
    {
          for(j=0;j<p;j++)
                printf("%ld ",lMatrixResult[i][j]);
          printf("\n");
    }
}
```

程序运行结果如图 5-4 所示。

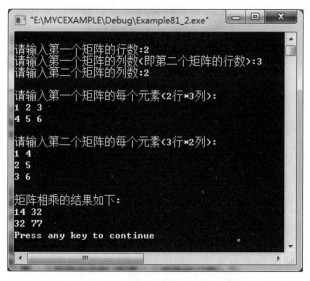

图 5-4 矩阵相乘程序运行结果

任务 2 **文本文件压缩存储**

任务简介

编写一个算法，实现文本文件的压缩存储。

任务目标

掌握对称矩阵性质、存储结构，会计算其存储位置对应关系；掌握三角矩阵的性质、存储特点，会计算其存储位置对应关系；掌握对角矩阵的性质、存储特点，会计算其存储位置对应关系。

任务分析

可用一种简单的压缩文本文件方法：对于原始文本文件中的非字母的字符，直接拷贝到压缩文件中；原始文件中的词（全部由字母组成），如果是第一次出现，则将该词加入一个词的列表中，并拷贝到压缩文件中；如果不是第一次出现的词，则不拷贝到压缩文件中，而是将该词在词的列表中的位置拷贝到压缩文件中。词的列表的起始位置为1。词的定义为：文本中由大小写字母组成的最大序列。大写字母和小写字母被认为是不同的字母，即 abc 和 Abc 是不同的词。利用 C 语言编写一个程序，输入为一组字符串，输出为压缩后的文本。

若输入为一段文本，可以假设输入中不会出现数字，每行的长度不会超过 80 个字符，并且输入文本的大小不会超过 10 Mb。

思政小课堂

节约是一种美德

文本文件压缩，其目的是节约存储空间，方便文件传输。目前，在网上进行传输的文件，大多数是经过压缩再传输的，其目的是节约网络传输的带宽。在现实生活中，我们也需要养成节约的习惯。2021 年 3 月 1 日，习近平总书记在中央党校（国家行政学院）中青年干部培训班开班式上指出："节俭朴素，力戒奢靡，是我们党的传家宝。现在，我们生活条件好了，但艰苦奋斗的精神一点都不能少，必须坚持以俭修身、以俭兴业，坚持厉行节约、勤俭办一切事情。年轻干部要时刻警醒自己，培育积极健康的生活情趣，坚决抵制享乐主义、奢靡之风，永葆共产党人清正廉洁的政治本色。"作为当代大学生，我们更要养成勤俭节约的好习惯。

知识储备

◆ 子任务 1　对称矩阵

在一个 n 阶方阵 A 中，如若元素满足下列性质：

$$a_{ij}=a_{ji}\ (0 \leqslant i, j \leqslant n-1)$$

则称 A 为对称矩阵，例如图 5-5 所示是一个 5 阶对称矩阵。

在对称矩阵中，元素关于主对角线对称相等，故只要存储矩阵上三角或下三角中的元素即可，每一对相等的对称元素共享一个存储空间，这样能节约近一半的存储空间。不失一般性，可以行为主序存储主对角线以下（包括对角线）的元素。

对称矩阵

$$A_{5\times5}=\begin{bmatrix} 1 & 2 & 3 & 4 & 5 \\ 2 & 0 & 8 & 7 & 9 \\ 3 & 8 & 6 & 5 & 3 \\ 4 & 7 & 5 & 7 & 2 \\ 5 & 9 & 3 & 2 & 9 \end{bmatrix}$$

图 5-5 5 阶对称矩阵

例如：在 n 阶对称矩阵 A 的下三角矩阵中，第 i 行（$0 \leqslant i < n$）前恰好有 $1+2+\cdots$ $+i-1=i(i-1)/2$ 个元素，元素总数为 $n(n+1)/2$。假设以一维数组 Sa（$n(n+1)/2$）作为 n 阶对称矩阵 A 的存储结构，存储示意图如图 5-6 所示。

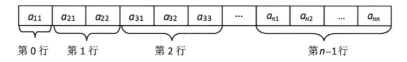

图 5-6 对称矩阵的压缩存储

为了便于访问对称矩阵 A 中的元素，必须在 Sa（k）和矩阵元素 a_{ij} 之间找到一个对应的关系。在下三角矩阵中，$i \geqslant j$ 且 $0 \leqslant i \leqslant n$，元素 a_{ij} 前有 i 行，共有 $i(i-1)/2$ 个元素，而 a_{ij} 又是它所在行中的第 j 个元素，所以在上面的压缩存储表示中，a_{ij} 是第 $i(i-1)/2+j$ 个元素。因此，Sa（k）和矩阵元素 a_{ij} 之间的关系为：

$$k=i(i-1)/2+j-1 \quad (0 \leqslant k < n(n+1)/2)$$

若 $i<j$，则 a_{ij} 是上三角中的元素，因为 $a_{ij}=a_{ji}$，这样，访问上三角中的元素 a_{ij} 时去访问和它对应的下三角中的 a_{ji} 即可，因此上式中的行列下标可交换，上三角中的元素在数组 Sa 中的对应关系为：

$$k=j(j-1)/2+i-1 \quad (0 \leqslant k < n(n+1)/2)$$

◆ 子任务 2 三角矩阵

三角矩阵分为两种，即上三角矩阵和下三角矩阵，其中，下三角元素均为常数 C 或零的 n 阶矩阵称为上三角矩阵，上三角元素均为常数 C 或零的 n 阶矩阵称为下三角矩阵。三角矩阵的形式如图 5-7 所示。矩阵压缩也同样适用于三角矩阵，重复元素 C 可以用一个存储单元存储，其他元素可以用对称矩阵的压缩存储方式存储。

$$A_{m\times n}=\begin{bmatrix} a_{11} & a_{12} & a_{13} & \cdots & a_{1n} \\ & a_{22} & a_{23} & \cdots & a_{2n} \\ & & a_{33} & \cdots & a_{3n} \\ & C & & \ddots & \vdots \\ & & & & a_{mn} \end{bmatrix} \qquad A_{m\times n}=\begin{bmatrix} a_{11} & & & & \\ a_{21} & a_{22} & & C & \\ a_{31} & a_{32} & a_{33} & & \\ \vdots & \vdots & \vdots & \ddots & \\ a_{m1} & a_{m2} & a_{m3} & \cdots & a_{mn} \end{bmatrix}$$

图 5-7 上三角矩阵和下三角矩阵示意图

如果用一维数组存储三角矩阵，则需要存储 $n(n+1)/2$ 个元素，一维数组的下标 k 与矩阵的下标（i, j）之间的关系为：

$$k = \begin{cases} \dfrac{j(j-1)}{2} + i - 1 & \text{当} i \le j \text{时} \\[3mm] \dfrac{i(i+1)}{2} + j - 1 & \text{当} i > j \text{时} \end{cases}$$

◆ **子任务3 对角矩阵**

对角矩阵是一个主对角线之外的元素皆为零的矩阵，和它类似的矩阵有三对角矩阵等。在三对角矩阵中，所有非零元素集中在以主对角线为中心的带状区域中，即除了主对角线和主对角线相邻两侧的对角线上的元素之外，其余元素皆为常数 C 或零。图 5-8 所示的就是一个三对角矩阵。

$$A_n = \begin{bmatrix} a_{11} & a_{12} & 0 & \cdots & & 0 \\ a_{21} & a_{22} & a_{23} & \ddots & & \vdots \\ 0 & a_{32} & a_{33} & \ddots & & 0 \\ \vdots & \ddots & \ddots & \ddots & & a_{(n-1)\,n} \\ 0 & \cdots & 0 & a_{n(n-1)} & & a_{nn} \end{bmatrix}$$

图 5-8 三对角矩阵示意图

在一个三对角矩阵中，非零元素仅出现在主对角线（a_{ii}，$0 \le i \le n$）、主对角线上面的那条对角线（$a_{i(i+1)}$，$0 \le i \le n-2$）和主对角线下面的那条对角线（$a_{(i+1)i}$，$0 \le i \le n-1$）上。显然，当 $|i-j|>1$ 时，元素 $a_{ij}=0$。

对角矩阵可以按行优先或对角线的顺序压缩存储到一个向量中，矩阵中的每个非零元素和向量下标存在对应关系。例如，用一维数组 Sa（$3n-2$）来存放三对角矩阵 A_n 的所有数据元素，若以行为主序存储，Sa（k）和矩阵元素 a_{ij} 之间的关系为：

$$k = 2 \times (i-1) + j - 1 \qquad (0 \le i, j \le n)$$

若以列为主序存储，Sa（k）和矩阵元素 a_{ij} 之间的关系为：

$$k = 2 \times (j-1) + i - 1 \qquad (0 \le i, j \le n)$$

任务实现

```c
#include <stdlib.h>
#include <stdio.h>
#include <string.h>
#define LEN    20
int isArabic(char c){
    return('a'<=c&&c<='z') || ('A'<=c&&c<='Z');
}
main(){
    char dict[LEN];
    char *index[1000];
    char buf[82],c;
```

```
int nWord=0,i,j;
char inFile[20],outFile[20];
FILE *inp,*outp;
printf("输入需要压缩的文件路径如:c:\\XY.TXT:\n");
scanf("%s",inFile);
printf("\n输入压缩后文件输出路径如:c:\\XYH.TXT:\n");
scanf("%s",outFile);
if((inp=fopen(inFile,"r"))==NULL){
    printf("cannot open\n");
    exit(1);
}
if((outp=fopen(outFile,"wa"))==NULL){
    printf("out fail\n");
}
index[0]=dict;
do{
    i=0;
    do{
        c=fgetc(inp);   //读取一个单词
        buf[i++]=c;
    }
    while(isArabic(c));
    buf[i-1]=0;
    if(i>1){
        for(j=0;j<nWord;j++){
            if(strcmp(index[j],buf)==0){
                break;
            }
        }
        if(j==nWord){
        strcpy(index[nWord],buf);
        index[nWord+1]=index[nWord]+strlen(buf)+1;
        nWord++;
        }
        else{
        sprintf(buf,"%d",j+1); }
    }
    if(c!=EOF)
        fprintf(outp,"%s%c",buf,c);
    else
```

```
                    fprintf(outp,"%s",buf);
    }while(c!=EOF);
    fclose(inp);
    fclose(outp);
    printf(" 文件压缩成功 !\n");
}
```

程序运行结果如图 5-9 所示。

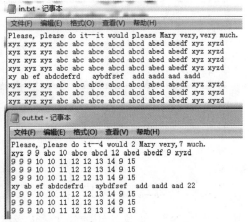

图 5-9　文本文件压缩程序运行结果

任务 3　稀疏矩阵

任务简介

编写一个算法，要求实现稀疏矩阵的十字链表存储，并进行输出。

稀疏矩阵是指矩阵中非零元素个数远远少于零元素的个数。如果按前面所学方式进行存储，则会浪费大量的存储空间，因此，需要寻找一种新的存储方式，进行压缩存储，即可节约存储空间。可以采用只存储非零元素的方式，即采用三元组表方式存储，也可以采用十字链表方式进行存储，从而达到节约存储空间的目的。

稀疏矩阵

任务目标

掌握稀疏矩阵的三元组表存储方法及三元组表的定义，能写出稀疏矩阵的转置算法，了解稀疏矩阵的十字链表存储表示，能表示其结点结构，能画出稀疏矩阵的十字链表存储示意图。

任务分析

设 $m \times n$ 矩阵中有 t 个非零元素且 $t \ll m \times n$，这样的矩阵称为稀疏矩阵。如果将稀疏矩阵按常规存储方法顺序存储在计算机内，那将是相当浪费存储空间的。为此我们可用另一种存储方法，仅仅存放非零元素。但对于这类矩阵，通常零元素分布没有规律，为了能找到相应的元素，仅存储非零元素是不够的，还要记录其所在的行号和列号。于是我们可采取如下方法：将非零元素所在的行、列及它的值构成一个三元组（i，j，e），然后按某种规律存储这些三元组。采取这种方法可以节约存储空间。

■ 思政小课堂

科学需要创造精神

习近平总书记指出，在新时代，科学家需要胸怀祖国、服务人民的爱国精神，勇攀高峰、敢为人先的创新精神，以及追求真理、严谨治学的求实精神。科学需要大胆试验、大胆创造，可能会失败，但不要气馁。对于稀疏矩阵，实践运用时可能是一个很庞大的矩阵，其数据采用什么样的方式进行存储，需要我们大胆想象、敢想敢试，要富有冒险家精神，创造性地解决问题，只有这样，才能不断在科学的道路上前进。

■ 知识储备

◆ 子任务 1　稀疏矩阵的三元组表存储

按行优先顺序，将稀疏矩阵的非零元素在同一行中按列号由小到大的规律排成一个线性表，称为三元组表。图 5-10（a）中的稀疏矩阵，对应的三元组表如图 5-10（b）所示。

$$A_{5\times4} = \begin{bmatrix} 5 & 0 & 0 & 0 \\ 0 & 0 & 4 & 0 \\ 3 & 0 & 0 & 0 \\ 0 & 7 & 0 & 0 \\ 0 & 0 & 0 & 9 \end{bmatrix}$$

	i	j	e
1	1	1	5
2	2	3	4
3	3	1	3
4	4	2	7
5	5	4	9

（a）稀疏矩阵 A　　　　　　　（b）三元组表 a.data

图 5-10　稀疏矩阵 A 及其三元组表

采用顺序存储结构的三元组表称为三元组顺序表。三元组顺序表的类型定义如下：

```c
#define MAXSIZE 200
typedef int DataType;
typedef struct   // 三元组类型定义
{
     int i,j;
     DataType e;
}Trip;
typedef struct   // 矩阵类型定义
{
     Trip data[MAXSIZE];
     int m,n,len;  // 矩阵的行数、列数和非零元素个数
```

```
}TSMartrix;
```

其中，i、j 分别是非零元素的行号和列号，m、n、len 分别表示矩阵的行数、列数和非零元素个数。

矩阵的转置指的是把元素的位置进行交换，把位于 (i, j) 位置上的元素换成 (j, i) 位置，也就是将元素的行列互换，如图 5-11 所示。

$$A_{5\times4} = \begin{bmatrix} 0 & 0 & 0 & 8 \\ 3 & 0 & 0 & 0 \\ 0 & 4 & 3 & 0 \\ 0 & 0 & 0 & 0 \\ 0 & 1 & 0 & 0 \end{bmatrix} \qquad B_{4\times5} = \begin{bmatrix} 0 & 3 & 0 & 0 & 0 \\ 0 & 0 & 4 & 0 & 1 \\ 0 & 0 & 3 & 0 & 0 \\ 8 & 0 & 0 & 0 & 0 \end{bmatrix} = A^{\mathrm{T}}$$

图 5-11　矩阵转置示意图

如果采用三元组表存放稀疏矩阵中的元素，稀疏矩阵转置的方法为：将矩阵 A 的三元组表中的行和列互换就可以得到转置后的矩阵 B，如图 5-12 所示。

i	j	e
1	4	8
2	1	3
3	2	4
3	3	3
5	2	1

i	j	e
4	1	8
1	2	3
2	3	4
3	3	3
2	5	1

转置前　　　　　　　　　　　　转置后

图 5-12　矩阵转置的三元组表表示

经过转置后的矩阵还需要对行、列下标进行排序，才能保证转置后的矩阵也是以行优先顺序存放的。为了避免行、列互换后排序，可以采用以矩阵列序进行转置，这样，转置后得到的三元组表正好是以行为主序进行顺序存放的，不需要再对得到的三元组表进行排序。

稀疏矩阵转置算法描述如算法 5-1 所示。

算法 5-1　稀疏矩阵转置算法

```
void TranMartrix(TSMartrix A,TSMartrix *B)
{
    int i,k,col;
    B->m=A.n;
    B->n=A.m;
    B->len=A.len;
    if(B->len)
    {
        k=1;
        for(col=1;col<=A.n;col++)   // 按列号扫描三元组表
            for(i=1;i<=A.len;i++)
                if(A.data[i].j==col)   // 如果元素的列号是当前列，则进
                                        行转置
```

```
                    {
                        B->data[k].i=A.data[i].j;
                        B->data[k].j=A.data[i].i;
                        B->data[k].e=A.data[i].e;
                        k++;
                    }
            }
}
```

◆ **子任务 2　稀疏矩阵的十字链表存储**

当矩阵中非零元素的位置或个数经常变动时，三元组表就不适合用作稀疏矩阵的存储结构。例如，要实现矩阵的加法运算，非零元素的数目及非零元素的位置会发生变化，这时采用十字链表结构更为恰当。

用十字链表结构来存储，首先要存储元素值及元素的位置信息（行和列），还要存储这一行的下一个非零元素的指针及这一列的下一个非零元素的指针，因此，一个数据元素的结点需要包括五个域。由次一行连成一个单链表，一列也连成一个单链表。同时，为了便于访问，再增加一个指向行链表的头指针和指向列链表的头指针。每一行的头指针和列指针放在一个数组中。十字链表的结点结构如图 5-13 所示。

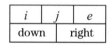

图 5-13　十字链表的结点结构示意图

图 5-11 中的矩阵 $A_{5×4}$ 用十字链表表示如图 5-14 所示。

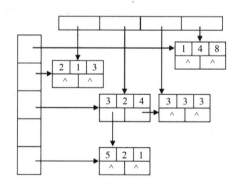

图 5-14　稀疏矩阵的十字链表表示

任务实现

```
typedef struct OLNode{
    int i,j; //元素的行标和列标
    int data; //元素的值
    struct OLNode *right,*down; //两个指针域
}OLNode, *OLink;
```

```
typedef struct
{
    OLink *rhead, *chead;  // 行和列链表头指针
    int mu, nu, tu;    // 矩阵的行数、列数和非零元素的个数
}CrossList;
void CreateMatrix_OL(CrossList* M);
void display(CrossList M);
int main()
{
    CrossList M;
    M.rhead = NULL;
    M.chead = NULL;
    CreateMatrix_OL(&M);
    printf(" 输出矩阵 M:\n");
    display(M);
    return 0;
}
void CreateMatrix_OL(CrossList* M)
{
    int m, n, t;
    int num = 0;
    int i, j, e;
    OLNode* p = NULL, * q = NULL;
    printf(" 输入矩阵的行数、列数和非 0 元素个数:");
    scanf("%d%d%d", &m, &n, &t);
    (*M).mu = m;
    (*M).nu = n;
    (*M).tu = t;
    if(!((*M).rhead = (OLink*)malloc((m + 1) * sizeof(OLink))) || !((*M).
    chead = (OLink*)malloc((n + 1) * sizeof(OLink))))
    {
        printf(" 初始化矩阵失败 ");
        exit(0);
    }

    for(i = 0; i <= m; i++)
    {
        (*M).rhead[i] = NULL;
    }
    for(j = 0; j <= n; j++)
```

```
{
    (*M).chead[j] = NULL;
}
while(num < t) {
    scanf("%d%d%d", &i, &j, &e);
    num++;
    if(!(p = (OLNode*)malloc(sizeof(OLNode))))
    {
        printf(" 初始化三元组表失败 ");
        exit(0);
    }
    p->i = i;
    p->j = j;
    p->e = e;
    // 链接到行的指定位置
    // 如果第 i 行没有非零元素，或者第 i 行首个非零元素位于当前元素的右侧，直接将
       该元素放置到第 i 行的开头
    if(NULL == (*M).rhead[i] || (*M).rhead[i]->j > j)
    {
        p->right = (*M).rhead[i];
        (*M).rhead[i] = p;
    }
    else
    {
        // 找到当前元素的位置
        for(q = (*M).rhead[i]; (q->right) && q->right->j < j; q =
        q->right);
        // 将新非零元素插入 q 之后
        p->right = q->right;
        q->right = p;
    }
    // 链接到列的指定位置
    // 如果第 j 列没有非零元素，或者第 j 列首个非零元素位于当前元素的下方，直接将
       该元素放置到第 j 列的开头
    if(NULL == (*M).chead[j] || (*M).chead[j]->i > i)
    {
        p->down = (*M).chead[j];
        (*M).chead[j] = p;
    }
    else
```

```
        {
            // 找到当前元素要插入的位置
            for(q = (*M).chead[j]; (q->down) && q->down->i < i; q =
            q->down);
            // 将当前元素插到 q 指针下方
            p->down = q->down;
            q->down = p;
        }
    }
}
void display(CrossList M) {
    int i,j;
    // 一行一行地输出
    for(i = 1; i <= M.mu; i++) {
        // 如果当前行没有非零元素，直接输出 0
        if(NULL == M.rhead[i]) {
            for(j = 1; j <= M.nu; j++) {
                printf("0 ");
            }
            putchar('\n');
        }
        else
        {
            int n = 1;
            OLink p = M.rhead[i];
            // 依次输出每一列的元素
            while(n <= M.nu) {
                if(!p || (n < p->j)) {
                    printf("0 ");
                }
                else
                {
                    printf("%d ", p->e);
                    p=p->right;
                }
                n++;
            }
            putchar('\n');
        }
```

```
    }
}
```

程序运行结果如图 5-15 所示。

```
输入矩阵的行数、列数和非0元素个数：3 4 4
1 1 3
1 4 5
2 2 -1
3 1 2
输出矩阵M：
3 0 0 5
0 -1 0 0
2 0 0 0
```

图 5-15　稀疏矩阵的十字链表存储算法实现

任务 4　广义表

任务简介

广义表是线性表的推广，也称为列表（lists），被广泛运用在人工智能领域的表处理语言 LISP 中，在 LISP 语言中，广义表是一种最基本的数据结构。

此任务要求编写一个算法，求广义表的长度和深度。

广义表基本概念

任务目标

掌握广义表的基本概念，会分析广义表的长度，能确定表头和表尾；能使用链表进行广义表存储表示；能编写算法，求广义表的长度和深度。

任务分析

广义表是有限个数据元素的有序序列，与一般线性表不一样，广义表的元素也可能是一个广义表，因此广义表是线性表的推广。广义表如采用顺序方式进行存储，其计算难度将相当大，因此，广义表一般采用链式存储，使用标志域 tag 表示其是原子结点还是表结点；如果是表结点，则需要设置指向表头和表尾的指针域。

思政小课堂

精益求精是大国工匠最重要的精神

2022 年 4 月，习近平在致首届大国工匠创新交流大会的贺信中指出，技术工人队伍是支撑中国制造、中国创造的重要力量，要大力弘扬劳模精神、劳动精神、工匠精神，适应当今世界科技革命和产业变革的需要，勤学苦练、深入钻研，勇于创新、敢为人先，不断提高技术技能水平。在学习广义表时，其复杂的结构可能会使我们望而生畏，但只要我们认真分析，找出其内在的逻辑联系，就可以较容易地进行处理。作为新时代大学生，我们需要养成认真做事的好习惯，在不怕困难的基础上，发扬精益求精的大国工匠精神。

知识储备

◆　**子任务1　广义表的基本概念**

广义表（generalized list）是 n（$n \geqslant 0$）个数据元素 a_1，a_2，a_3，$\cdots$，a_n 的有序序列，一般记作：

$$LS=(a_1, a_2, a_3, \cdots, a_n)$$

其中，LS 是广义表的名称，n 是它的长度，元素 a_i（$1 \leqslant i \leqslant n$）是 LS 的成员，它可以是单个元素，也可以是一个广义表，分别称为广义表 LS 的原子和子表。当广义表 LS 非空时，第一个元素 a_1 是 LS 的表头（head），其余元素组成的表（a_2，a_3，$\cdots$，a_i，$\cdots$，a_n）为 LS 的表尾（tail）。

任何一个非空广义表其表头可能是原子，也可能是广义表，而其表尾必定为广义表。广义表的定义是递归的。

为了书写清楚，通常用大写字母表示广义表，用小写字母表示单个数据元素，广义表用括号括起来，括号内的数据元素用逗号分隔开。

下面举例分析广义表的长度、表头和表尾。

"$A=( )$"：广义表 A 是一个空表，长度为 0。

"$B=(e)$"：广义表 B 只有一个原子，B 的长度为 1，B 表头为 e，表尾为空表（ ）。

"$C=(a, (b, c, d))$"：广义表 C 的长度为 2，两个元素分别是原子 a 和子表（b，c，d），表头是 a，表尾为（（b，c，d））。

"$D=(A, B, C)$"：广义表 D 的长度为 3，3 个子表作为元素都是广义表。表头为 A，表尾为（B，C）。

"$E=(a, E)$"：广义表 E 是一个递归表，它的长度为 2，相当于一个无限的列表，其表头为 a，表尾为（E）。

"$F=(( ))$"：广义表 F 的长度为 1，只有一个元素，为空表（ ），其表头和表尾均为（ ）。

由上面的例子可以看出，广义表具有以下性质：

（1）广义表是一种多层次的数据结构。广义表的元素可以是单元素，也可以是子表，而且子表的元素可以是子表。

（2）广义表可以是递归的表。广义表的定义并没有限制元素的递归，即广义表也可以是其自身的子表。如上例广义表 E 就是一个递归的表。

（3）广义表可以为其他表所共享，例如表 A、表 B、表 C 为表 D 的共享子表，在 D 中不必列出其子表的值，而用子表的名称来引用。

◆ **子任务 2 广义表的存储结构**

广义表的数据元素可能具有不同的结构，难以用顺序存储结构来表示，而链式存储结构分配较为灵活，易于解决广义表的共享与递归问题，所以通常采用链式存储结构来存储广义表。在链式存储表示方式下，每个数据元素可用一个结点来表示。

**广义表的
存储结构**

广义表若不空，则可分解为表头和表尾；反之，一对确定的表头和表尾可以唯一确定一个广义表。头尾表示法就是根据这一性质而设计的一种存储方法。

因为广义表的数据元素既可能是列表，也可能是单元素，所以相应地在头尾表示法中结点的结构形式有两种：一种是表结点，用以表示子表；另一种是元素结点，用以表示单元素。在表结点中应该包括一个指向表头的指针和指向表尾的指针；而在元素结点中应该包括所表示单元素的元素值。为了区分这两类结点，在结点中还要设置一个标志域，如果标志为 1，则表示该结点为表结点；如果标志为 0，则表示该结点为元素结点。

头尾表示法结点的结点类型描述如下：

```
typedef enum{ATOM,LIST} ElemTag; //ATOM=0 表示原子,LIST= 表示子表
typedef  int  ElemType;
typedef  struct  GLnode
{
     ElemTag  tag;    //公共部分，用于区分原子结点和表结点
     union
     {
          ElemType  atom; //atom 是原子结点的值域
          struct
          {
               Struct  GLnode  *hp, *tp;
          }ptr;   //ptr 是表结点的指针域，hp 指向表头,tp 指向表尾
     }Cate;
}GLnode, *Glist;
```

头尾表示法结点的存储结构如图 5-16 所示。

| tag=1 | Cate.ptr.hp | Cate.ptr.tp |

表结点

| tag=0 | Cate.atom |

元素结点

图 5-16 头尾表示法结点的存储结构

例如，采用头尾表示法，前述广义表 D 的存储结构如图 5-17 所示。

采用头尾表示法容易分清广义表中单元素或子表所在的层次。如图 5-17 所示，在广义表 D 中，单元素 a 和 e 在同一层次，而单元素 b、c、d 也在同一层次上且比 a 和 e 低一层，子表 B 和 C 在同一层次上。另外，最高层的表结点的个数即为广义表的长度，图 5-17 中广义表 D 的长度为 3。

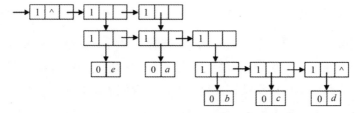

图 5-17　广义表 D 的存储结构

◆ 　子任务 3　广义表的深度

广义表的深度定义为广义表中所有元素均为原子时括弧的最多重数。深度是广义表的一种量度。设非空广义表为：

$$LS=(a_1,\ a_2,\ a_3,\ \ldots,\ a_i,\ \ldots,\ a_n)$$

其中，a_i 为原子或子表，则求 LS 的深度可分解为 n 个子问题，每个子问题为求 a_i 的深度。若 a_i 是原子，则其深度为 0；若 a_i 是广义表，则和上述一样处理。LS 的深度为所有 a_i 的深度中的最大值加 1。空表也是广义表，由广义表深度的定义可知空表的深度为 1。

由此可见，求广义表的深度的递归算法有两个终结状态：空表和原子。只要求得 a_i 的深度，广义表的深度就容易求得——它应比所有子表深度的最大值多 1。

算法思想如下：

（1）若 LS 为空表，返回 1；若 LS 指向原子，返回 0。

（2）当 LS 指向非空表时，指针 p=LS，操作如下。

首先求得表头 p-ptr.hp 的深度 depth，若 depth 大于 max，则 max=depth，再把指针 p 指向当前列表表尾。算法如算法 5-2 所示。

算法 5-2　求广义表深度

```
int GListDepth(GList L){
    GList p;
    int depth,max;
    if(!L) return 1;    //空表的深度为1
    if(L->tag==ATOM) return 0;  //原子的深度为0
    for(max=0,p=L;p;p=p->cate.ptr.tp)
    {   //求以p->cate.ptr.hp为头指针的子表深度
        depth=GListDepth(p->cate.ptr.hp);
        if(depth>max) max=depth;
    }
    return max+1;
}
```

根据以上算法，也可算出图 5-17 中的广义表 D 的深度为 3。

▌**任务实现**

```
#include <stdio.h>
#include <stdlib.h>
```

```
typedef struct GLNode{
    int tag;      //标志域
    union{
        char atom;      //原子结点的值域
        struct{
            struct GLNode *hp, *tp;
        }ptr;      //表结点的指针域，hp 指向表头；tp 指向表尾
    };
}*Glist, GNode;
Glist creatGlist(Glist C){
    //广义表 C
    C=(Glist)malloc(sizeof(GNode));
    C->tag = 1;
    //表头原子 a
    C->ptr.hp = (Glist)malloc(sizeof(GNode));
    C->ptr.hp->tag = 0;
    C->ptr.hp->atom = 'a';
    //表尾子表 (b,c,d)，是一个整体
    C->ptr.tp = (Glist)malloc(sizeof(GNode));
    C->ptr.tp->tag = 1;
    C->ptr.tp->ptr.hp = (Glist)malloc(sizeof(GNode));
    C->ptr.tp->ptr.tp = NULL;
    //开始存放下一个数据元素 (b,c,d)，表头为 b，表尾为 (c,d)
    C->ptr.tp->ptr.hp->tag = 1;
    C->ptr.tp->ptr.hp->ptr.hp = (Glist)malloc(sizeof(GNode));
    C->ptr.tp->ptr.hp->ptr.hp->tag = 0;
    C->ptr.tp->ptr.hp->ptr.hp->atom = 'b';
    C->ptr.tp->ptr.hp->ptr.tp = (Glist)malloc(sizeof(GNode));
    //存放子表 (c,d)，表头为 c，表尾为 d
    C->ptr.tp->ptr.hp->ptr.tp->tag = 1;
    C->ptr.tp->ptr.hp->ptr.tp->ptr.hp = (Glist)malloc(sizeof(GNode));
    C->ptr.tp->ptr.hp->ptr.tp->ptr.hp->tag = 0;
    C->ptr.tp->ptr.hp->ptr.tp->ptr.hp->atom = 'c';
    C->ptr.tp->ptr.hp->ptr.tp->ptr.tp = (Glist)malloc(sizeof(GNode));
    //存放表尾 d
    C->ptr.tp->ptr.hp->ptr.tp->ptr.tp->tag = 1;
    C->ptr.tp->ptr.hp->ptr.tp->ptr.tp->ptr.hp=(Glist)malloc(sizeof(GNode));
    C->ptr.tp->ptr.hp->ptr.tp->ptr.tp->ptr.hp->tag = 0;
    C->ptr.tp->ptr.hp->ptr.tp->ptr.tp->ptr.hp->atom = 'd';
```

```
    C->ptr.tp->ptr.hp->ptr.tp->ptr.tp->ptr.tp = NULL;
    return C;
}
// 求广义表的深度，递归调用
int GlistDepth(Glist C){
    if(!C){
        return 1;
    }
    if(C->tag == 0){
        return 0;
    }
    int max = 0;
    for(Glist pp=C; pp; pp=pp->ptr.tp){
        int dep = GlistDepth(pp->ptr.hp);
        if(dep>max){
            max = dep;
        }
    }
    return max+1;
}
int main(int argc, const char *argv[]){
    Glist C = creatGlist(C);
    printf("%d", GlistDepth(C));
    return 0;
}
```

项目小结

数组与广义表都是线性表的扩展。数组分为一维数组和多维数组，其一般采用顺序方式进行存储。多维数组可转换为线性方式进行存储，计算其存储地址时可以按行进行计算，也可以按列进行计算。

特殊矩阵可以通过某种转换存储在一维数组中，以达到节省存储空间的目的，这种方法被称为特殊矩阵的压缩存储。其形式一般有三种，即对称矩阵、三角矩阵和对角矩阵。

稀疏矩阵也是一种特殊的矩阵，也存在压缩存储，通常采用两种方式进行存储，即三元组表和十字链表，其中三元组表方法通过存储稀疏矩阵的行、列和值的方法来达到压缩存储的目的，十字链表方法采用链式存储结构实现稀疏矩阵的压缩存储。

广义表是由n个相同数据类型的数据元素组成的，其数据元素可以是单个元素，也可以是子表。广义表通常采用链式存储结构进行存储。

习题演练

一、选择题

1. 在数组 a 中，每个元素的长度为 3 个字节，行下标 i 从 1 到 8，列下标 j 从 1 到 10，从首地址 sa 开始连续存放在存储器中，该数组占用的字节数为（　　）。

A. 80　　　　　　　　　　　　　　　　　　B. 100

C. 240　　　　　　　　　　　　　　　　　 D. 270

2. 在数组 a 中，每个元素的长度为 3 个字节，行下标 i 从 1 到 8，列下标 j 从 1 到 10，从首地址 sa 开始连续存放在存储器中，该数组按行存储时，元素 $a[8][5]$ 的起始地址为（　　）。

A. sa+141　　　　　　　　　　　　　　　　B. sa+144

C. sa+222　　　　　　　　　　　　　　　　D. sa+225

3. 三维数组 $A[4][5][6]$ 按行优先存储方法存储在内存中，若每个元素占 2 个存储单元，且数组中第一个元素的存储地址为 120，则元素 $A[3][4][5]$ 的存储地址为（　　）。

A. 356　　　　　　　　　　　　　　　　　　B. 358

C. 360　　　　　　　　　　　　　　　　　　D. 362

4. 一个非空广义表的表头（　　）。

A. 不可能是子表　　　　　　　　　　　　　B. 只能是子表

C. 只能是原子　　　　　　　　　　　　　　D. 可以是子表或原子

5. 稀疏矩阵一般的压缩存储方法有两种，即（　　）。

A. 二维数组和三维数组　　　　　　　　　　B. 二元组表和散列

C. 三元组表和十字链表　　　　　　　　　　D. 散列和十字链表

6. 一个 $n \times n$ 的对称矩阵，如果以行或列为主序存入内存，则其存储容量为（　　）。

A. $n \times n$　　　　　　　　　　　　　　　B. $n \times n/2$

C. $(n+1) \times n/2$　　　　　　　　　　　 D. $(n+1) \times (n+1)/2$

7. 对广义表 $L=((a, b), (c, d), (e, f))$ 执行操作 tail（tail（L））的结果是（　　）。

A. (e, f)　　　　　　　　　　　　　　　　B. $((e, f))$

C. (f)　　　　　　　　　　　　　　　　　D. $(\ )$

8. 设有广义表 $D=(a, b, D)$，其长度为（　　）。

A. 1　　　　　　　　　　　　　　　　　　　B. 3

C. ∞　　　　　　　　　　　　　　　　　D. 5

9. 已知广义表 $L=((a, b, c))$，则 L 的长度和深度分别为（　　）。

A. 1 和 1　　　　　　　　　　　　　　　　 B. 1 和 3

C. 1 和 2　　　　　　　　　　　　　　　　 D. 2 和 3

10. 已知广义表 LS=$((a, b, c), (d, e, f))$，运用 head 和 tail 函数取出 LS 中原子 e 的运算是（　　）。

A. head（tail（LS））　　　　　　　　　　B. tail（head（LS））

C. head（tail（head（tail（LS））））　　D. head（tail（tail（head（LS））））

二、填空题

1. 对于二维数组或多维数组，可分 _____ 和 _____ 两种不同的存储方法进行存储。

2. 二维数组 $A[c_1 \cdots d_1][c_2 \cdots d_2]$ 共含有 _____ 个元素。

3. 假设一个 9 阶的上三角矩阵 A 按列优先顺序压缩存储在一维数组 B 中，其中 $B[0]$ 存储矩阵中第 1 个元素 $a_{1,1}$，则 $B[31]$ 中存放的元素是 _____。

4. 假设一个 10 阶的下三角矩阵 A 按列优先顺序压缩存储在一维数组 C 中，则 C 数组的大小应为 _____。

5. 去除广义表 LS=$(a_1, a_2, a_3, \cdots, a_n)$ 中的第 1 个元素，由其余元素构成的广义表称为 LS 的 _____。

三、算法设计题

1. 设计一个算法，对于二维数组 $A[m][n]$（$m \leqslant 20, n \leqslant 20$）先读入 m、n，然后读入数组的全部元素，求：① 数组 A 中靠边的元素之和；② 两条对角线上的元素之和。

2. 有如下稀疏矩阵 $A[6][6]$，要求分别以三元组表和十字链表进行表示。

$$A_{6\times6} = \begin{bmatrix} 0 & 1 & 0 & 0 & 0 & 1 \\ 0 & 0 & 0 & 0 & 1 & 0 \\ 1 & 0 & 0 & 0 & 0 & 0 \\ 0 & 0 & 1 & 0 & 1 & 0 \\ 0 & 0 & 0 & 0 & 0 & 1 \\ 1 & 0 & 0 & 1 & 1 & 0 \end{bmatrix}$$

3. 编写一个算法，要求计算一个广义表的原子结点个数。

树和二叉树

知识目标

（1）掌握树的定义、树的常用术语及树的基本性质

（2）掌握二叉树的定义、性质，熟悉二叉树的存储结构及二叉树的建立、遍历等算法

（3）掌握树、森林与二叉树的转换方法

（4）掌握构造哈夫曼树的方法

技能目标

（1）能利用二叉树的性质进行相应的运算，能对二叉树进行三种遍历

（2）能在树、森林与二叉树之间进行相应的转换

（3）能构造哈夫曼树，能计算树的带权路径长度，能利用哈夫曼思想进行算法的设计

（4）能利用有关知识设计出高效算法，解决与树和二叉树相关的应用问题

素质目标

（1）能进行团队协作，开展算法效率分析

（2）具有不怕吃苦的精神

（3）具有一定的研究和创新精神

项目思维导图

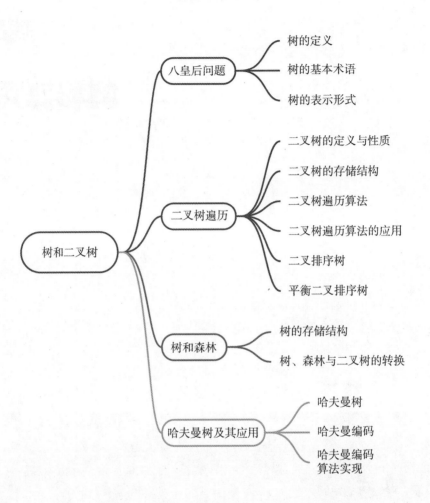

树和二叉树
- 八皇后问题
  - 树的定义
  - 树的基本术语
  - 树的表示形式
- 二叉树遍历
  - 二叉树的定义与性质
  - 二叉树的存储结构
  - 二叉树遍历算法
  - 二叉树遍历算法的应用
  - 二叉排序树
  - 平衡二叉排序树
- 树和森林
  - 树的存储结构
  - 树、森林与二叉树的转换
- 哈夫曼树及其应用
  - 哈夫曼树
  - 哈夫曼编码
  - 哈夫曼编码算法实现

项目 6 课件

项目 6 源代码

任务 1　八皇后问题

任务简介

在 8×8 格的国际象棋上摆放八个皇后，使其不能互相攻击，即任意两个皇后都不能处于同一行、同一列或同一斜线（45°）上，求出有多少种摆法。

任务目标

掌握树的递归定义，掌握树的基本术语，会画树的三种表示形式。

任务分析

由已知条件可知，每行有且只有一个皇后。用一个数组存放每行上皇后的位置。此数组中，下标表示行数，元素表示列数（也即本行上皇后的位置）。从第一行开始遍历每行不产生冲突的皇后位置。如果第 i 行没有正确位置可以放皇后的话，那么将第 $i-1$ 行的皇后位置往后移一个位置并判断是否是正确位置；如果 $i-1$ 行还没有的话再往上找（回溯思想）。如果遍历到最后一行，皇后有正确位置可以摆放的话，将其打印下来，摆法加 1。然后继续遍历最后一行是否有其他位置也是正确的，如果有，打印下来，摆法加 1；如果没有，再去找倒数第二行是否有其他正确位置可以放，有的话，就再遍历最后一行，查找是否有正确位置（回溯思想）。

思政小课堂

不断努力，争做大国工匠

树的结构与我们平时常说的组织机构类似，都是层次式的，有如金字塔。我们从小学、中学到大学，其实就是在不断提升层次、向更高的目标努力，我们眼中都有诗和远方。当我们在一个平台上生活、学习、工作时，我们还需要不断努力，争取走向更好的平台，为社会做出更大的贡献，去实现我们的诗和远方。2021 年中国"大国工匠年度人物"都是顶尖技术技能人才，如湘钢焊接大师艾爱国、中国航天科技集团的刘湘宾、中交一航局的陈兆海等，他们用高度的责任感和精湛的技艺，以匠人之心，铸大国重器，彰显了各行各业人才的使命担当和崇高精神。作为新时代大学生，我们理应把技术技能作为当前学习的重要内容，不断练就一身过硬的本领，为实现中华民族伟大复兴的中国梦不断奋斗。

知识储备

◆　子任务 1　树的定义

树形结构是一类重要的非线性结构，树中结点之间具有明确的层次关系，并且结点之间有分支，它非常类似于实际的树。树形结构在客观世界中大量存在，如行政组织机构和人类社会的家谱关系等都可用树形

树的定义

结构形象地表示。在计算机应用领域中，树形结构也被广泛运用。例如：在编译程序中，用树形结构来表示源程序的语法结构；在数据库系统中，用树形结构来组织信息；在计算机文件系统中，用树形结构来表示文件结构信息等。

树（tree）是 n（$n \geq 0$）个结点的有限集。在任意一棵非空树中：

（1）有且仅有一个特定的称为根（root）的结点；

（2）$n>1$ 时，其余结点分成 m（$m>0$）个互不相交的有限集 T_1，T_2，$\cdots$，T_m，其中每一个集合本身又是一棵树，并且称为根的子树。

不包括任何结点的树称为空树。

树如图 6-1 所示。

（a）空树　　　（b）只有根结点的树　　　（c）一般的树

图 6-1　树示意图

图 6-1（c）所示的一般的树，由 9 个同类型的结点组成，是一棵非空树，有且仅有一个根结点 A，根结点 A 有 2 棵子树，两棵子树的根结点分别为 B、C，两棵子树互不相交，每棵子树又是一棵树。

一棵非空树的二元组表示如下：

$D = \{a_i | 1 \leq i \leq n，n \geq 1\}$，$n$ 是树中结点的个数，a_i 是相同数据类型的结点。

$R = \{r_i | 0 \leq i \leq m，m \geq 0\}$，$m$ 是树中分支的个数。

当 $n>0$（为非空树）时，其逻辑结构特点如下：有且仅有一个结点没有前驱，该结点称为树的根结点。除根结点外，其余每个结点有且仅有一个前驱结点，每个结点可以有多个（或零个）后继结点。

◆　**子任务 2　树的基本术语**

结点：组成树的同种数据类型的集合，可以为空。图 6-1（c）是由 9 个结点组成的一棵树。

结点的度：树中一个结点拥有的子树的个数。如图 6-1（c）中，A 结点的度为 2，B 结点的度为 3，D 结点的度为 0，G 结点的度为 1。

叶子结点或终端结点：度为 0 的结点。如图 6-1（c）中，D、E、F、H、L 均为叶子结点。

非终端结点或分支结点：度不为 0 的结点。除根结点之外，分支结点也称为内部结点。如图 6-1（c）中，B、C、G 称为分支结点。

树的度：树中各结点度的最大值。图 6-1（c）中树的度为 3。

孩子、双亲、兄弟、祖先、子孙：结点的子树的根称为结点的孩子，相应地，该结点称为孩子的双亲。如图 6-1（c）中，A 结点的子树为 B 子树和 C 子树，而 B 子树的根为 B，C 子树的根为 C，则称 B、C 为 A 的孩子，A 称为 B、C 的双亲。同一双亲的孩子称为兄弟。如图 6-1（c）中，B 和 C 互称为兄弟。结点的祖先是从根结点到该结点所经分支上的所有结点，以某结点为根的子树中的任一结点都称为该结点的子孙。如图 6-1（c）中，L 的祖先为 A、C、G，相应地，C、G、L 称为 A 的子孙。

结点的层次：从根开始计算，根为第一层，其余结点的层数等于双亲结点层数加 1。如图 6-1（c）所示，A 的层次为第一层，B、C 为第二层，L 为第四层。

树的深度：树中结点的最大层次数称为树的深度或高度。如图 6-1（c）所示，树 A 的深度为 4。

有序树和无序树：如果树结点的各子树从左至右是有次序的（即子树不能互换）则此树称为有序树；否则称为无序树。在有序树中最左边的子树的根称为第一个孩子，最右边的子树的根称为最后一个孩子。

森林：m（$m \geq 0$）棵互不相交的树的集合。对树中每个结点而言，其子树的集合即为森林。

◆ 子任务 3　树的表示形式

树的表示形式如下。

1. 树的直观表示法

树的直观表示法就是以倒着的分支树的形式表示，图 6-1 就是一棵树的直观表示。其特点就是对树的逻辑结构的描述非常直观。它是数据结构中最常用的树的描述方法。

2. 树的二元组表示法

图 6-1（c）中的树可用二元组表示为：

$$D = \{A,\ B,\ C,\ D,\ E,\ F,\ G,\ H,\ L\}$$

$$R = \{<A,\ B>,\ <A,\ C>,\ <B,\ D>,\ <B,\ E>,\ B,\ F>,\ <C,\ G>,\ <C,\ H>,\ <G,\ L>\}$$

3. 嵌套集合表示法

嵌套集合表示法是指用集合的集合表示树，其中任意两个集合，或者不相交，或者一个包含另一个。树的嵌套集合表示法如图 6-2 所示，每个圆圈表示一个集合，套起来的圆圈表示包含关系。

4. 凹入表示法

凹入表示法是指用不同长度的线段表示各结点，根结点长度最长，而线段的凹入程序体现了各结点之间的包含关系，如图 6-3 所示。

5. 广义表表示法

广义表表示法是指使用小括号将集合层次和包含关系表示出来。图 6-1（c）中的树用广义表表示法可表示为：$A\ (\ B\ (\ D,\ E,\ F\ ),\ C\ (\ G\ (\ L\ ),\ H\ )\ )$。

数据结构项目教程

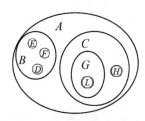

图 6-2　树的嵌套集合表示法

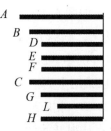

图 6-3　树的凹入表示法

任务实现

```c
#include <stdlib.h>
#include <stdio.h>
int m[8][8] = {0};// 表示棋盘，初始为 0，表示未放置皇后
int num = 0;// 解数目
 // 棋盘前 row-1 行已放置好皇后
 // 检查在第 row 行、第 column 列放置一枚皇后是否可行
int  check(int row,int column)
{
    int i,j;
    if(row==1)  return 1;
    for(i=0;i<=row-2;i++){      // 纵向只能有一枚皇后
          if(m[i][column-1]==1) return 0;
    }
    // 左上至右下只能有一枚皇后
    i = row-2;
    j = i-(row-column);
    while(i>=0&&j>=0)
    {
       if(m[i][j]==1) return 0;
       i--; j--;
    }
     // 右上至左下只能有一枚皇后
    i = row-2;
    j = row+column-i-2;
    while(i>=0&&j<=7)
    {
       if(m[i][j]==1) return 0;
       i--; j++;
    }
    return 1;
}
```

```
    // 当已放置8枚皇后，为可行解时，输出棋盘
void output()
{
    int i,j;
    num++;
    printf("answer %d:\n",num);
    for(i=0;i<8;i++)
    {
        for(j=0;j<8;j++) printf("%d ",m[i][j]);
        printf("\n");
    }
}
    // 采用递归函数实现八皇后回溯算法
    // 该函数求解当棋盘前 row-1 行已放置好皇后时在第 row 行放置皇后的情况
    void solve(int row)
    {
        int j;
        // 考虑在第 row 行的各列放置皇后
        for(j=0;j<8;j++)
        {
            // 在其中一列放置皇后
            m[row-1][j] = 1;
            // 检查在该列放置皇后是否可行
            if(check(row,j+1)==1)
            {
                // 若该列可放置皇后，且该列为最后一列，则找到一可行解，输出
                if(row==8) output();
                // 若该列可放置皇后，则向下一行，继续搜索、求解
                else solve(row+1);
            }
            // 取出该列的皇后，进行回溯，在其他列放置皇后
            m[row-1][j] = 0;
        }
    }
    // 主函数
int main()
{
    // 求解八皇后问题
    solve(1);
    return 0;
}
```

程序运行结果如图 6-4 所示。

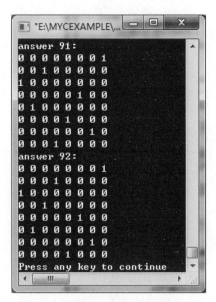

图 6-4　八皇后问题程序运行结果

任务 2　二叉树遍历

任务简介

编写一个算法，要求以二叉链表作为存储结构实现对二叉树的遍历。

任务目标

掌握二叉树的定义和性质，理解二叉树的顺序和链式存储结构，能进行二叉树的遍历，并能写出二叉树的遍历算法，会应用二叉树的遍历算法，掌握二叉排序树的定义和性质，会将不平衡的二叉排序树调整成平衡二叉排序树。

任务分析

二叉树的遍历是指对二叉树的结点进行一次访问并且只能访问一次。二叉树的遍历有三种方式，分别是先序、中序和后序。

此任务中要创建一个二叉树的二叉链表，其基本思想是：首先对一般的二叉树添加若干个虚结点，使其每个结点均有左右孩子，然后按先序遍历的顺序依次输入结点信息。若输入的结点不是虚结点，则建立一个新结点，然后依次建立该结点的左孩子和右孩子；否则，新结点为空。

例如，建立图 6-5 所示的二叉树，输入序列应为：

$$A\ B\ D\ @\ @\ @\ C\ E\ G\ @\ @\ @\ F\ @\ @$$

其中 "@" 表示空树。

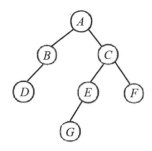

图 6-5　二叉树

做遵纪守法之人

二叉树的遍历，是指从一个结点开始，按某种顺序，依次访问结点，对二叉树的每个结点进行访问并且只访问一次，这就与公安机关侦破案件一样，从案件发生现场，根据线索，一步步深入案件，直至侦破案件。公安机关破案的技术手段有成千上万种，根据线索破案是最重要的一种，在线索上顺序分析与案件相关的人与事，从而把犯罪分子绳之以法。作为新时代的大学生，我们必须做一个遵纪守法之人，因为任何一个违法犯罪之人，最后都会受到法律的惩罚。

知识储备

◆　**子任务 1　二叉树的定义与性质**

二叉树（binary tree）是有限的数据类型相同的结点的集合，这个集合或者为空，或者有且仅有一个根结点，其余的每个结点最多只有两棵子树，这两棵子树分别称为根的左子树和右子树，并且左右子树又是一棵二叉树。

二叉树的定义
与性质

不含有任何结点的二叉树称为空二叉树。

根据二叉树的定义，二叉树有 5 种基本形态，如图 6-6 所示。

（a）空二叉树　（b）仅有根结点的二叉树　（c）右子树为空的二叉树

（d）左子树为空的二叉树　　（e）左右子树均非空的二叉树

图 6-6　二叉树的 5 种基本形态

二叉树不是树的一种特殊形式，二叉树与树是两种不同的数据结构，其主要区别是：

二叉树最多只能有两个结点，并且有严格的左右之分，即二叉树是有序树，即使只有一个结点，也要明确区分是左孩子还是右孩子；树可以有多于两个结点，如果树只有一个结点，不用区分是左孩子还是右孩子。

二叉树有下列重要性质：

性质 1 在二叉树的第 i 层上最多有 2^{i-1} 个结点（$i \geq 1$）。

利用归纳法容易证明此性质。

证明：

$i=1$ 时，只有一个根结点，显然 $2^{i-1}=2^0=1$ 是正确的。

现在假设 $i=k$ 时性质 1 正确，即第 k 层的结点数最多有 2^{k-1} 个，如果由此可以推出第 $k+1$ 层的结点数最多为 2^k 个，性质 1 便得到了证明。那么第 $k+1$ 层结点数最多是多少呢？第 $k+1$ 层的结点数最多是第 k 层的 2 倍，即第 k 层的每个结点都有两个孩子，因此第 $k+1$ 层结点数最多是 $2 \times 2^{k-1}=2^{1+k-1}=2^k$。

性质 2 深度为 k 的二叉树最多有 2^k-1 个结点（$k \geq 1$）。

证明：当深度为 k 的二叉树上每一层拥有的结点数达到最大时，该二叉树所拥有的结点数最多。由性质 1 可知，第 i（$1 \leq i \leq k$）层上最多拥有 2^{i-1} 个结点，则整个二叉树所拥有的结点个数 N 为：

$$N = \sum_{i=1}^{i=k} 2^{i-1} = 1+2^1+2^2+\cdots+2^{k-1} = 2^k-1$$

性质 3 对任何一棵二叉树 T，如果其终端结点（叶子结点）数为 n_0，度为 2 的结点数为 n_2，则有 $n_0 = n_2+1$。

证明：设二叉树中 n_1 表示度为 1 的结点数，对于任何一棵二叉树，其总的结点数只能是度为 1 的结点数与度为 2 的结点数和度为 0 的结点数之和，即总结点数为：

$$N = n_0+n_1+n_2$$

任何一棵二叉树，度为 1 的结点只有 1 个孩子，度为 2 的结点只有 2 个孩子，再加上根结点，则可以从孩子的角度计算总结点数：

$$N = 1 \times n_1+2 \times n_2+1$$

综合以上两个等式，则有：

$$n_0 = n_2+1$$

有两种特殊形态的二叉树：满二叉树和完全二叉树。

满二叉树：若一棵高度为 k 的二叉树共有 2^k-1 个结点，则此二叉树称为满二叉树，如图 6-7（a）所示。满二叉树的叶子结点都在同一层。除叶子结点外，其余所有结点都有两个孩子。

完全二叉树：如果一棵二叉树除最后一层结点外，其余层结点全是满的，最后一层结点或者是满的，或者是自右向左依次缺少若干个结点，这样的二叉树称为完全二叉树，如图 6-7（b）所示；而图 6-7（c）所示的则不是完全二叉树，也称非完全二叉树。

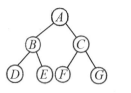
（a）满二叉树

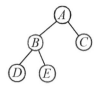
（b）完全二叉树

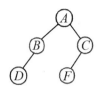
（c）非完全二叉树

图 6-7　满二叉树与完全二叉树、非完全二叉树

性质 4　具有 n 个结点的完全二叉树的高度为 $(\log_2 n)+1$。

证明：设一棵完全二叉树的高度为 k，根据二叉树的定义可知，该二叉树的前面的 $k-1$ 层是满二叉树，共有 $2^{k-1}-1$ 个结点，如果该二叉树为满二叉树，则共有 2^k-1 个结点。由此可以得到下面的式子：

$$2^{k-1}-1 < n < 2^k-1$$

即有 $2^{k-1} \leq n < 2^k$，对此式两边同时取对数，则 $k-1 \leq \log_2 n \leq k$，因为 k 是整数，所以有：

$$k = (\log_2 n) + 1$$

性质 5　如果对一棵有 n 个结点的完全二叉树的结点按层的顺序编号，即按从上到下、每一层中从左到右的顺序编号，为 1，2，3，…，n，然后按此编号将二叉树中各结点顺序地存放在一个一维数组中，则对任一结点 i（$1 \leq i \leq n$），有如下结论：

（1）如果 $i=1$，则结点 i 为根结点，无双亲；如果 $i>1$，则 i 的双亲结点为 $i/2$。

（2）如果 $2i \leq n$，则结点 i 的左孩子为 $2i$，否则无左孩子，即满足 $2i>n$ 的结点为叶子结点。

（3）如果 $2i+1 \leq n$，则结点 i 的右孩子为 $2i+1$，否则无右孩子。

（4）如果结点 i 的序号为奇数且不等于 1，则它的左兄弟为 $i-1$。

（5）如果结点 i 的序号为偶数且不等于 n，则它的右兄弟为 $i+1$。

（6）结点所在的层数为 $(\log_2 n) + 1$。

◆　子任务 2　二叉树的存储结构

二叉树常用两种存储结构：顺序存储和链接存储。

1. 二叉树的顺序存储

二叉树的顺序存储，是利用一组连续的存储单元存储二叉树的结点信息。通常使用一维数组来存储二叉树。

在一棵具有 n 个结点的完全二叉树中，从根结点起，自上而下、自左向右依次编号，就能得到一个反映整个二叉树的线性序列。如图 6-8（a）所示，根据完全二叉树的特点，结点在一维数组中的相对位置蕴含着结点之间的逻辑关系，因此可将完全二叉树中所有结点按编号顺序依次存储在一维数组 $a[n]$ 中，这样无须附加任何信息就能在这种顺序存储结构里找到每个结点的双亲和孩子。在图 6-8（b）所示的完全二叉树的顺序存储结构中，$a[2]$

二叉树的
存储结构

的双亲是 $a[1]$，其左右孩子分别是 $a[4]$ 和 $a[5]$。

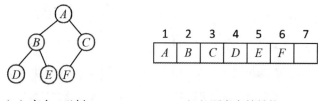

（a）完全二叉树   （b）顺序存储结构

图 6-8 　完全二叉树及其顺序存储

　　显然，顺序存储结构对完全二叉树而言，既简单又节省存储空间。但是对于一般二叉树而言，若采用顺序存储，为了能用结点在一维数组中的相对位置来表示结点之间的逻辑关系，也必须按完全二叉树的形式来存储树中的结点，这将造成存储空间的浪费。一棵只有 n 个结点的右单分支二叉树，若采用顺序存储，在最坏的情况下，需要 2^n-1 个存储空间。用顺序存储结构存储一般二叉树如图 6-9 所示。

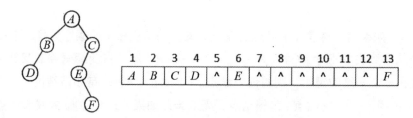

图 6-9 　一般二叉树及其顺序存储

2. 二叉树的链接存储

　　二叉树的链接存储方式是指用链表来存储二叉树，用指针来表示结点之间的逻辑关系。

　　（1）二叉链表。

　　二叉链表的每个结点分成三部分，即左孩子指针域、数据域和右孩子指针域，如图 6-10 所示。

lchild	data	rchild

图 6-10 　二叉链表的结点的组成部分

　　左孩子指针域存放左孩子结点的存储地址，右孩子指针域存储右孩子结点的存储地址，数据域存放结点的数据信息。如果结点的左右孩子不存在，则对应的指针值为空。

　　结点的数据类型定义如下：

```
typedef  struct  bitnode{
    char  data;      // 定义数据域
    struct  bitnode  *lchild, *rchild;   // 左右孩子指针
}Bitnode,  *Bitree;
```

　　图 6-11（a）所示的二叉树，其对应的二叉链表存储如图 6-11（b）所示。

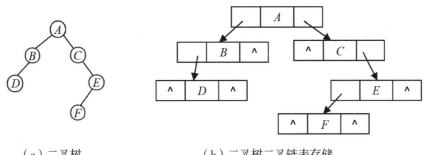

（a）二叉树　　　　　　　　　　（b）二叉树二叉链表存储

图 6-11　二叉树的二叉链表存储结构示意图

根据二叉树的二叉链表存储结构示意图，如果一棵二叉树有 n 个结点，则存储二叉树需要开辟 $2n$ 个指针域，用去 $n-1$ 个指针域，还剩 $n+1$ 个指针域。

（2）三叉链表。

利用二叉链表，从根结点能够方便地访问其子孙结点，但是从孩子结点访问双亲结点却比较麻烦，因此可以用三叉链表来存储二叉树。

三叉链表的每个结点分成四部分，即左孩子指针域、数据域、右孩子指针域和双亲指针域，如图 6-12 所示。

lchild	data	rchild	parent

图 6-12　三叉链表的结点的组成部分

左孩子指针域存放左孩子结点的存储地址，数据域存储其结点的数据信息，右孩子指针域存放其右孩子结点的存储地址，双亲指针域存放其双亲结点的存储地址。

结点的数据类型定义如下：

```
typedef  struct  bitnode{
    char  data;      //定义数据域
    struct  bitnode  *lchild, *rchild, *parent;// 左右孩子、双亲指针
}Bitnode,  *Bitree;
```

图 6-11（a）所示的二叉树，其对应的三叉链表存储结构示意图如图 6-13 所示。

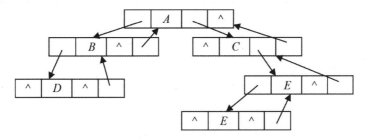

图 6-13　二叉树的三叉链表存储结构示意图

◆　**子任务 3　二叉树遍历算法**

遍历（traverse）是指沿着某条搜索路线，依次对树中的每个结点做一次且仅做一次访问。访问结点所做的操作取决于具体的应用问题。

从二叉树的递归定义可知，一棵非空二叉树由根结点及左、右子树三个基本部分组成。因此，在任一给定的结点上，可以按某种次序执行三个操作：

（1）访问根结点（D）。

（2）遍历该结点的左子树（L）。

（3）遍历该结点的右子树（R）。

二叉树的遍历

以上三种操作，有六种执行次序：

$$DLR、LDR、LRD、DRL、RDL、RLD$$

注意，前三种次序与后三种次序只是访问左子树和右子树的相对位置发生变化，一般情况下会限定左子树和右子树在遍历过程中相对位置不发生变化，因此，只讨论前面三种次序：DLR 称为先序遍历，LDR 称为中序遍历，LRD 称为后序遍历。

1. 先序遍历

二叉树的先序遍历递归定义如下：

如果是一棵非空二叉树，则执行如下操作：① 访问根结点；② 先序遍历左子树；③ 先序遍历右子树。

二叉树的先序遍历算法如算法 6-1 所示。

算法 6-1　二叉树的先序遍历

```
void PreOrder(Bitnode *bt){
    if(bt==NULL)
        return;
    else{
        printf("%c",bt->data);
        PreOrder(bt->lchild);
        PreOrder(bt->rchild);
    }
}
```

例如，对图 6-14 所示的二叉树进行先序遍历，其遍历序列为：$ABDFCEGH$。

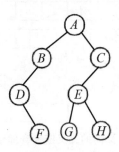

图 6-14　二叉树

2. 中序遍历

二叉树的中序遍历递归定义如下：

如果是一棵非空二叉树，则执行如下操作：① 中序遍历左子树；② 访问根结点；

③ 中序遍历右子树。

二叉树的中序遍历算法如算法 6-2 所示。

算法 6-2　二叉树的中序遍历

```
void InOrder(Bitnode *bt){
    if(bt==NULL)
        return;
    else{
        InOrder(bt->lchild);
        printf("%c",bt->data);
        InOrder(bt->rchild);
    }
}
```

例如，对图 6-14 所示的二叉树进行中序遍历，其遍历序列为：*DFBAGEHC*。

3. 后序遍历

二叉树的后序遍历递归定义如下：

如果是一棵非空二叉树，则执行如下操作：① 后序遍历左子树；② 后序遍历右子树；③ 访问根结点。

二叉树的后序遍历算法如算法 6-3 所示。

算法 6-3　二叉树的后序遍历

```
void LastOrder(Bitnode *bt){
    if(bt==NULL)
        return;
    else{
        LastOrder(bt->lchild);
        LastOrder(bt->rchild);
        printf("%c",bt->data);
    }
}
```

例如，对图 6-14 所示的二叉树进行后序遍历，其遍历序列为：*FDBGHECA*。

对于一棵给定的二叉树，根据其遍历算法，可以求得其先序、中序或后序序列，只要按其遍历算法的递归定义便可求出。同时，由于先序遍历是先确定根，中序遍历是中间确定根（在中序遍历序列中根的左边必定是根的左子树，根的右边必定是右子树），只要知道先序遍历序列及中序遍历序列，便可以求得后序遍历序列。同理，如果知道中序遍历序列及后序遍历序列也可以求得先序遍历序列。

◆　**子任务 4　二叉树遍历算法的应用**

二叉树的遍历运算是一个重要的基础，它被应用在各种各样的操作中。

1. 输出二叉树中叶子结点

输出二叉树的叶子结点是指在遍历过程中，如果一个结点其左右子树都为空，说明该结点是叶子结点，将其输出。其算法描述如算法 6-4 所示。

算法 6-4　输出二叉树的叶子结点

```
void Leaf(Bitnode *bt)
{
    if(bt==NULL)
        return;
    else
    {
        if(bt->lchild==NULL && bt->rchild==NULL)
            printf("%c",bt->data);
        Leaf(bt->lchild);
        Leaf(bt->rchild);
    }
}
```

2. 统计二叉树中叶子结点个数

当二叉树为空时，其叶子结点数为 0；当二叉树只有一个根结点时，其根结点就是叶子结点，叶子结点个数为 1。在一棵有多个结点的非空二叉树中，叶子结点数就是左子树叶子结点数和右子树叶子结点数之和。其算法描述如算法 6-5 所示。

算法 6-5　统计二叉树中叶子结点个数

```
int LeafCount(Bitnode *bt)
{
    if(bt==NULL)     // 如果二叉树为空，则返回 0
        return 0;
    else
        if(bt->lchild=NULL && bt->rchild==NULL)
            return 1;// 如果左右子树均为空，返回 1
        else             // 递归进行左右子树叶子结点数的相加
            return LeafCount(bt->lchild)+LeafCount(bt->rchild);
}
```

3. 求二叉树的高度

二叉树的高度为二叉树中结点层次的最大值，它的值为左、右子树高度的较大值加 1。其算法描述如算法 6-6 所示。

算法 6-6　求二叉树的高度

```
int BiTreeHigh(Bitnode *bt)
{
```

```
        int LHigh=0,RHigh=0;
        if(bt==NULL)
                return 0;
        else
        {
                LHigh=BiTreeHigh(bt->lchild);   // 递归求左子树的高度
                RHigh=BiTreeHigh(bt->rchild);   // 递归求右子树的高度
                if(LHigh>RHigh)
                        return LHigh+1;
                else
                        return RHigh+1;
        }
}
```

4. 求二叉树的结点总数

使用先序遍历进行统计，如果存在根结点，则统计数加 1，然后分别递归统计左子树中结点个数和右子树中结点个数，最后返回统计数。其算法描述如算法 6-7 所示。

算法 6-7   求二叉树的结点总数

```
int count=0;
int CountBiTree(Bitnode *bt)
{
        if(bt==NULL)
                return 0;
        else
        {
                count++;
                CountBiTree(bt->lchild);
                CountBiTree(bt->rchild);
        }
        return count;
}
```

◆ 子任务 5   二叉排序树

二叉排序树是利用二叉树的结构特点来实现排序，把给定的一组无序元素按一定的规则构成一棵二叉树，使其在中序遍历下是有序的。所谓排序，就是指把一组无序的数据元素按指定的关键字值重新组织起来，形成一个有序的线性序列。

二叉排序树

1. 二叉排序树的定义

二叉排序树或者是空树，或者是具有下述性质的二叉树：若其左子树非空，则其左子树上的所有结点的数据值均小于根结点的数据值；若其右子树非空，则右子树上所有结点的数据值均大于或等于其根结点的数据值；左子树和右子树又是一棵二叉排序树。

图 6-15 是一棵二叉排序树，对其进行中序遍历，会发现其中序遍历序列 {4，6，7，9，10，21，22，33，45} 是一个递增的有序序列，为了使一个任意的序列变成一个有序序列，可以通过将这些序列构成一棵二叉排序树来实现。

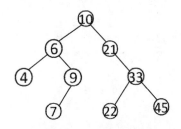

图 6-15   二叉排序树

2. 二叉排序树的生成

生成二叉排序树的过程是将一系列结点连续插入的过程。对任意一组数据元素 {R_1，R_2，…，R_n}，生成一棵二叉排序树的过程如下：

（1）令 R_1 为二叉树的根。

（2）若 $R_2 < R_1$，令 R_2 为 R_1 左子树的根结点，否则 R_2 为 R_1 右子树的根结点。

（3）R_3，…，R_n 结点的插入方法同上。

二叉排序树的生成算法及完整程序代码如算法 6-8 所示。

算法 6-8   二叉排序树生成

```
#include "stdio.h"
#include "stdlib.h"
typedef  struct  bitnode{
    int    data;      //定义数据域
    struct  bitnode *lchild, *rchild;    // 左右孩子指针
}Bitnode, *Bitree;
Bitree Insertbst(Bitree t,Bitree s)  // 在二叉排序树中插入结点 s
{
    if(t==NULL)
        t=s;      // 如果二叉排序树为空，则插入的结点成为根结点
    else
        if(s->data<t->data)
            t->lchild=Insertbst(t->lchild,s); // 数据小于根结点，插入
                                              左子树
        else
            t->rchild=Insertbst(t->rchild,s);// 数据大于根结点，插入右
                                             子树

    return t;
}
```

```
Bitree CreateOrdbt()   // 建立一棵二叉排序树
{
    Bitree s,t;
    int x;
    t=NULL;
    printf("please input data:");
    scanf("%d",&x);
    while(x!=0) {   // 输入数据以 0 结束
            s=(Bitree)malloc(sizeof(Bitnode));
            s->data=x;
            s->lchild=NULL;
            s->rchild=NULL;
            t=Insertbst(t,s);
            scanf("%d",&x);
    }
    return t;
}
void InOrder(Bitree t) { // 中序遍历二叉排序树
    if(t==NULL)
            return;
    else{
            InOrder(t->lchild);
            printf("%4d",t->data);
            InOrder(t->rchild);
    }
}
main()
{
    Bitree root;   // 定义二叉排序树的根结点
    printf("\n");
    root=CreateOrdbt(); // 创建二叉排序树
    printf("the Inorder is:\n");
    InOrder(root); // 中序遍历二叉排序树
    printf("\n");
}
```

程序的运行结果如图 6-16 所示。

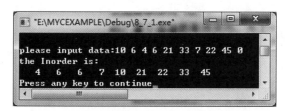

图 6-16　二叉排序树生成程序运行结果

图6-17所示的是将序列 { 45，20，32，47，51，24，65，62 } 构成一棵二叉排序树的过程。

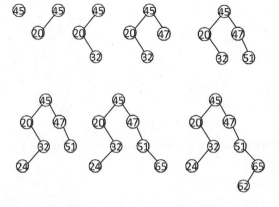

图6-17　二叉排序树生成过程

由图6-17所示的插入过程可以看出，每次插入的新结点都是二叉排序树的叶子结点，在插入操作中不必移动其他结点。这一特性可以用于需要经常插入和删除的有序表。

3. 二叉排序树的删除

二叉排序树的删除是指，从二叉排序树上删除一个结点，要求还能保持二叉排序树的特征，即删除一个结点后的二叉排序树仍是一棵二叉排序树。

根据被删除结点在二叉排序树中的位置，删除操作应按以下四种不同的情况分别处理：

（1）被删除结点是叶子结点，只需修改其双亲结点的指针，令其 lchild 和 rchild 域为 NULL。

（2）被删除的结点 P 有一个孩子，即只有左子树或右子树，使其左子树或右子树直接成为其双亲结点 F 的左子树或右子树即可，如图 6-18（a）所示。

（3）若被删除的结点 P 的左、右子树均非空，这时要循 P 结点左子树根结点 C 的右子树分支，找到结点 S，S 结点的右子树为空。然后使 S 的左子树成为 S 双亲结点 Q 的右子树，用 S 结点取代被删除的 P 结点。图 6-18（b）所示为删除 P 前的情况，图 6-18（c）为删除 P 后的情况。

（4）若删除结点为二叉排序树的根结点，则按情况（3）找到 S 结点成为根结点。

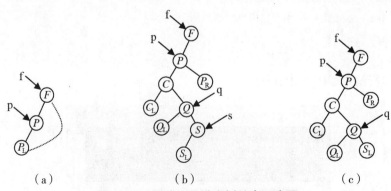

（a）　　　　　　　　（b）　　　　　　　　（c）

图6-18　删除二叉排序树结点示意图

二叉排序树删除操作算法如算法 6-9 所示。

算法 6-9　二叉排序树删除操作算法

```
typedef int DataType;
typedef  struct  bitnode{
    int    data;      // 定义数据域
    struct  bitnode  *lchild, *rchild;    // 左右孩子指针
}Bitnode,   *Bitree;
void DeleteNode(Bitree s){
    Bitree q,x,y;
    if(!(s->rchild))     // 如果被删除结点的右子树为空，则使其左子树成为其双亲结点的
                         左子树
    {
        q=s;
        s=s->lchild;
        free(q);
    }
    else if(!(s->lchild))
    {   // 如果被删除结点左子树为空，则使其右子树成为其双亲结点的左子树
        q=s;
        s=s->rchild;
        free(q);
    }
    else
    /* 如果被删除结点的左、右子树都存在，则用被删除结点的直接前驱结点代替被删除结点，
并使其直接前驱结点的左子树成为其双亲结点的右子树 */
    {
        x=s;
        y=s->lchild;
        while(y->rchild)
        {
            x=y;
            y=y->rchild;
        }
        s->data=y->data;
        if(x!=s)
            x->rchild=y->lchild;
        else
            x->lchild=y->lchild;
        free(y);
    }
```

```
}
int BSTDelete(Bitree T, DataType x)
{/* 在二叉排序树 T 中存在值为 x 的数据元素时，删除该数据元素结点，并返回 1，否则返回 0 */
    if(T==NULL)
            return 0;
    else
    {
        if(x==T->data)
                DeleteNode(T);
        else
                if(T->data>x)
                BSTDelete(T->lchild,x);
        else
                BSTDelete(T->rchild,x);
        return 1;
    }
}
```

◆ 子任务 6　平衡二叉排序树

如果二叉排序树的深度为 n，在最坏的情况下其平均查找长度为 n，为了减少二叉排序树的查找次数，需要进行平衡处理。平衡处理得到的二叉排序树称为平衡二叉排序树。

1. 平衡二叉排序树的定义

平衡二叉排序树也称为 AVL 树，其或者是一棵空树，或者是具有下列性质的二叉树：

（1）左子树与右子树的深度之差的绝对值小于等于 1，即只能是 -1、0 或 1。

（2）左、右子树也是平衡二叉排序树。

利用平衡二叉排序树的目的是提高查找效率，平衡二叉排序树的平均查找长度为 $O(\log_2 n)$。

在平衡二叉排序树中，左子树的深度减去右子树的深度，称为结点的平衡因子（balance factor，BF）。显然，对于一棵平衡二叉排序树，所有结点的平衡因子只能是 -1、0 或 1。在一棵平衡二叉排序树中插入一个结点，有可能导致失衡，即出现绝对值大于 1 的平衡因子。图 6-19（a）所示的是平衡二叉排序树，图 6-19（b）所示的是非平衡二叉排序树。

平衡二叉排序树

在平衡二叉排序树的定义中，为了记录其每个结点的平衡因子，在类型定义中加了一个记录结点平衡因子的变量。其类型定义如下：

```
typedef int DataType;
typedef struct BSTNode
{
    DataType data;
```

```
    int bf;
    struct BSTNode *lchild,*rchild;
}BSTNode,*BSTree;
```

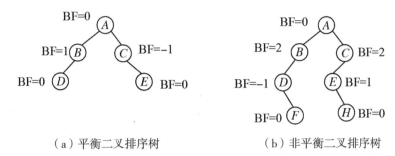

（a）平衡二叉排序树　　　　　　（b）非平衡二叉排序树

图 6-19　平衡二叉排序树与非平衡二叉排序树

2. 二叉排序树的平衡处理

如何构造一棵平衡二叉排序树呢？可以采用一种动态保持二叉排序树平衡的方法。其基本思想是：在构造二叉排序树的过程中，每当插入一个结点时，首先检查是否由于新结点插入而破坏了平衡性。若是，则在保持二叉排序树特性的前提下，通过调整使它满足平衡树的特性，达到新的平衡。

一般情况下，新插入的结点可能会使二叉排序树失去平衡，可通过使插入点最近的祖先结点恢复平衡，从而使上一层祖先结点恢复平衡。为了使二叉排序树恢复平衡，需要从离插入点最近的结点开始调整。失去平衡的二叉排序树的平衡处理有如下四种类型。

（1）LL 型。

LL 型是指在离插入点最近的失衡结点的左子树的左子树中插入结点，导致二叉排序树失去平衡。此时必须进行一次顺时针旋转操作，如图 6-20 所示。当在 b 的左子树中插入一个结点 x 时，a 的平衡因子由原来的 1 变成 2，失去平衡。因此需要以结点 b 为轴心做顺时针旋转而使得结点 a 作为结点 b 的孩子。

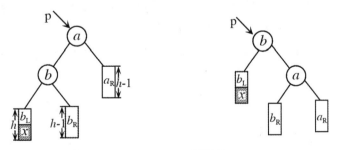

图 6-20　LL 型调整

（2）RR 型。

如果在 a 结点的右孩子的子树上插入新结点，使 a 的平衡因子由 -1 变成 -2 而失去平衡，此时应以 b 为轴心做逆时针旋转，使结点 a 作为 b 的左孩子，b 的左子树成为 a 的右子树，如图 6-21 所示。

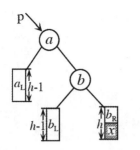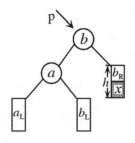

图 6-21　RR 型平衡调整

（3）LR 型平衡旋转。

如果在结点 a 的左孩子的右子树上插入新结点，使 a 的平衡因子由 1 增至 2 而失去平衡，此时需进行两次旋转。首先以结点 c 为轴心做逆时针旋转，使得结点 a 的左孩子 b 变为结点 c 的左孩子，c 的左孩子变成 b 的右孩子。然后再以结点 c 为轴心做顺时针旋转，使得结点 a 变为结点 c 的右孩子，c 的右孩子变成 a 的左孩子。LR 型平衡调整如图 6-22 所示。

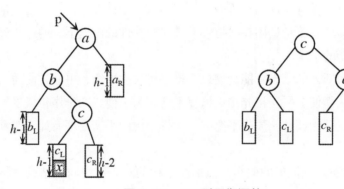

图 6-22　LR 型平衡调整

（4）RL 型平衡旋转。

如果在 a 的右孩子的左子树中插入新结点，使 a 的平衡因子由 −1 变成 −2 而失去平衡，此时首先以结点 c 为轴心做顺时针旋转，使得结点 a 的右孩子 b 变为结点 c 的右孩子，结点 c 的右孩子变为结点 b 的左孩子，然后再以结点 c 为轴心做逆时针旋转，使得结点 a 变为结点 c 的左孩子，结点 c 的左孩子变为结点 a 的右孩子。RL 型平衡调整如图 6-23 所示。

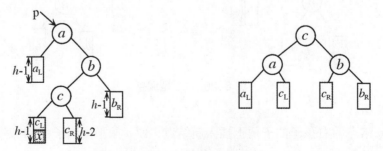

图 6-23　RL 型平衡调整

例如，以关键字序列 {6，9，8，4，3，5} 构建一棵平衡二叉排序树，其过程如图 6-24 所示。

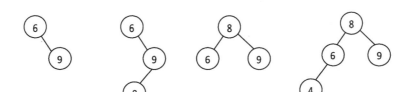

插入 9 后　　　　插入 8 后　　　进行 RL 型调整　　　插入 4 后

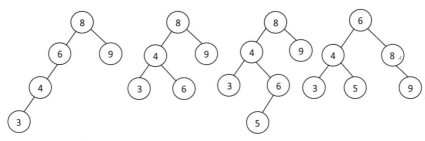

插入 3 后　　　进行 LL 型调整　　　插入 5 后　　　进行 RL 型调整

图 6-24　平衡二叉排序树构造过程

任务实现

```c
#include "stdio.h"
#include "stdlib.h"
#include "malloc.h"
#define  MAX_BITREE_SIZE   20
typedef  struct  bitnode{
   char  data;
   struct bitnode *lchild, *rchild;    /* 左右孩子指针 */
}bitnode,  *bitree;
void create_bitree(bitree *T)
{ /* 按先序次序输入二叉树结点的字符,'@' 字符表示空树 */
   /* 构造二叉树的二叉链表 T */
   char ch;
   ch=getchar();
   if(ch=='@') *T=NULL;
   else
   {   *T=(bitree)malloc(sizeof(bitnode));
       (*T)->data=ch;    /* 生成根结点 */
       create_bitree(&(*T)->lchild);/* 构造左子树 */
       create_bitree(&(*T)->rchild);/* 构造右子树 */
   }
}
void preorder(bitree T){/* 先序遍历二叉树 */
   if(T)
```

```
{ printf("%3c",T->data);
  preorder(T->lchild);
  preorder(T->rchild);
  }
}
void inorder(bitree T){/* 中序遍历二叉树 */
  if(T)
  { inorder(T->lchild);
    printf("%3c",T->data);
    inorder(T->rchild);
  }
}
void postorder(bitree T){/* 后序遍历二叉树 */
  if(T)
  { postorder(T->lchild);
    postorder(T->rchild);
    printf("%3c",T->data);
   }
}
main(){
    bitree T,p;
    printf("\ninput preorder str : ");
    create_bitree(&T);/* 建立二叉树 T*/
    printf("\n");
    printf("\n 先序遍历：");
    preorder(T);
    printf("\n 中序遍历：");
    inorder(T);
    printf("\n 后序遍历：");
    postorder(T);
    printf("\n");
}
```

程序运行结果如图 6-25 所示。

图 6-25　二叉树遍历程序运行结果

任务3　树和森林

任务简介

现实中很多实际问题的描述是使用树形结构来实现的，对这些树进行操作需要借助于二叉树存储，并且利用二叉树的操作来实现。因此，学习树在计算机中的存储结构、树与二叉树及森林的转换有实际的意义。

本任务要求编写一个算法，将图6-26所示的树转化成二叉树，实现层次遍历并输出结果。

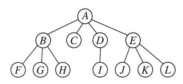

图6-26　待转化成二叉树的树

任务目标

掌握树的存储结构，包括双亲表示法、孩子链表表示法、孩子兄弟链表表示法等；会进行树、森林与二叉树的转换，掌握树的遍历方法、森林的遍历方法；会进行树与二叉树转换算法编写。

任务分析

树与二叉树是两种不同的数据结构，二叉树不是树的特殊情况。在计算机中，可以使用双亲表示法、孩子链表表示法、孩子兄弟链表表示法等来存储树。但在实际计算机处理中，树的处理相对来说较复杂，因此可以把树转换成二叉树以后再进行处理。

思政小课堂

服从意识是职业人重要的职业素质

党的十八届六中全会明确习近平总书记的核心地位，正式提出"以习近平同志为核心的党中央"，会议明确要求，要牢固树立政治意识、大局意识、核心意识、看齐意识，坚定不移维护党中央权威和党中央集中统一领导。在树的存储中，子结点必须服从根结点的相关要求，根据双亲结点可确定子结点的存储位置。在新时代中，我们进入职场，需要具备一定的职业素质，其中相当重要的是服从意识，即一般情况下下级需要服从上级安排，只有这样，我们才能在职场中稳步前进。

知识储备

◆　子任务1　树的存储结构

树的存储结构主要有双亲表示法、孩子链表表示法、孩子兄弟链表表示法等。

1. 双亲表示法

在树中，每个结点的双亲是唯一的。利用这一性质，可以在存储结点信息的同时，为每个结点附设一个指向其双亲的指针 Parent，这样就可以唯一地表示任何一棵树。其类型定义如下：

```
#define   Max_Tree_Size 100
typedef  char  DataType;
typedef  struct{
    Data Type data; // 结点数据域
    int   Parent; // 双亲位置域
}PTNode;
typedef  struct{
    PTNode   node[Max_Tree_Size];
    int   n;
}PTree; // 双亲表类型
```

Parent 实际存放的是该结点的双亲在表中的序号。需要指出的是，只有根结点没有双亲，可以将根结点的 Parent 设为 –1。例如，图 6-27（a）所示的树双亲表示法表示的存储结构如图 6-27（b）所示。

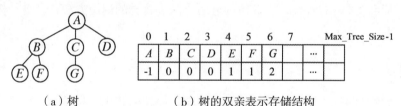

（a）树   （b）树的双亲表示存储结构

图 6-27　树的双亲表示法

采用树的双亲表示法求指定结点的双亲或祖先是很方便的，因为从 Parent 位置域就可以找到双亲的位置。但反过来，如果要求指定结点的孩子或后代，则可能需要遍历整个数组。

2. 孩子链表表示法

孩子链表表示法是为树中每个结点建立一个孩子链表。为了便于查找，可以在结点定义中增加一个指针域，指向其孩子链表的表头。其类型定义如下：

```
#define Max_Tree_Size 100
typedef char DataType;
typedef struct CTNode{ // 孩子链表的孩子结点类型
    int child;
    struct CTNode *next;
}CTNode,*childPtr;
typedef  struct{   // 孩子链表的头结点类型
    DataType data;
    childPtr FirstChild;
```

```
}CTBox;
typedef struct{
    CTBox Nodes[Max_Tree_Size];
    int n,r; //结点数和根的位置
}CTree;   //孩子链表类型
```

图 6-27（a）中树用孩子链表表示法表示的存储结构如图 6-28 所示。

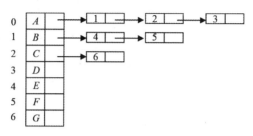

图 6-28　树的孩子链表表示法

与双亲表示法相反，孩子链表表示法便于操作涉及孩子的查找。如求某个结点的孩子或求孩子数都容易实现。但如果求某个结点的双亲则可能要遍历整个表。

3. 孩子兄弟链表表示法

孩子兄弟链表表示法是利用树中每个结点与其最左孩子和右邻兄弟的关系来存储树的。此类链表中每个结点的数据类型都相同，由三部分组成，即数据域、左孩子指针域和右兄弟指针域。这种存储结构的优点是它和二叉树的二叉链表表示基本相同，因此可利用二叉树的算法来实现对树的操作。其类型定义如下：

```
typedef char DataType;
typedef struct CSNode
{
    DataType data;
    struct CSNode *FirstChild,*Nextsibling;
                //FirstChild 表示第一个左孩子,Nextsibling 表示右兄弟
}CSNode,*CSTree;
```

图 6-27（a）中树用孩子兄弟链表表示法表示的存储结构如图 6-29 所示。

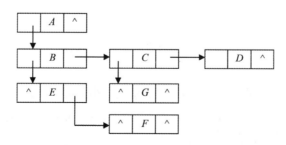

图 6-29　树的孩子兄弟链表表示法

利用该存储结构易于实现查找结点孩子的操作，例如，要访问结点 x 的第 i 个孩子，只要先从 FirstChild 域中找到第 1 个孩子结点，然后沿着孩子结点的 Nextsibling 域走 $i-1$ 步，

便可以找到 x 的第 i 个孩子。

◆ 子任务 2　树、森林与二叉树的转换

1.树转换成二叉树

由于树通常是无序的，树中的兄弟结点也是无序的，而二叉树中的结点是严格有序的，因此，为了进行二者之间的转换，需约定树中兄弟是按从左到右排列的。

**树、森林
与二叉树的转换**

转换时，将树中双亲结点的第一个左孩子作为其左子树的根结点，其他兄弟结点作为第一个左孩子的右子树。整个过程分三步进行：

（1）加线——使用线段连接兄弟结点。

（2）抹线——保留双亲与第一个左孩子的连线，删除其他孩子结点与双亲结点的连线。

（3）旋转——以根结点为轴心，将整棵树顺时针旋转 45°。

树转换成二叉树的过程如图 6-30 所示。

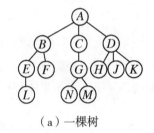

（a）一棵树　　　　　　　　　　　　（b）连接兄弟结点

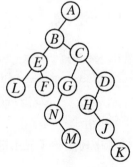

（c）删除除第一个左孩子外的其他孩子结点与双亲结点的连线　　　　　（d）旋转 45°

图 6-30　树转换成二叉树的过程

由以上转换可以得出下列结论：

（1）因为根结点没有兄弟，所以转换后的二叉树的根结点必定没有右子树。

（2）在转换得到的二叉树中，左分支上的各结点在原树中是父子关系，而右分支上的各结点在原树中是兄弟关系。

（3）树转换成二叉树后，通常深度会增加。

2.森林转换成二叉树

森林是由若干棵树组成的。将每棵树的根结点看成是兄弟结点，而每一棵树可以转换

为其对应的二叉树。森林转换成二叉树的过程如图 6-31 所示。

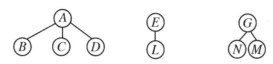
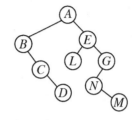

（a）由三棵树组成的森林

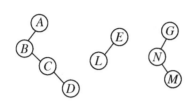

（b）森林中每一棵树转换成二叉树　　（c）所有二叉树连接形成最终的二叉树

图 6-31　森林转换成二叉树的过程

3. 二叉树转换成森林

把一棵非空树转换成二叉树时，根结点没有右子树；而把森林转换成二叉树后，根结点存在右子树。可以根据这个特点，将二叉树转换成森林。

二叉树转换成森林的过程如下：

（1）对于二叉树中任一结点 b，若结点 b 是其双亲结点 a 的左孩子，则把 b 的右孩子、右孩子的右孩子等，都与结点 a 用线连接起来。

（2）删除所有双亲到右孩子之间的连线。

（3）将图形规范化，使各结点按层次排列。

二叉树转换成森林的过程如图 6-32 所示。

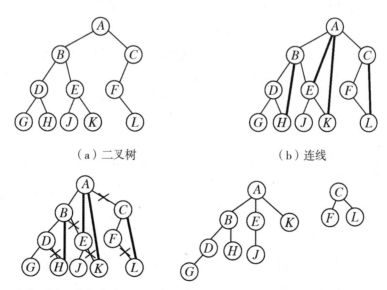

（a）二叉树　　　　　　　　　　　　（b）连线

（c）删除双亲与右孩子的连线　　　　（d）转换成的森林

图 6-32　二叉树转换成森林的过程

◆   子任务3　树的遍历

树的遍历主要有深度优先遍历和广度优先遍历两种方案。

1. 树的深度优先遍历

由于树通常是无序的，没有规定其兄弟结点之间的次序，一般认为根的孩子按从左到右的次序为第一棵树、第二棵树等。每一棵树也按同样的方法进行遍历。因为树的度不一定为2，所以在树中一般不讨论中序遍历。

（1）树的前序遍历。

如果一棵树是非空树，树的前序遍历顺序如下：① 访问树的根结点；② 前序遍历第一棵子树；③ 前序遍历剩余的子树。

（2）树的后序遍历。

如果一棵树是非空树，树的后序遍历顺序如下：① 后序遍历第一棵子树；② 后序遍历剩余的子树；③ 访问根结点。

对于图6-33所示的一棵树，其前序遍历序列为 *ABELFCGNMDHJK*，其后序遍历序列为 *LEFBNMGCHJKDA*。

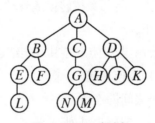

图 6-33　一棵树

2. 树的广度优先遍历

若树为非空树，则树的广度优先遍历如下：

首先访问树的根结点，再按照从左到右的次序访问第二层的所有结点，最后按层次逐层访问，直到所有结点被访问完为止。

对于图6-33所示的一棵树，其广度优化遍历顺序为：*ABCDEFGHJKLNM*。

◆   子任务4　森林的遍历

森林是由若干棵树组成的，各棵树可分为第一棵树、第二棵树等。森林的遍历也主要有深度优先遍历和广度优先遍历。

1. 森林的深度优先遍历

（1）森林的前序遍历。

若森林非空，则访问森林第一棵树的根结点，再前序遍历第一棵树的根结点的各子树，最后前序遍历森林中除第一棵树以外的其他树。

（2）森林的后序遍历。

若森林非空，则后序遍历第一棵树的各子树，再访问第一棵树的根结点，最后后序遍历森林中除第一棵树以外的其他树。

2. 森林的广度优先遍历

若森林非空，则按广度优先遍历森林的第一棵树，再按广度优先遍历森林中除第一棵树以外的其他树。

对于图 6-34 所示的森林，其前序遍历顺序为 *ABDGHEJCFLK*，后序遍历顺序为 *GDHBJEAFLCK*，广度优先遍历顺序为 *ABEDHJGCFLK*。

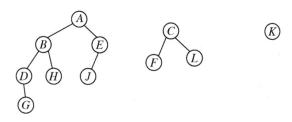

图 6-34　森林

任务实现

```c
// 把树转换为二叉树
#include <stdio.h>
#include <stdlib.h>
#define MAXSIZE 100
#define n 5        // 最多 5 个分支
typedef char TElemType;
typedef struct BiNode{
    TElemType data;
    struct BiNode *lchild,*rchild;
}BiNode,*BiTree;
typedef struct TrNode{
    TElemType data;
    struct TrNode *next[n];
}TrNode,*TrTree;
void LevelBiTree(BiTree T){ // 二叉树层序遍历
    BiNode *p,*q[MAXSIZE];
    int rear=0,front=0;
    if(T==NULL)return;
    p=T;
    rear=(rear+1)%MAXSIZE;
    q[rear]=p;
    while(rear!=front){
        front=(front+1)%MAXSIZE;
        p=q[front];
        printf("%c",p->data);
        if(p->lchild!=NULL){
```

```
                    rear=(rear+1)%MAXSIZE;
                    q[rear]=p->lchild;
            }
            if(p->rchild!=NULL){
                    rear=(rear+1)%MAXSIZE;
                    q[rear]=p->rchild;
            }
    }
}
void setBiTree(BiTree *T){
    *T=(BiNode *)malloc(sizeof(BiTree));
    (*T)->lchild=(*T)->rchild=NULL;
}
void TreeToBiTree(TrTree Tr,BiTree *T){      // 树转换成二叉树
    int i=0,j=0;
    BiTree p,temp,flag;
    flag=*T;
    while(Tr->next[i]!=NULL){
            setBiTree(&temp);
            temp->data=Tr->next[i]->data;
            p=flag;
            if(i==0){
                    p->lchild=temp;
                    p=p->lchild;
                    ag=flag->lchild;
            }
            else{
                    p->rchild=temp;
                    p=p->rchild;
                    flag=flag->rchild;
            }j=0;
            while(Tr->next[i]->next[j]!=NULL){
                    setBiTree(&temp);
                    temp->data=Tr->next[i]->next[j]->data;
                    if(j==0){
                            p->lchild=temp;
                            p=p->lchild;
                    }
                    else{
                            p->rchild=temp;
                            p=p->rchild;
                    }j++;
```

```
            }i++;
        }
}
void setTrTree(TrTree *Tr){
        int i=0;
        *Tr=(TrNode *)malloc(sizeof(TrTree));
        for(i=0;i<n;i++){(*Tr)->next[i]=NULL;}
}
void CreateTree(TrTree Tr){// 给定一棵树
        int i;
        TrTree temp[n];
        setTrTree(&Tr->next[0]);
        setTrTree(&Tr->next[1]);
        setTrTree(&Tr->next[2]);
        setTrTree(&Tr->next[3]);
        Tr->next[0]->data='B';
        Tr->next[1]->data='C';
        Tr->next[2]->data='D';
        Tr->next[3]->data='E';
        Tr->next[4]=NULL;
        for(i=0;i<n;i++){temp[i]=Tr->next[i];}
        setTrTree(&temp[0]->next[0]);
        setTrTree(&temp[0]->next[1]);
        setTrTree(&temp[0]->next[2]);
        setTrTree(&temp[2]->next[0]);
        setTrTree(&temp[3]->next[0]);
        setTrTree(&temp[3]->next[1]);
        temp[0]->next[0]->data='F';
        temp[0]->next[1]->data='G';
        temp[0]->next[2]->data='H';
        temp[2]->next[0]->data='I';
        temp[3]->next[0]->data='J';
        temp[3]->next[1]->data='K';
}
void main(){
        BiTree T;
        TrTree Tr;
        T=(BiNode *)malloc(sizeof(BiTree));
        Tr=(TrNode *)malloc(sizeof(TrTree));
        Tr->data='A';
        T->data=Tr->data;
        T->lchild=T->rchild=NULL;
```

```
    CreateTree(Tr);
    TreeToBiTree(Tr,&T);
    LevelBiTree(T);
    printf("\n");
    system("pause");
}
```

程序运行结果如图 6-35 所示。

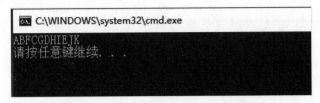

图 6-35　树转换成二叉树遍历结果

任务 4　哈夫曼树及其应用

任务简介

哈夫曼（Huffman）树又称为最优二叉树，是一类带权路径长度最短的树。这种树在信息检索中很有用，是树形结构的应用实例之一。

此任务要求对哈夫曼树进行编码并进行输出。

任务目标

掌握与哈夫曼树相关的术语，掌握构造哈夫曼树的方法，掌握哈夫曼树编码方法，能运用算法实现哈夫曼树编码。

任务分析

哈夫曼树编码类似电报中的编码形式，在实践中有重要的运用，特别是网络数据传输中经常要用到哈夫曼树编码思想。其主要思想是：构造一个权值最小的二叉树，使得所有结点带权路径的值是最优的。哈夫曼树也称为最优二叉树，其每个结点编码都是独立并互不相同的。在构造哈夫曼树的过程中，可以使权值越大的结点越靠近根结点，而使权值越小的结点离根结点越远。

思政小课堂

科学没有最好，只有更好

人类在追求进步的过程中遇到了很多困难与挫折，但正因为有了这些困难与挫折，才有了今天的文明。遇到困难时，我们会想办法进行解决；在找到的解决方案中，我们一般会尽力寻求完美的解决方案。时代不同，人的思想意识不同，考虑问题的方式不同，形成的解决方案也会不同。尽管我们称哈夫曼树为最优二叉树，但它也是在当前时代的"解决方案"中提出的，随着时代发展，也有可能不再是"最优"的。在科学发展的过程中，我们只有敢想敢为，才能创造奇迹，只有不断改进，才能不断进步，没有最好，只有更好。

知识储备

◆ 子任务 1 哈夫曼树

以下是与哈夫曼树相关的一些术语。

1. 路径和路径长度

若树中存在一个结点序列 k_1，k_2，$\cdots$，k_j，使得 k_i（$1 \leqslant i \leqslant j$）是 k_{i+1} 的双亲结点，则称该结点序列是从 k_1 到 k_j 的一条路径（path）。因树中每个结点只有一个双亲结点，所以它也是这两个结点之间的唯一路径。从 k_1 到 k_j 所经过的分支数称为这两点之间的路径长度，等于路径上结点数减 1。

2. 结点的权和结点的带权路径长度

在许多应用中，我们常常对树中的结点赋予一个有某种意义的实数，该实数称为该结点的权。结点的带权路径长度，是该结点到树的根结点之间的路径长度与该结点的权的乘积。

3. 树的带权路径长度

树的带权路径长度是指树中所有叶子结点的带权路径长度之和。通常记为：

$$\text{WPL} = \sum_{i=1}^{n} w_i l_i$$

其中，n 表示叶子结点数，w_i 和 l_i 分别表示叶子结点 k_i 的权值和树的根结点到叶子结点 k_i 的路径长度。

4. 哈夫曼树

在权为 w_1，w_2，$\cdots$，w_n 的 n 个叶子结点组成的所有二叉树中，带权路径长度 WPL 最小的二叉树称为最优二叉树，也称为哈夫曼树。

例如：有 4 个叶子结点 a、b、c、d，分别带权 3、4、5、6，由它们构造的 3 棵不同的二叉树如图 6-36 所示。

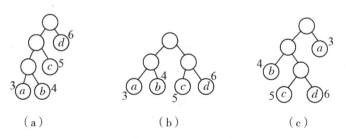

图 6-36 具有不同带权路径长度的二叉树

它们的带权路径长度分别为：

图 6-36（a）：WPL = $3 \times 3 + 4 \times 3 + 5 \times 2 + 6 \times 1 = 37$。

图 6-36（b）：WPL = $3 \times 2 + 4 \times 2 + 5 \times 2 + 6 \times 2 = 36$。

图 6-36（c）：WPL = $5 \times 3 + 6 \times 3 + 4 \times 2 + 3 \times 1 = 44$。

图 6-36（b）树的 WPL 最小，此树就是一棵哈夫曼树。

5. 构造哈夫曼树

由相同权值的一组叶子结点所构成的二叉树有不同的形态和不同的带权路径长度，那么如何找到带权路径长度最小的二叉树（即哈夫曼树）？根据哈夫曼树的定义，构造二叉树时要使 WPL 值最小，必须令权值大的叶子结点靠近根结点，而令权值小的叶子结点离根结点远。哈夫曼（Huffman）依据这一特点提出了一种构造哈夫曼树的方法，这种方法的思想如下：

（1）由给定的 n 个权值 $\{w_1, w_2, \cdots, w_n\}$ 构造 n 棵只有一个叶子结点的二叉树，从而得到一个二叉树的集合 $F = \{T_1, T_2, \cdots, T_n\}$。

（2）在 F 中选取根结点的权值最小和次小的两棵二叉树分别作为左、右子树构造一棵新的二叉树。这棵新的二叉树根结点的权值为其左、右子树根结点的权值之和。

（3）在集合 F 中删除已经作为左、右子树的两棵二叉树，并将新建立的二叉树加入 F 中。

（4）重复步骤（2）、（3），当 F 中只剩下一棵二叉树时，这棵二叉树便是所要建立的哈夫曼树。

例如：有 5 个带权的叶子结点，其权值分别为 3、5、8、4、6，构造一棵哈夫曼树的过程如图 6-37 所示。

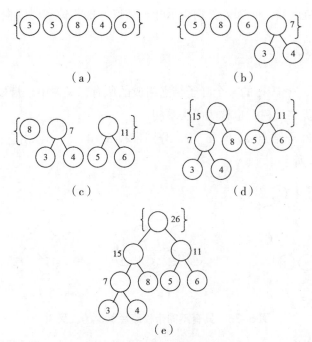

图 6-37　哈夫曼树的构造过程

◆　　子任务 2　　哈夫曼编码

当前,在数据网络通信中,需要将传送的文字转换成二进制数,即由 0、1 组成的字符串,才能传送出去,这称为编码。接收方收到一系列由 0、1 组成的字符串后,再将它还原成文字,即译码。

例如,需要传送的电文为 ABCDABCA,其中用到了四种字符,令 A、B、C、D 的编码分别为 00、01、10、11,则电文的二进制代码串为 0001101100011000,总码长为 16 位,接收方按两位一组进行分割,便可译码。

在传送电文时,总希望总码长尽可能短。如果对每个字符设计长度不等的编码,且让电文中出现次数多的字符采用尽可能短的编码,则传送电文的总码长度便可缩短。上例中 A、B、C 出现的次数较多,我们可再设计一套编码方案,即令 A、B、C、D 的编码分别为 0、1、01、11,此时电文 ABCDABCA 的二进制代码串为 01011101010,总码长为 11 位,显然是缩短了。但是,接收到这样的信息时,却无法译码,因为无法进行分割,如代码串中的 01 不知道代表 AB 还是 C。因此,要设计长度不等的编码,必须使任意一个字符的编码不是另一个字符编码的前缀,这种编码称为前缀编码。电话号码就是前缀编码,如 120 是急救电话,其他号码就不能用这个号码作为前缀了。

利用哈夫曼编码,不仅能构造出前缀编码,而且还能使电文编码的总长度最短。方法如下:

设需要编码的字符集合为 { a_1, a_2, …, a_n },假设它们在电文中出现的频率的集合为 { w_1, w_2, …, w_n },以 a_1, a_2, …, a_n 作为叶子结点,w_1, w_2, …, w_n 作为叶子结点的权值,构造一棵哈夫曼树。

我们可以规定,哈夫曼树的左分支代码为 0,右分支代码为 1,则从根结点到每个叶子结点所经历的路径由 0 和 1 组成,也就是对应叶子结点字符的编码。

例如:在电文 ABCDABCA 中,A、B、C、D 四个字符出现的次数分别为 3、2、2、1,我们可以构造一棵以 A、B、C、D 为叶子结点,其权值分别为 3、2、2、1 的哈夫曼树。如图 6-38 所示,可得到 A、B、C、D 的编码为 1、000、01、001,因此电文 ABCDABCA 的二进制代码串为 1000010011000011。

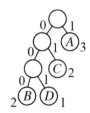

图 6-38　哈夫曼树与编码

◆　　子任务 3　　哈夫曼编码算法实现

我们设置一个结构数组 HuffNode 保存哈夫曼树中各结点的信息。根据二叉树的性质可知,具有 n 个叶子结点的哈夫曼树共有 $2n-1$ 个结点,所以数组 HuffNode 的大小设置为

2n−1。HuffNode 结构中有 weight、lchild、rchild 和 parent 域。其中，weight 域保存结点的权值，lchild 和 rchild 分别保存该结点的左、右孩子的结点在数组 HuffNode 中的序号，从而建立起结点之间的关系。为了判定一个结点是否已加入要建立的哈夫曼树，可通过 parent 域的值来确定。初始时 parent 的值为 −1。当结点加入树中时，该结点 parent 的值为其父结点在数组 HuffNode 中的序号，而不会是 −1 了。

求叶子结点的编码：

该过程实质上就是在已建立的哈夫曼树中，从叶子结点开始，沿结点的双亲链域回退到根结点，每回退一步，就走过了哈夫曼树的一个分支，从而得到一位哈夫曼码值。由于一个字符的哈夫曼编码是从根结点到相应叶子结点所经过的路径上各分支所组成的 0、1 序列，因此先得到的分支代码为所求编码的低位码，后得到的分支代码为所求编码的高位码。我们可以设置一个结构数组 HuffCode 来存放各字符的哈夫曼编码信息，数组元素的结构中有两个域：bit 和 start。其中，域 bit 为一维数组，用来保存字符的哈夫曼编码，start 表示该编码在数组 bit 中的开始位置。所以，对于第 i 个字符，它的哈夫曼编码存放在 HuffCode[i].bit 中的从 HuffCode[i].start 到 n 的 bit 位中。

任务实现

```c
#include <stdio.h>
#define MAXBIT      100
#define MAXVALUE  10000
#define MAXLEAF      30
#define MAXNODE    MAXLEAF*2 -1
typedef struct{
    int bit[MAXBIT];
    int start;
} HCodeType;          // 编码结构体
typedef struct{
    int weight;
    int parent;
    int lchild;
    int rchild;
} HNodeType;          // 结点结构体
// 构造一棵哈夫曼树
void HuffmanTree(HNodeType HuffNode[MAXNODE],int n)
{
    int i, j, m1, m2, x1, x2;
    // 初始化存放哈夫曼树数组 HuffNode[] 中的结点
    for(i=0; i<2*n-1; i++)
    {
```

```
    HuffNode[i].weight = 0;

    HuffNode[i].parent =-1;

    HuffNode[i].lchild =-1;

    HuffNode[i].lchild =-1;

} // end for


// 输入 n 个叶子结点的权值

for(i=0; i<n; i++)

{

    printf("Please input weight of leaf node %d:", i+1);

    scanf("%d", &HuffNode[i].weight);

}

// 循环构造哈夫曼树

for(i=0; i<n-1; i++)

{

    m1=m2=MAXVALUE;// m1、m2 中存放无父结点且结点权值最小的两个结点

    x1=x2=0;

    // 找出所有结点中权值最小、无父结点的两个结点，并合并为一棵二叉树

    for(j=0; j<n+i; j++)

    {

        if(HuffNode[j].weight < m1 && HuffNode[j].parent==-1)

        {

            m2=m1;

            x2=x1;

            m1=HuffNode[j].weight;

            x1=j;

        }

        else if(HuffNode[j].weight < m2 && HuffNode[j].parent==-1)

        {

            m2=HuffNode[j].weight;

            x2=j;

        }

    }

    // 设置找到的两个子结点 x1、x2 的父结点信息

    HuffNode[x1].parent  = n+i;

    HuffNode[x2].parent  = n+i;

    HuffNode[n+i].weight = HuffNode[x1].weight + HuffNode[x2].weight;

    HuffNode[n+i].lchild = x1;

    HuffNode[n+i].rchild = x2;

}
```

```
}

main(void)
{
    HNodeType HuffNode[MAXNODE];// 定义一个结点结构体数组
    HCodeType HuffCode[MAXLEAF], cd;
     // 定义一个编码结构体数组，同时定义一个临时变量来存放求解编码时的信息
    int i, j, c, p, n;
    printf("Please input n:\n");
    scanf("%d", &n);
    HuffmanTree(HuffNode, n);
    for(i=0; i<n; i++)
    {
        cd.start = n-1;
        c = i;
        p = HuffNode[c].parent;
        while(p != -1)    // 父结点存在
        {
            if(HuffNode[p].lchild == c)
                cd.bit[cd.start] = 0;
            else
                cd.bit[cd.start] = 1;
            cd.start--;            // 求编码的低一位
            c=p;
            p=HuffNode[c].parent;      // 设置下一循环条件
        }


        // 保存求出的每个叶子结点的哈夫曼编码和编码的起始位
        for(j=cd.start+1; j<n; j++)
        { HuffCode[i].bit[j] = cd.bit[j];}
        HuffCode[i].start = cd.start;
    }


    // 输出已保存好的所有存在的哈夫曼编码
    for(i=0; i<n; i++)
    {
        printf("%d 's Huffman code is: ", i+1);
        for(j=HuffCode[i].start+1; j<n; j++)
        {
            printf("%d", HuffCode[i].bit[j]);
```

```
    }
    printf("\n");
  }
}
```

程序运行结果如图 6-39 所示。

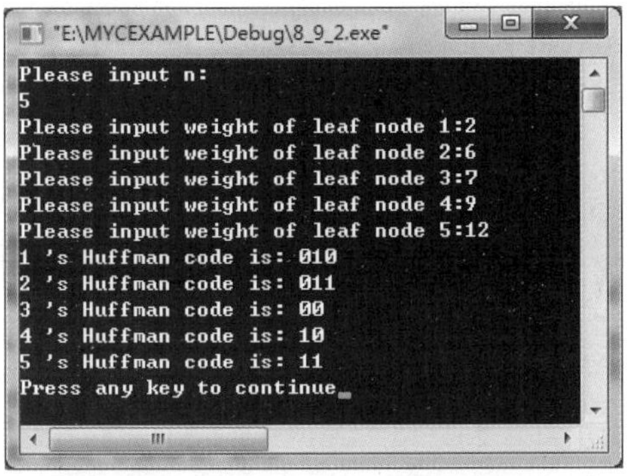

图 6-39　哈夫曼编码算法实现结果

 项目小结

　　本项目是本书的重点项目之一，主要介绍了树和二叉树的概念、二叉树的性质、二叉树的存储结构、二叉树的遍历算法、二叉排序树及平衡二叉树、树的存储结构、树与森林和二叉树的相互转换、树及森林的遍历以及哈夫曼树及其应用等知识。

　　要求重点掌握二叉树的性质、二叉树的存储结构，熟练运用二叉树的遍历算法，掌握二叉排序树及平衡二叉树的平衡过程；掌握二叉树与树和森林的相互转换，以及存储树的双亲表示法、孩子链表示法及孩子兄弟链表示法等。

习题演练

　　一、选择题

　　1. 有关二叉树的下列说法正确的是（　　　）。

　　A. 二叉树的度为 2　　　　　　　　　　　　B. 一棵二叉树的度可以小于 2

　　C. 二叉树中至少有一个结点的度为 2　　　　D. 二叉树中任何一个结点的度都为 2

　　2. 二叉树的第 i 层上最多含有的结点数为（　　　）。

　　A. 2^i　　　　　　　　　　　　　　　　　　B. $2^{i-1}-1$

　　C. 2^{i-1}　　　　　　　　　　　　　　　　D. 2^i-1

　　3. 具有 10 个叶子结点的二叉树中有（　　　）个度为 2 的结点。

A. 8　　　　　　　　　　　　　　　　　　　　B. 9

C. 10　　　　　　　　　　　　　　　　　　　D. 11

4. 设树 T 的度为 4，其中度为 1、2、3 和 4 的结点个数分别为 4、2、1、1，则 T 中的叶子结点数为（　　）。

A. 5　　　　　　　　　　　　　　　　　　　　B. 6

C. 7　　　　　　　　　　　　　　　　　　　　D. 8

5. 一棵完全二叉树上有 1000 个结点，其中叶子结点为（　　）个。

A. 498　　　　　　　　　　　　　　　　　　　B. 499

C. 500　　　　　　　　　　　　　　　　　　　D. 501

6. 一棵具有 1025 个结点的二叉树的高度为（　　）。

A. 11　　　　　　　　　　　　　　　　　　　　B. 10

C. [11，1025]　　　　　　　　　　　　　　　　D. [10，102]

7. 一棵具有 n 个结点的完全二叉树的高度（深度）是（　　）。

A. （$\log_2 n$）+1　　　　　　　　　　　　　　B. $\log_2 n - 1$

C. $\log_2 n$　　　　　　　　　　　　　　　　　D. 不确定

8. 在一棵高度为 k 的满二叉树中，结点总数为（　　）。

A. 2^{k-1}　　　　　　　　　　　　　　　　　　B. 2^k

C. $2^k - 1$　　　　　　　　　　　　　　　　　　D. （$\log_2 k$）+1

9. 一棵高度为 k 的二叉树结点数最多为（　　）。

A. 2^k　　　　　　　　　　　　　　　　　　　　B. 2^{k-1}

C. $2^k - 1$　　　　　　　　　　　　　　　　　　D. $2^{k-1} - 1$

10. 已知一棵二叉树的先序遍历序列是 ABDCEFG，中序遍历序列是 BDACFEG，则该二叉树的后序遍历序列是（　　）。

A. BDAFEGC　　　　　　　　　　　　　　　　B. DBAFEGC

C. DBFGECA　　　　　　　　　　　　　　　　D. BDCEFGA

11. 已知一棵二叉树的中序遍历序列是 DHEBAFGC，后序遍历序列是 DHEBGFCA，则该二叉树的先序遍历序列是（　　）。

A. ABCDEFHG　　　　　　　　　　　　　　　B. ABDEHCFG

C. DBEHACFG　　　　　　　　　　　　　　　D. DHEBAGFC

12. 有 n 个叶子结点的哈夫曼树的结点数是（　　）。

A. $2n$　　　　　　　　　　　　　　　　　　　　B. $2n+1$

C. $2n-1$　　　　　　　　　　　　　　　　　　D. 不确定

13. 下列存储形式中，不是树的存储形式的是（　　）。

A. 双亲表示法　　　　　　　　　　　　　　　　B. 孩子链表表示法

C. 孩子兄弟链表表示法　　　　　　　　　　　　D. 顺序存储

14. 树最适合用（　　）来表示。

A. 有序数据元素　　　　　　　　　　　　　　　B. 无序数据元素

C. 元素之间无联系数据　　　　　　　　　　　　D. 元素之间有分支的层次关系

15. 已知一棵二叉树的中序遍历序列是 *DHEBAFGC*，后序遍历序列是 *DHEBGFCA*，则该二叉树的右子树的根结点是（　　）。

A. *C*   B. *B*

C. *E*   D. *F*

二、填空题

1. 深度为 *H* 的完全二叉树至少有 _____ 个结点，至多有 _____ 个结点；*H* 和结点总数 *N* 之间的关系是 _____。

2. 一棵有 *n* 个结点的满二叉树有 _____ 个度为 1 的结点，有 _____ 个分支（非终端）结点和 _____ 个叶子结点，该满二叉树的深度为 _____。

3. 在一棵二叉树中，若度为 0 的结点的个数为 N_0，度为 2 的结点的个数为 N_2，则有 $N_0=$_____。

4. 某二叉树有 20 个叶子结点，有 30 个结点仅有一个孩子，则该二叉树的总结点数为 _____。

5. 先序遍历树正好等同于 _____ 遍历对应的二叉树；后序遍历树正好等同于 _____ 遍历对应的二叉树。

6. 有数据 WG={2，3，5，4，7，14，15，12}，则用该数据构建的哈夫曼树的树高是 _____，带权路径长度为 _____。

7. 一棵有 *N* 个结点的二叉树，若采用二叉链表存储，共有 _____ 指针域，用掉 _____ 指针域，空余 _____ 指针域。

三、算法设计题

1. 若二叉树采用二叉链表进行存储，编写一个算法，计算整个二叉树的高度。

2. 若一棵二叉树以二叉链表进行存储，编写一个算法，将二叉树中所有结点的左右子树相互交换。

3. 编写一个算法，求指定结点在二叉排序树中所在层次数。

4. 编写一个算法，求给定二叉排序树中值最大的结点。

5. 设二叉排序树采用二叉链表结构存储，设计一个算法，从大到小输出该二叉排序树中所有关键字不小于 *X* 的数据元素。

项目 7

图

知识目标

（1）掌握图的基本术语及含义，理解图的逻辑结构和两种存储结构

（2）掌握图的深度优先和广度优先搜索算法，执行过程及时间分析

（3）掌握图的生成树及最小生成树的概念，理解普里姆算法和克鲁斯卡尔算法的基本思想和时间性能

（4）领会最短路径的含义，掌握单源最短路径 Dijkstra 算法的基本思想

（5）理解拓扑排序的基本思想和步骤

技能目标

（1）能利用图的搜索算法，对给定的图进行遍历，能利用图的两种遍历设计算法解决简单的应用问题

（2）能利用普里姆算法和克鲁斯卡尔算法的基本思想，对给定的图能构造最小生成树

（3）能根据单源最短路径 Dijkstra 算法的基本思想，对于给定的图，画出求单源最短路径的过程示意图

（4）能根据拓扑排序的思想和步骤，对给定的有向图，在拓扑序列存在的情况下，写出一个或多个拓扑序列

素质目标

（1）能进行团队协作，开展算法效率分析

（2）具有不怕吃苦的精神

（3）具有一定的研究和创新精神

项目思维导图

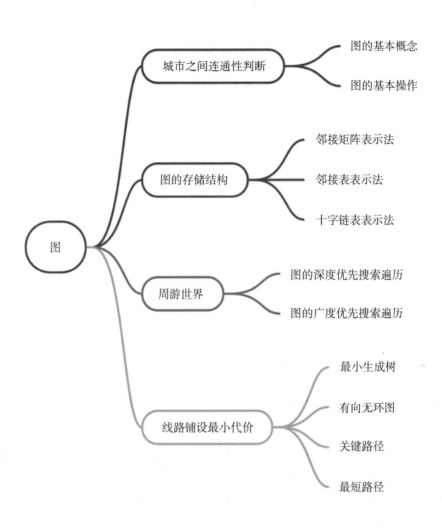

- 图
  - 城市之间连通性判断
    - 图的基本概念
    - 图的基本操作
  - 图的存储结构
    - 邻接矩阵表示法
    - 邻接表表示法
    - 十字链表表示法
  - 周游世界
    - 图的深度优先搜索遍历
    - 图的广度优先搜索遍历
  - 线路铺设最小代价
    - 最小生成树
    - 有向无环图
    - 关键路径
    - 最短路径

项目 7 课件

项目 7 源代码

数据结构项目教程

任务 1　城市之间连通性判断

任务简介

在中国有若干个城市，城市之间有的有高速公路相连接，而有的目前则没有高速公路连接。假设用图 7-1 中的一个字母符号代表一个城市，设计一个算法，输出相连接的城市的符号。

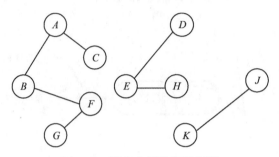

图 7-1　城市之间连通性判断

任务目标

掌握图的定义以及无向图、有向图、完全图、子图、路径、简单路径、回路和简单回路、连通图和强连通图、连通分量和强连通分量、邻接点和相关边、度、入度、出度、权和网等基本概念；掌握图的基本操作知识。

任务分析

图 7-1 可以看作是一个无向图 G，用邻接表存储，可运用图的深度优先遍历算法 DFS（）。对无向图 G 来说，选择某个顶点 v，执行算法 DFS(G, v) 时，可以访问到 v 所在连通分量的所有顶点，所以，遍历整个图而选择初始出发的个数即为图的连通分量的个数。若连通分量个数为 1，图是连通的；否则，图是非连通的。

利用连通图的深度优先遍历算法判断一个无向图的连通性。算法步骤如下：

（1）附设一个计数变量 count 并初始化为 0，用来统计调用 DFS（）的次数。

（2）使用算法：

```
for(i=1;i<=G.vexnum;i++)
if(顶点 vᵢ 未曾被访问过) {DFS(G,i);count++}
```

（3）若 count 的值为 1，图 G 是连通的；否则，图是非连通的，输出非连通分量。

思政小课堂

世界很大，但你我命运与共

图在目前人工智能领域中应用较为广泛，有专门的图论书籍。图是连接很多点所形成的，点与点之间可以相通，也可以不通，即可以有路径连通，也可以没有。现在的世界，国家与国家之间就像图中的连接一样，任何一个国家都不能独善其身。2013 年 3 月 23 日，习近平在莫斯科国际关系学院发表演讲，首次提出人类命运共同体理念。他指出："这个世界，各国相互联系、相互依存的程度空前加深，人类生活在同一个地球村里，生活在历史和现实交汇的同一个时空里，越来越成为你中有我、我中有你的命运共同体。"国家与国家是如此，人与人之间更是如此。当代大学生更应当互帮互助、共同成长，为自己和他人的成长、成才努力。

知识储备

图 (graph) 是一种典型的非线性结构，比线性结构与树形结构更复杂。在线性表中，数据元素满足唯一的线性关系，每个元素 (除第一个和最后一个元素) 有且仅有一个直接前驱和直接后继；在树形结构中，数据元素有明显的层次关系，即每个元素（除根结点）只有一个直接前驱，但可以有多个直接后继；在图形结构中，数据元素之间的关系是任意的，每个元素既可有多个直接前驱，也可有多个直接后继。

图的最早运用可追溯到 18 世纪，伟大的数学家欧拉 (Euler) 利用图解决了著名的哥尼斯堡桥问题。这一创举为图在现代科学技术领域中的应用奠定了基础。图的应用十分广泛。已经渗透到诸如电子线路分析、系统工程、人工智能和计算机学科领域。

◆ 子任务 1 图的基本概念

1. 图的定义

图是一种数据结构，图中数据元素通常用顶点表示，而数据元素之间的关系用边来表示，故图可以定义为：

图 G 由两个集合 $V(G)$ 和 $E(G)$ 所组成，记作 $G=(V,E)$，其中 $V(G)$ 是图的顶点的非空集合，$E(G)$ 是 $V(G)$ 中顶点的偶对（称为边）的有限集合。

根据上述定义可知，顶点集 $V(G)$ 不可为空，边集 $E(G)$ 可以为空集。若 $E(G)$ 为空集，则图 G 只有顶点而没有边，称为零图。

图可分为无向图和有向图，如图 7-2 所示。

图的基本概念

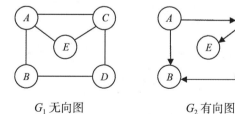

G_1 无向图 G_2 有向图

图 7-2 无向图和有向图

在图 7-2 中，图 G_1 可以描述为：

$$G_1=(V,E)$$

$$V(G_1)=\{A,B,C,D,E\}$$

$$E(G_1)=\{(A,B),(A,C),(A,E),(C,E),(B,D),(C,D)\}$$

在图 7-2 中图 G_2 可以描述为：

$$G_2=(V,\ E)$$

$$V(G_2)=\{A,\ B,\ C,\ D,\ E\}$$

$$E(G_2)=\{(A,\ B),\ (A,\ C),\ (C,\ E),\ (B,\ D),\ (C,\ D)\}$$

1）无向图 (undigraph)

如果图的每条边都是顶点的无序对，即每条边在图示时都没有箭头，则称此图为无向图。无向图中的边称为无向边。无向边用圆括号括起的两个相关顶点表示。在无向图中，（A，B）和（B，A）表示同一条边。图 7-2 中的 G_1 就是一个无向图。

2）有向图 (digraph)

如果图中每条边都是顶点的有序对，即每条边在图示时都用箭头表示方向，则称此图为有向图。有向图的边也称为弧，弧用尖括号括起来的两个相关顶点来表示，如 $<A, B>$ 即是图 7-2 中 G_2 的一条弧，其中 A 称为弧尾，B 称为弧头。注意：$<A, B>$ 和 $<B, A>$ 表示的是两条不同的弧。图 7-2 中 G_2 是一个有向图。

2. 完全图 (completed graph)

由于图分为无向图和有向图，因此完全图也分为无向完全图和有向完全图。

无向完全图（completed undigraph）：若一个无向图有 n 个顶点，且每一个顶点与其他 $n-1$ 个顶点之间都有边，这样的图称为无向完全图，如图 7-3 中的 G_3 所示。

对于一个有 n 个顶点的无向完全图，它共有 $n(n-1)/2$ 条边。

有向完全图（completed digraph）：若一个有向图有 n 个顶点，且每一个顶点与其他 $n-1$ 个顶点之间都有一条以该顶点为弧尾的弧（或者说每个顶点与其他 $n-1$ 个顶点之间都有一条以该顶点为弧头的弧），这样的图称为有向完全图，如图 7-3 中的 G_4 所示。

对于一个具有 n 个顶点的有向完全图，它共有 $n(n-1)$ 条弧。

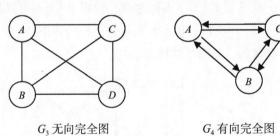

　　　G_3 无向完全图　　　　　　　　G_4 有向完全图

图 7-3　完全图

3. 子图 (subgraph)

设有两个图 G_1 和 G_2 且满足条件：$V(G_2)$ 是 $V(G_1)$ 的子集，$E(G_2)$ 是 $E(G_1)$ 的子集，则称图 G_2 是图 G_1 的子图。在图 7-4 中 G_{1-1} 和 G_{1-2} 都是 G_1 的子图，G_{2-1} 和 G_{2-2} 是图 G_2 的子图。

4. 路径和简单路径

在无向图 G 中，从顶点 V_p 到 V_q 的一条路径是顶点序列（V_p，V_{i1}，V_{i2}，…，V_m，V_q）

且（V_p，V_{i1}），（V_{i1}，V_{i2}），…，（V_m，V_q）是 E（G）的边。路径上边的数目为路径的长度。例如，图 7-2 的 G_1 中（A，B，D，C）是无向图的一条路径，其路径长度为 3。但（A，C，B，D）则不是 G_1 的一条路径，因为（C，B）不是图 G_1 的一条边。

对于有向图，其路径也是有方向的。路径由弧组成，例如图 7-2 的 G_2 图中，（A，C，E）是有向图的一条路径，其路径长度为 2；而（A，B，D）则不是图的一条路径，因为 <B，D> 不是图的一条弧。

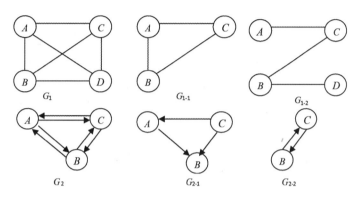

图 7-4　子图

如果一条路径上所有顶点（起始点和终止点除外）彼此都不相同，则该路径是简单路径。

对于图 7-2 中的无向图 G_1，（A，B，D，C）或（A，B，D，C，A）都是简单路径，而（A，B，D，C，E，A，C）则不是一条简单路径。对于图 7-4 中的 G_2 有向图，（A，C，B）或（A，C，B，A）也是简单路径。

5. 回路和简单回路

在一条路径中，如果起始点和终止点是同一顶点，则称其为回路(cycle)，简单路径相应的回路称为简单回路。

图 7-2 中 G_1 无向图的路径（A，B，D，C，A）就是回路，并且是简单回路。而（A，B，D，C，A，C，A）则不是简单回路。

6. 连通图和强连通图

在无向图 G 中，若从 V_i 到 V_j 有路径，则称 V_i 和 V_j 是连通的。若 G 中任意两顶点都是连通的，则称 G 是连通图。对于有向图 G 而言，若其中每一对不同顶点 V_i 和 V_j 之间有从 V_i 到 V_j 和从 V_j 到 V_i 的路径，则称 G 为强连通图。例如，图 7-5（a）是连通图，图 7-5（b）是强连通图，图 7-5（c）则不是连通图。

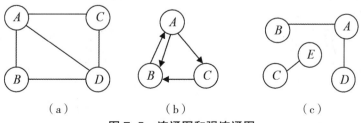

（a）　　　　　　（b）　　　　　　（c）

图 7-5　连通图和强连通图

7. 连通分量和强连通分量

连通分量是指无向图 G 的极大连通子图。图 7-5（c）有两个连通分量。

强连通分量指的是有向图 G 的极大强连通子图。图 7-6（a）有三个强连通分量，如图 7-6（b）所示。

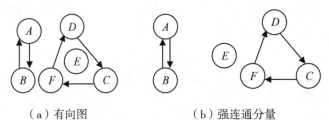

（a）有向图   （b）强连通分量

图 7-6   强连通分量

8. 邻接点和相关边

对于无向图 $G=(V, E)$，若 (V_i, V_j) 是 $E(G)$ 中的一条边，则称顶点 V_i 和 V_j 互为邻接点，即 V_i 和 V_j 相邻接，而边 (V_i, V_j) 则是与顶点 V_i 和 V_j 相关联的边，或称边 (V_i, V_j) 依附于顶点 V_i 和 V_j。

在图 7-5（a）中 A 顶点和 B 顶点互为邻接点。边 (A, B) 是与顶点 A 和 B 相关联的边，或称边 (A, B) 依附于顶点 A 和 B。

对于有向图 $G=(V, E)$，若 $<V_i, V_j>$ 是 $E(G)$ 中的一条边，则称顶点 V_i 邻接到顶点 V_j，顶点 V_j 邻接于顶点 V_i，而边 $<V_i, V_j>$ 则是与顶点 V_i 和 V_j 相关联的边，或称边 $<V_i, V_j>$ 依附于顶点 V_i 和 V_j。

在图 7-6（a）中，边 $<A, B>$ 是与顶点 A 和 B 相关联的边，顶点 B 邻接于顶点 A，顶点 A 邻接到顶点 B。

9. 度、入度和出度

所谓顶点的度(degree)，就是指和该顶点相关联的边数。图 7-5(a)中，顶点 A 的度为 3。

在有向图中，以某顶点为弧头，即终止于该顶点的弧的数目称为该顶点的入度 (indegree)。以某顶点为弧尾，即起始于该顶点的弧的数目称为该顶点的出度（outdegree）。某顶点的入度和出度之和称为该顶点的度。图 7-5（b）中，B 顶点的度为 3，其中入度为 2，出度为 1。

10. 权和网

在一个图中，每条边上都可以标上具有某种含义的数值。该数值称为该边的权。边上带有权值的图称为带权图，也称为网。图 7-7(a)为有向带权图，图 7-7(b)为无向带权图。

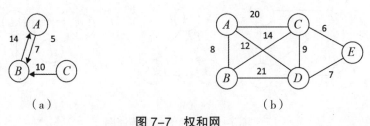

（a）   （b）

图 7-7   权和网

◆ 子任务 2 图的基本操作

图的基本操作主要有：

（1）CreateGraph（&G）：图的创建，即创建一个图。

（2）DestroyGraph（&G）：销毁图。

（3）LocateVertex（G，v）：根据顶点值定位。如果图 G 中存在顶点 v 则返回顶点 v 在图 G 中的位置。如果图 G 中没有顶点 v，则返回值为空。

（4）FirstAdjVertex（G，v）：返回 v 的第一个邻接顶点。

（5）NextAdjVertex（G，v）：返回 v 的下一个邻接顶点。

（6）InsertVertex（&G，v）：插入顶点。

（7）DeleteVertex（&G，v）：删除顶点。

（8）InsertAcr（&G，v，w）：插入弧。

（9）DeleteAcr（&G，v，w）：删除弧。

（10）DFSTraverseGraph（G）：图的深度优先遍历，即从某个顶点出发，按照深度优先次序，对图 G 的每个顶点访问一次且仅访问一次。

（11）DFSTraverseGraph（G）：图的广度优先遍历，即从某个顶点出发，按照广度优先次序，对图 G 的每个顶点访问一次且仅访问一次。

任务实现

```
#include "stdio.h"
#include "stdlib.h"
#define MAX_VERTEX_NUM 50      // 最大顶点个数
typedef int VertexType;
typedef struct ArcNode{
        int adjvex;// 邻接点的位置
        int weight;// 权值域，存储边的权值，为网的建立做准备
        struct ArcNode *nextarc;// 指向下一邻接点
}ArcNode,*ArcPtr;
typedef struct{
        VertexType vexdata;        // 顶点信息
        int id; // 存储该顶点的入度，为拓扑排序做准备
        ArcPtr firstarc;// 指向第一邻接顶点
}VNode;
typedef struct{
   VNode vertices[MAX_VERTEX_NUM];
   int vexnum,arcnum;// 图的当前顶点数和弧数
}ALGraph;
void Creat_AG(ALGraph *AG){
// 输入顶点和边的信息，建立图的邻接表
```

```
    ArcPtr p;
    int i,j,k;
    printf("\n 输入城市数：");
    scanf("%d",&AG->vexnum);
    printf(" 输入城市之间连接高速公路条数：");
    scanf("%d",&AG->arcnum); getchar();
    printf(" 输入 %d 个城市名称用个字母代替：",AG->vexnum);
    for(i=1;i<=AG->vexnum;++i){
        scanf("%c",&AG->vertices[i].vexdata); getchar();
        AG->vertices[i].firstarc=NULL;
    }
    for(k=1;k<=AG->arcnum;k++){   // 输入边信息，建立邻接表
        printf(" 输入第 %d 条高速公路连接的城市 i(int) j(int)：",k);
        scanf("%d%d",&i,&j);
        // 在第 i 个链表上插入序号为 j 的表结点
        p=(ArcPtr)malloc(sizeof(ArcNode));
        p->adjvex=j;
        p->nextarc=AG->vertices[i].firstarc;
        AG->vertices[i].firstarc=p;
        // 在第 j 个链表上插入序号为 i 的表结点
        p=(ArcPtr)malloc(sizeof(ArcNode));
        p->adjvex=i;
        p->nextarc=AG->vertices[j].firstarc;
        AG->vertices[j].firstarc=p;
    }
}
int visited[MAX_VERTEX_NUM];
void DFS(ALGraph G,int i){
    int j;
    ArcPtr p;
    visited[i]=1;
    printf("%3c",G.vertices[i].vexdata);
    for(p=G.vertices[i].firstarc;p;p=p->nextarc){
        j=p->adjvex;
        if(!visited[j])  DFS(G,j);
    }
}
void Is_connected(ALGraph G){
    int i;
```

```
    int count=0;
    for(i=1;i<=G.vexnum;i++)  visited[i]=0;   // 标识数组置 0
    for(i=1;i<=G.vexnum;i++)
        if(!visited[i]){
            printf("\n");
            DFS(G,i);   // 从顶点 vi 出发深度优先遍历 vi 所在的连通分量
            count++;
        }
        if(count==1)    // 如果图 G 只有一个连通分量，则 G 为连通图
            printf("\nG 为连通图！");
        else            // 如果图 G 连通分量个数多于一个，则 G 为非连通图
            printf("\nG 为非连通图！");
}
main()
{
    ALGraph AG;
    Creat_AG(&AG);
     printf(" 城市之间有高速公路连接城市是: ");
    Is_connected(AG);
    getchar();
}
```

程序运行结果如图 7-8 所示。

图 7-8　城市连通程序运行结果

任务 2　图的存储结构

任务简介

　　图的存储方式主要有三种，即邻接矩阵表示法、邻接表表示法和十字链表表示法。在实际应用中，要根据数据的性质及在这些数据上的操作来选择合适的存储结构。

任务目标

　　掌握图的邻接矩阵表示法，会写其存储结构表示；掌握邻接表表示法，会写其存储结构表示；掌握十字链表表示法，会写其存储结构表示。初步学会运用图的三种存储结构解决实际问题。

任务分析

　　邻接矩阵表示法通常是用一个二维数组来进行表示，有边相连用 1 表示，无边相连用 0 表示。邻接表是图的一种顺序和链式分配相结合的存储结构，它包括两部分：一部分是向量，另一部分是链表。十字链表是有向图的一种链式存储结构，它是将有向图的邻接表与逆邻接表结合起来得到的一种链表。

思政小课堂

与人相处懂得换位思考

　　图是一种较复杂的数据结构，其存储结构一般情况下可以用邻接矩阵、邻接表、十字链表等表示，每种存储结构在计算机中都比较复杂，采用不同的存储方式，其算法的运行效率是不一样的。在我们的生活中，每个人都有自己的生活方式和做事的方式。在生活、工作和学习过程中，我们需要理解别人，不要以自己的行为方式去评价别人，要懂得换位思考，站在别人的角度去思考和解决问题，这也是我们行为处世的一种方式。因为真诚与理解在人与人交往中十分珍贵。马克思曾说过，我们每个人都是平等的，只有用爱来交换爱，用信任来交换信任。古人说，责人之心责己，恕己之心恕人，就是指与人相处要懂得换位思考。

知识储备

◆　子任务 1　邻接矩阵表示法

　　邻接矩阵是表示顶点之间相邻关系的矩阵，可以用一个二维数组来表示。设 $G=(V, E)$ 是具有 n 个顶点的图，顶点序号依次为 0，1，2，…，$n-1$，则 G 的邻接矩阵是具有如下定义的 n 阶方阵：

图的邻接
矩阵表示法

$$A[i][j]=\begin{cases} 1 & \text{对于无向图}, (V_i, V_j)\in E(G); \text{对于有向图}, <V_i, V_j>\in E(G) \\ 0 & \text{其他} \end{cases}$$

　　例如，图 7-9 所示的图 G_1 和图 G_2 的邻接矩阵分别表示为矩阵 A_1 和 A_2。

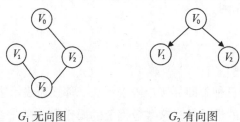

G_1 无向图　　　　　　　G_2 有向图

图 7-9　图

$$A_1 = \begin{bmatrix} 0 & 1 & 1 & 0 \\ 1 & 0 & 0 & 1 \\ 1 & 0 & 0 & 1 \\ 0 & 1 & 1 & 0 \end{bmatrix} \qquad A_2 = \begin{bmatrix} 0 & 1 & 1 \\ 0 & 0 & 0 \\ 0 & 1 & 0 \end{bmatrix}$$

带权图（网）的邻接矩阵可以定义为：

$$A[i][j] = \begin{cases} w_i & \text{对于无向图},(V_i,V_j) \in E(G);\text{对于有向图}, <V_i,V_j> \in E(G); w_i \text{为权} \\ \infty & \text{其他} \end{cases}$$

图 7-10 给出了有向带权图及其邻接矩阵 A_3 的表示。

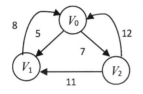

$$A_3 = \begin{bmatrix} \infty & 5 & 7 \\ 8 & \infty & \infty \\ 12 & 11 & \infty \end{bmatrix}$$

图 7-10　有向带权图及其邻接矩阵

无向带权图及其邻接矩阵 A_4 的表示如图 7-11 所示。

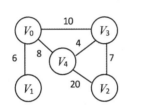

$$A_4 = \begin{bmatrix} \infty & 6 & \infty & 10 & 8 \\ 6 & \infty & \infty & \infty & \infty \\ \infty & \infty & \infty & 7 & 20 \\ 10 & \infty & 7 & \infty & 4 \\ 8 & \infty & 20 & 4 & \infty \end{bmatrix}$$

图 7-11　无向带权图及其邻接矩阵

在图的邻接矩阵中，无向图的邻接矩阵是对称的，而有向图的邻接矩阵不一定对称。另外，从邻接矩阵很容易判定任意两个顶点之间是否有边存在，并易于求得各顶点的度。

对于无向图，顶点 V_i 的度是邻接矩阵中第 i 行（或第 i 列）的非零元素个数。

对于有向图，顶点 V_i 的度是邻接矩阵中第 i 行和第 i 列的非零元素个数之和。顶点 V_i 的出度是邻接矩阵中第 i 行的非零元素个数；顶点 V_i 的入度是第 i 列中非零元素个数。

用邻接矩阵表示图，除了要存储用于表示顶点间相邻关系的邻接矩阵外，通常还要用一个一维数组来存储顶点的信息，其中下标为 i 的元素存储顶点 V_i 的信息。其形式描述如下：

```
#define Max_Vertex_Num  50   // 最大顶点数
typedef struct
{
    char vexs[Max_Vertex_Num];   // 顶点信息用字符表示
    int arcs[Max_Vertex_Num][Max_Vertex_Num]; // 邻接矩阵
    int vexnum,arcnum;   // 图的顶点数和边数
}MGraph;
```

建立无向图的邻接矩阵的算法（见算法 7-1）描述如下：

（1）输入图的顶点数、边数。

（2）输入顶点的字符信息，建立顶点数组。

（3）初始化邻接矩阵。

（4）输入边的信息，建立图的邻接矩阵。注意：无权图只需要输入边的两个顶点符号，而有权图还要输入边的权值 w。

算法 7-1　建立无向图邻接矩阵

```c
#include "stdio.h"
#include "string.h"
#define Max_Vertex_Num  50   // 最大顶点数
typedef struct
{
    char vexs[Max_Vertex_Num];   // 顶点信息用字符表示
    int arcs[Max_Vertex_Num][Max_Vertex_Num]; // 邻接矩阵
    int vexnum,arcnum;   // 图的顶点数和边数
}MGraph;
void Create_MG(MGraph *MG)
{
    int i,j,k;
    int v1,v2;
    printf(" 输入顶点数 :");
    scanf("%d",&MG->vexnum);
    printf(" 输入边数 :");
    scanf("%d",&MG->arcnum);
    // 输入顶点信息，建立顶点数组
    for(i=1;i<=MG->vexnum;i++)
    {
        printf(" 输入第 %d 个顶点字符 :",i);
        scanf("%c",&MG->vexs[i]);
        getchar();
    }
    // 初始化邻接矩阵
    for(i=1;i<=MG->vexnum;i++)
        for(j=1;j<=MG->vexnum;j++)
            MG->arcs[i][j]=0;
    // 输入边信息，建立邻接矩阵
    for(k=1;k<=MG->arcnum;k++)
    {
        printf(" 输入第 %d 条边 vi(int) vj(int):",k);
        scanf("%d%d",&v1,&v2);
        MG->arcs[v1][v2]=MG->arcs[v2][v1]=1;
    }
```

```
        // 输出邻接矩阵
        for(i=1;i<=MG->vexnum;i++)
        {
                for(j=1;j<=MG->vexnum;j++)
                {
                        printf("%3d",MG->arcs[i][j]);
                }
                printf("\n");
        }

}
main()
{
    MGraph MG;
    Create_MG(&MG);
}
```

程序运行结果如图 7-12 所示。

图 7-12　建立邻接矩阵程序运行结果

建立顶点数为 n、边数为 e 的无向图的邻接矩阵的算法的时间复杂度为 $O(n^2+n\times e)$，其中 $O(n^2)$ 的时间耗费在邻接矩阵的初始化操作上，$O(n\times e)$ 的时间耗费在邻接矩阵的建立操作上。若输入的顶点信息为顶点编号，则算法的时间复杂度为 $O(n^2+e)$，因为在一般情况下，$e<<n^2$，所以该算法时间复杂度为 $O(n^2)$。

◆ **子任务 2　邻接表表示法**

邻接表是图的一种顺序和链式分配相结合的存储结构。它包括两部分：一部分是向量；另一部分是链表。

在邻接表中，为图中每个顶点建立一个单链表，第 i 个单链表中的结点表示依附于顶点 V_i 的边（对有向图是以顶点 V_i 为尾的弧）。

图的邻接表
表示法

单链表中每个结点由两个域组成，即邻接点域（adjvex）和链域（nextarc），其结点结构如图 7-13 所示。

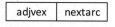

图 7-13　表结点结构

邻接点域（adjvex）指示了与 V_i 相邻接的顶点的序号，所以一个表结点实际代表了一条依附于 V_i 的边；链域（nextarc）指示了依附于 V_i 的另一条边的表结点。因此，第 i 个链表就表示了依附于 V_i 的所有的边。对有向图来讲，第 i 个链表就表示了从 V_i 出发的所有弧。

在每个链表前附设一个表头结点，在表头结点中设有指向链表中第一个结点的链域（firstarc）和第 i 个顶点信息的数据域（vexdata）。所有的头结点构成一个向量。头结点结构如图 7-14 所示。

vexdata | firstarc

图 7-14　头结点结构

图的邻接表存储结构描述如下：

```
#define Max_Vertex_Num  50  //最大顶点数
typedef struct ArcNode  //定义表结点
{
    int adjvex; //邻接点的位置
    struct ArcNode *next;
}ArcNode,*ArcPtr;
typedef struct VexNode  //定义头结点
{
    int data;
    ArcNode *firstarc;
}VexNode;
typedef struct    //定义表头向量
{
    VexNode adjlist[Max_Vertex_Num];
    int vexnum,arcnum; //顶点数和边数
}ALGraph;
```

图 7-9 中的图的邻接表表示如图 7-15 所示。

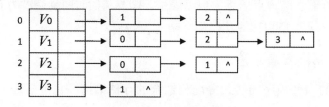

图 G_1 邻接表

图 7-15　邻接表表示

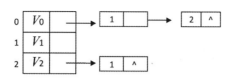

图 G_2 邻接表

续图 7-15

值得注意的是，一个图的邻接矩阵表示是唯一的，但其邻接表表示是不唯一的。这是因为采用邻接表表示法时，各个表结点的链接次序取决于建立邻接表的算法以及输入次序，也就是说，在邻接表的每个线性链表中，各结点的顺序是任意的。

在图的邻接表表示的存储结构中，边表结点并没有存储顺序的要求。某个顶点的度正好等于该顶点对应链表的个数。在有向图的邻接表存储结构中，某个顶点的出度等于该顶点对应链表的结点个数。在邻接表中，边表结点的邻接点域的值为 i 的个数就是顶点 V_i 的入度。因此，如果要求某个顶点的入度，则需要对整个邻接表进行遍历。有时为了方便求某个顶点的入度，需要建立一个有向图的逆邻接表，也就是为每个顶点 V_i 建立一个以 V_i 为弧头的链表。图 7-16（a）所示的图 G 的逆邻接表如图 7-16（b）所示。

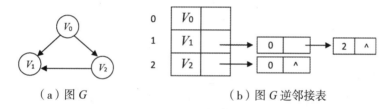

（a）图 G　　　　　　　　（b）图 G 逆邻接表

图 7-16　图的逆邻接表

建立无向图邻接表的算法（见算法 7-2）描述如下：

（1）输入图的顶点数、边数和图的种类。

（2）输入所有顶点的字符信息，并初始化所有链表的头指针为空指针 NULL。

（3）输入边的信息，生成边表结点，建立图的邻接表。注意：无权图只需要输入边的两个顶点序号 i 和 j，而有权图则还需要输入边的权值 w。

算法 7-2　建立无向图邻接表

```c
#include "stdio.h"
#include "stdlib.h"
#define Max_Vertex_Num  50  // 最大顶点数
typedef struct ArcNode{  // 定义表结点
    int adjvex; // 邻接点的位置
    struct ArcNode *next;
}ArcNode,*ArcPtr;
typedef struct VexNode{// 定义头结点
    int data;
    ArcNode *firstarc;
}VexNode;
```

```
typedef struct{ //定义表头向量
      VexNode adjlist[Max_Vertex_Num];
      int vexnum,arcnum; // 顶点数和边数
}ALGraph;
void Create_Ag(ALGraph *AG)
{
      ArcPtr p,q;
      int i,j,k;
      printf("输入顶点数:");
      scanf("%d",&AG->vexnum);
      printf("输入边数:");
      scanf("%d",&AG->arcnum);
      for(i=1;i<=AG->vexnum;i++)
      {
             printf("输入第%d个顶点序号(int):",i);
             scanf("%d",&AG->adjlist[i].data);
             getchar();
             AG->adjlist[i].firstarc=NULL;
      }
      for(k=1;k<=AG->arcnum;k++)
      {
             printf("请输入第 %d 条边 i(int) j(int):",k);
             scanf("%d%d",&i,&j);
             // 在第 i 个链表上插入序号为 j 的表结点
             p=(ArcPtr)malloc(sizeof(ArcNode));
             p->adjvex=j;
             p->next=AG->adjlist[i].firstarc;
             AG->adjlist[i].firstarc=p;
             q=(ArcPtr)malloc(sizeof(ArcNode));
             q->adjvex=i;
             q->next=AG->adjlist[j].firstarc;
             AG->adjlist[j].firstarc=q;
      }
      //输出邻接表
      printf("邻接表输出如下所示:\n");
      for(i=1;i<=AG->vexnum;i++)
      {
             printf("\t%d ==>",AG->adjlist[i].data);
             p=AG->adjlist[i].firstarc;
             while(p!=NULL)
```

```
                {
                        printf("--->%d",p->adjvex);
                        p=p->next;
                }
                printf("\n");
        }
}
main(){
        ALGraph AG;
        Create_Ag(&AG);
}
```

对图 7-9 中 G_1 图建立邻接表程序运行结果如图 7-17 所示。

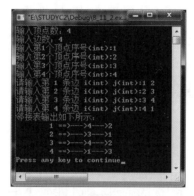

图 7-17　建立邻接表程序运行结果

◆　子任务 3　十字链表表示法

十字链表（orthogonal list）是有向图的一种链式存储结构。实际上，它是将有向图的邻接表与逆邻接表结合起来得到的一种链表。在十字链表中，同样有表头结点和弧尾结点。

十字链表的表头结点结构如图 7-18 所示。

十字链表表示法

图 7-18　表头结点结构

图 7-18 中 data 用于存储顶点的信息，firstin 指向第一条入弧，firstout 指向第一条出弧。

弧尾结点包含 5 个域，即尾域（tailvex）、头域（headvex）、info 域和两个指针域 hlink、tlink。其中尾域 tailvex 用于表示弧尾顶点在图中的位置，头域（headvex）表示弧头顶点在图中的位置，info 域表示弧的相关信息，指针域 hlink 指向弧头相同的下一条弧，tlink 指向弧尾相同的下一条弧。弧尾结点的结构如图 7-19 所示。

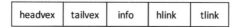

图 7-19　弧尾结点的结构

有向图的十字链表存储结构描述如下：

```
#define MaxVertex 100     // 最大顶点数
typedef int DataType;
typedef struct ArcNode   // 弧结点的类型定义
{
     int headvex,tailvex;  // 弧的头顶点和尾顶点的位置
     DataType info;  // 与弧相关的信息，如权值
     struct *hlink,*tlink;  // 指示弧头和弧尾相同的结点
}ArcNode;
typedef struct VertexNode  // 顶点结点类型
{
     DataType data;     // 用于存储顶点的信息
     ArcNode *firstin,*firstout;  // 分别指向顶点的第一条入弧和出弧
}VertexNode;
typedef struct
{
     VertexNode vertex[MaxVertex];
     int vexnum,arcnum;
}OLGraph;
```

图 7-20 所示为有向图的十字链表表示。

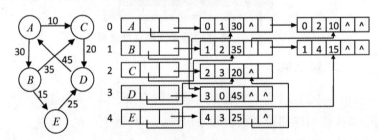

图 7-20　有向图的十字链表表示

从有向图的十字链表存储表示中，可以很容易判断以某个顶点 V_i 为弧尾和弧头的弧。因此，对有向图来说，如果采用十字链表作为存储结构，很容易求出顶点的度。

下面给出一个用十字链表创建有向图的算法，如算法 7-3 所示。

算法 7-3　采用十字链表为存储结构创建有向图

```
void CreateGraph(OLGraph *G)
{
     scanf("%d,%d",&n,&e);
     G->vexnum=n;
     G->arcnum=e;
     for(i=0;i<n;i++)
     {
          scanf("%c",&(G->vertex[i].data));
```

```
                G->vertex[i].firstin=NULL;
                G->vertex[i].firstout=NULL;
        }
        for(k=0;k<e;k++)
        {
                scanf("%c,%c",&v1,&v2);
                i=LocateVertex(G,v1);
                j=LocateVertex(G,v2);
                p=(ArcNode *)malloc(sizeof(ArcNode));
                p->tailvex=i;
                p->headvex=j;
                p->tlink=G->vertex[i].firstout;
                p->vertex[i].firstout=p;
                p->hlink=G->vertex[i].firstin;
                p->vertex[j].firstin=p;
        }
}
```

任务实现

```
// 使用十字链表存储，计算图中顶点的度
#include "stdio.h"
#include "stdlib.h"
#define MAX_VERTEX_NUM  20
typedef int  Status;
typedef struct ArcBox{
    int  tailvex,headvex; // 该弧的尾和头的顶点的位置
    struct ArcBox *hlink,*tlink;    // 指向弧头相同和弧尾相同结点的指针
}ArcBox; // 用来存储弧信息的各个结点
typedef struct VexNode{
    char data; // 头结点的结点名称
    ArcBox *firstin,*firstout; // 指向第一条入弧和出弧的指针
}VexNode; // 用来存储头结点
typedef struct{
   VexNode xlist[MAX_VERTEX_NUM]; // 存储头结点的数组
   int vexum, arcnum; // 当前顶点数和弧数
}OLGraph; // 主结构体
Status LocateVex(OLGraph &g,charc)// 查找函数 ，查找 c 在图中存储位置，返回位置
{
    int i;
    for(i=0;i<g.vexum;i++)
```

```
    {
            if(g.xlist[i].data==c)
                    break;
    }
    return i;
}
Status createDG(OLGraph &g)//创建图
{
    int  ch1,ch2,ch3,node1,node2;
    int  i,j,a,b;
    ArcBox *p;
    printf("请输入图的结点的个数和弧的个数:");
    scanf_s("%d",&ch1);
    getchar();
    scanf_s("%d",&ch2);
    getchar();
    g.vexum=ch1;
    g.arcnum=ch2;
    printf("请输入表头结点:");
    for(i=0;i<g.vexum;i++)  //初始化图
    {
            ch3=getchar();
            getchar();
            g.xlist[i].data=ch3;
            g.xlist[i].firstin=NULL;
            g.xlist[i].firstout=NULL;
    }
    for(j=0;j<g.arcnum;j++)
    {
            printf("输入一条弧的起点和它的终点:");
            node1=getchar();
            getchar();
            node2=getchar();
            getchar();
            a=LocateVex(g,node1);
            b=LocateVex(g,node2);//查找出结点在图中的存储位置
            p=(ArcBox*)malloc(sizeof(ArcBox));
            p->headvex=a;
            p->tailvex=b;
            p->hlink=g.xlist[b].firstin;  //把处于弧尾结点的第一个入弧结点赋给弧
                                          头相同的指针域
```

```
                    p->tlink=g.xlist[a].firstout;  // 把处于弧头结点的第一个出弧结点赋给弧
                                            尾相同的指针域
                    g.xlist[b].firstin=g.xlist[a].firstout=p;  // 再把 p 节点和头节点相连
                    // 上几步就是链表的普通插入结点算法
            }
            return 1;
}
Status show(OLGraph &g)  // 查询
{
        int i;
        ArcBox *p;
        for(i=0;i<g.vexum;i++)
        {
                printf(" 顶点 %c 的出度为 :",g.xlist[i].data);
                p=g.xlist[i].firstout;
                while(p)
                {
                        printf("%c",g.xlist[p->tailvex].data);
                        p=p->tlink;
                }
                printf("\t 入度为 :");
                p=g.xlist[i].firstin;
                while(p)
                {
                        printf("%c",g.xlist[p->headvex].data );
                        p=p->hlink;
                }
                printf("\n");

        }
        return 1;
}
void main()
{
        OLGraph g;
        createDG(g);
        show(g);
        getchar();
}
```

程序运行结果如图 7-21 所示。

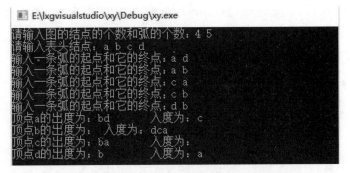

图 7-21 运用十字链表表示法计算图的度

任务3 周游世界

任务简介

一个旅行爱好者想周游几个国家，如图 7-22 所示，从中国出发，去每个国家一次，并且只能一次。在图 7-22 所示的 8 个国家中，给出一组到达每个国家的顺序。

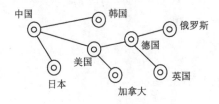

图 7-22 周游世界任务

任务目标

掌握图的深度优先搜索遍历思想，会写深度优先搜索遍历算法程序；掌握图的广度优先搜索遍历思想，会写广度优先搜索遍历算法程序。

任务分析

该任务要求从中国出发到各国家的序列，是求遍历各国家的方法，即为图的遍历问题。图的遍历有广度优先搜索遍历和深度优先搜索遍历两种算法，我们可用数据结构中图的邻接矩阵存储方式以及图的深度优先搜索遍历算法来解决这个问题。

思政小课堂

简单的事重复做你就能成专家，重复的事用心做你就能成赢家

图的遍历思想，是指设计一种算法，通过递归的形式，按同一种思想，一直遍历下去，进而得到我们想要的结果。这就和我们学习、工作一样，需要不忘初心、一直努力。很多人认为简单的知识掌握了，就不用去复习了，结果日子久了就忘了，并未真正获得知识。

我们在很多岗位上工作，可能用不了大学中所学的所有知识，而且常常需要把简单的事重复做，这样看似枯燥，但在重复的过程中，我们需要尽可能提高效率，从而成为这项工作或这个领域的专家，也需要把重复的事情用心做，从而成为人生的赢家。毕业以后，我们可能会不断调换工作岗位，而在认准了我们的目标以后，就需要把任何事情尽可能做好，掌握精通，秉持愚公移山、铁杵磨针、水滴石穿的精神，从小处着眼，然后义无反顾地坚持，才有可能取得巨大的成功。

知识储备

与树类似，图也存在遍历问题。图的遍历是指从图中某个顶点出发，按照某种方法对图中每个顶点进行访问且仅访问一次的操作。图的遍历是求解图的连通性问题、拓扑排序和关键路径的基础。图的遍历主要有两种方式，即深度优先搜索遍历和广度优先搜索遍历。

因为图中的任意一顶点可能和其余顶点相邻接，所以在访问了某个顶点后，可能沿着某条路径搜索，又回到该顶点。例如在图 7-22 中，当访问了"日本"这个国家结点后，又返回"中国"这个国家结点。为了避免同一顶点被多次访问，在遍历过程中必须牢记下每个已经被访问过的顶点。为此，我们在遍历中设置一个 **visited** 向量，用于记录该顶点是否被访问过。**vistited**[i]=1 表示已经访问过，**vistited**[i]=0 表示未访问过。

◆ 子任务 1 图的深度优先搜索遍历

图的深度优先搜索（depth first search，DFS）是指按照深度方向搜索。它类似于树的先序遍历，是树的先序遍历的推广。图的深度优先搜索遍历的思想是：

（1）从图中某个顶点 V_0 出发，访问顶点 V_0。

（2）访问顶点 V_0 的第一个邻接点，然后以该邻接点为新的顶点，访问该顶点的邻接点。重复执行以上操作，直到当前顶点没有邻接点为止。

图的深度优先遍历

（3）返回上一个已经访问过且还有未被访问的邻接点的顶点，按照以上步骤继续访问该顶点的其他未被访问的邻接点，依次类推，直到图中所有顶点都被访问过。

图的深度优先搜索遍历过程如图 7-23 所示，其中访问顶点的方向用实箭线表示，回溯用虚箭线表示，旁边的数字表示访问或回溯的次序。其深度优先搜索遍历序列为：
$A \rightarrow B \rightarrow E \rightarrow D \rightarrow F \rightarrow C$。

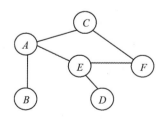

无向图 G

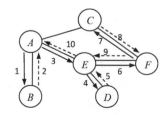

图 G 深度优先搜索遍历过程

图 7-23　图的深度优先搜索遍历过程

　　显然，上述搜索法是递归定义的，它的特点是尽可能地对纵深方向进行搜索，故被称为深度优先遍历。例如图 7–23 中，首先访问 A 结点；当 A 结点被访问以后，选择 A 的没有被访问的邻接点，可以在 B、C、E 中任选一个；如果选择了 B，则再选择 B 没有被访问的邻接点；B 的所有邻接点被访问完毕后，回退到 A，再选择 A 没有被访问的邻接点 C 或 E；访问 E 后，再选择 E 的邻接点访问，由于 A 已经被访问了，所以只能选择 F 或 D 访问；依次类推，直到所有邻接点被访问完毕，回退到出发点。这样，图 G 中所有和初始出发点有路径的顶点都被访问过。

　　下面分别以邻接矩阵和邻接表作为图的存储结构，给出连通图的深度优先搜索遍历的递归算法，如算法 7–4 和算法 7–5 所示。算法描述如下：

　　（1）访问出发点 V_i，并将其标记为已经被访问过。

　　（2）遍历 V_i 的每一个邻接点 V_j，若 V_j 未曾被访问过，则以 V_j 为新的出发点继续进行深度优先搜索遍历。

算法 7–4　基于邻接矩阵的图的深度优先搜索遍历

```
#define Max_Vertex_Num 100  // 最大顶点数
int visited[Max_Vertex_Num];
void DFS1(MGraph MG,int i)  // 以邻接矩阵作为存储结构
{
    int j;
    visited[i]=1;
    printf("%s ",MG.vexs[i]);
    for(j=1;j<=MG.vexnum;j++)
            if(!visited[i]) && MG.arcs[i][j]==1)
                    DFS1(MG,j);
}
```

算法 7–5　基于邻接表的图的深度优先搜索遍历

```
void DFS2(ALGraph G,int i) // 以邻接表作为存储结构
{
    int j;
    ArcPtr p;
    visited[i]=1;
    pritnf("%c",G.vertices[i].vexdata);
    for(p=G.vertices[i].firstarc;p;p=p->next)
    {
        j=p->adjvex;
        if(!visited[j])
                DFS2(G,j);
    }
}
```

对于具有 n 个顶点、e 条边的连通图，算法 7-4 中的 DFS1 和算法 7-5 中的 DFS2 均调用 n 次。除了初始调用是来自外部外，其余 $n-1$ 次调用增多来自 DFS1 和 DFS2 内部的递归调用。在每次调用时，除访问顶点及做标记外，主要时间耗费在从该顶点出发遍历它的所有邻接点的操作上。当用邻接矩阵表示图时，遍历一个顶点的所有邻接点需花费 $O(n)$ 时间来检查矩阵相应行中所有的 n 个元素，故从 n 个顶点出发遍历所需要的时间为 $O(n^2)$，即 DFS1 算法的时间复杂度为 $O(n^2)$。当用邻接表表示图时，遍历 n 个顶点的所有邻接点即是对各边表结点扫描一遍，故算法 DFS2 的时间复杂度为 $O(n+e)$。算法 DFS1 和 DFS2 所用的辅助空间是标识数组和实现递归所用的栈，它们的空间复杂度为 $O(n)$。

当对图进行深度优先搜索遍历时，按访问顶点的先后次序所得到的顶点序列号称为该图的深度优先遍历序列，简称为 DFS 序列。一个图的 DFS 序列不一定唯一，它与算法、图的存储结构以及初始出发点有关。但就给出的算法 DFS1 和 DFS2 而言，若初始出发点和图的存储结构均已确定，则 DFS 序列是唯一的。

◆ **子任务 2 图的广度优先搜索遍历**

广度优先搜索遍历类似于树的层次遍历。其基本思想：首先任选一个顶点 V_i 作为初始点进行访问，接着访问 V_i 的所有邻接点 V_{i1}，V_{i2}，$\cdots$，V_{ik}，然后再按照 V_{i1}，V_{i2}，$\cdots$，V_{ik} 的顺序，访问每个顶点的所有未被访问的邻接点，依次类推，直到图中所有和初始点 V_i 有路径相通的顶点都被访问过为止。

换句话说，广度优先搜索遍历的过程是：以 V_i 为初始出发点，由近至远，依次访问和 V_i 有路径相通且路径长度分别为 1，2，$\cdots$，k 的顶点。显然，上述搜索思想的特点是尽可能先对横向进行搜索，故称为广度优先搜索遍历。设 V_i 和 V_j 是两个相继被访问的顶点，若以 V_i 为出发点进行搜索，则在访问 V_i 的所有未曾访问的邻接点之后，紧接着是以 V_j 为出发点进行横向搜索，并对搜索到的 V_j 的邻接点中尚未被访问的顶点进行访问。也就是说，先访问的顶点其邻接点也先被访问。

图的广度优先搜索遍历过程如图 7-24 所示，其中访问顶点的方向用实箭线表示，回溯用虚箭线表示，旁边的数字表示访问或回溯的次序。其深度优先搜索遍历序列为：$A \rightarrow B \rightarrow E \rightarrow C \rightarrow D \rightarrow F$。

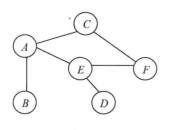
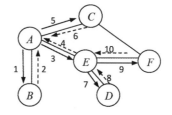

无向图 G 图 G 广度优先搜索遍历过程

图 7-24 图的广度优先搜索遍历过程

和深度优先搜索遍历类似，广度优先搜索遍历在遍历过程中也需要一个访问标识数组。为了顺序访问路径长度为 1，2，$\cdots$，k 的顶点，需要附队列以存储已经被访问的顶点。

下面分别以邻接矩阵和邻接表作为图的存储结构，给出连通图的广度优先搜索遍历的非递归算法，如算法 7-6 和算法 7-7 所示。

算法 7-6　基于邻接矩阵存储结构的图的广度优先搜索遍历

```
#define Max_Vertex_Num  50   // 最大顶点数
int visited[Max_Vertex_Num];
typedef struct
{
     char vexs[Max_Vertex_Num];   // 顶点信息用字符表示
     int arcs[Max_Vertex_Num][Max_Vertex_Num]; // 邻接矩阵
     int vexnum,arcnum;   // 图的顶点数和边数
}MGraph;
void BFS1(MGraph G,int v)   // 用邻接矩阵作为存储结构的广度优先搜索遍历
{
     int Q[50]; // 用队列 Q 来存放图中顶点的序号
     int i,j;
     int front=0,rear=0;// 置空队列
     printf("%c\t",G.vexs[v]); // 访问初始点
     visited[v]=1;   // 标记已经被访问过的顶点
     rear++;
     Q[rear]=v;   // 入队
     while(rear!=front)
     {
          front++;
          i=Q[front];   // 队首顶点 i 出队
          for(j=1;j<=G.vexnum;j++)
               if(G.arcs[i][j]==1 && !visited[j])
               { // 顶点 i 未被访问的邻接点 j 被访问并入队
                    printf("%c\t",G.vexs[v]);
                    visited[j]=1;
                    rear++;
                    Q[rear]=j;
               }
     }
}
```

算法 7-7　基于邻接表存储结构的图的广度优先搜索遍历

```
#define Max_Vertex_Num  50   // 最大顶点数
int visited[Max_Vertex_Num];
typedef struct ArcNode   // 定义表结点
{
```

```
        int adjvex; // 邻接点的位置
        struct ArcNode *next;
}ArcNode,*ArcPtr;
typedef struct VexNode   // 定义头结点
{
        int data;
        ArcNode *firstarc;
}VexNode;
typedef struct         // 定义表头向量
{
        VexNode adjlist[Max_Vertex_Num];
        int vexnum,arcnum; // 顶点数和边数
}ALGraph;
void BFS2(ALGraph G,int v)   // 用邻接表作为存储结构的广度优先搜索遍历
{
        int Q[50]; // 用队列 Q 来存放图中顶点的序号
        int i,j;
        int front=0,rear=0;// 置空队列
        ArcPtr p;
        printf("%c\t",G.adjlist[v].data); // 访问初始点
        visited[v]=1;   // 标记已经被访问过的顶点
        rear++;
        Q[rear]=v;  // 入队
        while(rear!=front)
        {
                front++;
                i=Q[front];   // 队首顶点 i 出队
                for(p=G.adjlist[i].firstarc;p;p=p->next)
                {
                        j=p->adjvex;
                        if(!visited[j]) // 顶点 i 未被访问的邻接点 j 被访问并入队
                        {
                                printf("%c\t",G.adjlist[j].data);
                                visited[j]=1;
                                rear++;
                                Q[rear]=j;
                        }
                }
        }
}
```

对于具有 n 个顶点、e 条边的连通图，因为每个顶点增多入队一次，所以算法 7–6 和算法 7–7 中的 BFS1 和 BFS2 的外循环（while 语句）执行次数为 n。算法 BFS1 的内循环（for 语句）执行 n 次，故算法 BFS1 的时间复杂度为 $O(n^2)$；算法 BFS2 的内循环（for 语句）执行次数取决于各顶点的边表结点个数，内循环执行的总次数是边表结点的总个数 $2e$，故算法 BFS2 的时间复杂度是 $O(n+e)$。算法 BFS1 和 BFS2 所用的辅助空间是队列和标识数组，故它们的空间复杂度为 $O(n)$。

和定义图的 DFS 序列类似，可将广度优先搜索遍历图所得的顶点序列定义为图的广度优先遍历序列，简称 BFS 序列。一个图的 BFS 序列也是不唯一的，它与算法、图的存储结构及初始出发点有关。

对于连通图，从图的任意一个顶点开始深度或广度优先搜索遍历一定可以访问图中的所有顶点。但对于非连通图，从图的任意一个顶点开始深度或广度优先搜索遍历并不能访问图中的所有顶点，而只能访问和初始顶点连通的所有顶点。为了能够访问到图中的所有顶点，方法很简单，只要以图中未被访问到的每一个顶点作为初始点调用深度优先或广度优先搜索遍历算法即可。

任务实现

```c
#include "stdio.h"
#include "string.h"
#include "stdlib.h"
#define VEXN 30    //顶点的最大个数
typedef char vextype; //顶点数据类型
typedef int  edgetype;  //边数据类型
typedef struct
{
    vextype vex[VEXN][VEXN];  //顶点数组
    edgetype arc[VEXN][VEXN]; //边数组
    int vexn,arcn;  //顶点数,边数
}Mgraph;
int *visited;
void DFS_M();
Mgraph Country_Graph()
{
    int i,j,k;
    Mgraph G;
    printf(" 输入国家数 :");
    scanf("%d",&G.vexn);
    printf(" 输入两个国家直通路径条数（边数）:");
    scanf("%d",&G.arcn);
```

```
        getchar();
        for(i=0;i<G.vexn;i++)
        {
                printf("输入第 %d 个国家的名称 :",i+1);
                gets(G.vex[i]);
        }
        for(i=0;i<G.vexn;i++)
                for(j=0;j<G.vexn;j++)
                        G.arc[i][j]=0;
        for(k=0;k<G.arcn;k++)
        {
                printf("输入 %d 条国家之间路径 i(int),j(int):",k+1);
                scanf("%d%d",&i,&j);
                while(i<1||i>G.vexn||j<1||j>G.vexn)
                {
                        printf("两个国家之间的通路有错误，请重新输入 :\n");
                        scanf("%d%d",&i,&j);
                }
                G.arc[i-1][j-1]=1;
                G.arc[j-1][i-1]=1;
        }
        return G;
}
void DFS_G(Mgraph G,int i)
{
        int j;
        printf("%s  ",G.vex[i]);
        visited[i]=1;
        for(j=0;j<G.vexn;j++)
        {
                if(!visited[j] && G.arc[i][j]==1)
                DFS_G(G,j);
        }
}
main()
{
        int i;
        Mgraph G;
        G=Country_Graph();
        visited=(int *)malloc(G.vexn*sizeof(int));
```

```
    for(i=0;i<G.vexn;i++)
      visited[i]=0;
    printf(" 周游国家路线为 :\n");
    DFS_G(G,0);
    printf("\n");
}
```

程序运行结果如图 7-25 所示。

图 7-25   周游世界程序运行结果

任务 4   线路铺设最小代价

任务简介

在实践中，线路铺设的实例很多，如城市之间铺设电线、电话线，居民小区楼宇之间铺设网线、天然气线路、水管线路等。如果在城市之间及居民小区之间铺设线路，怎样才能使整个设备各方面费用最小，这是每个设计师都需要认真考虑的问题。

现假设在 n 个城市之间铺设电线，连通 n 个城市需要 $n-1$ 条线路，如何铺设才能使整个费用最小？

任务目标

掌握最小生成树的算法思想，能写出最小生成树普里姆算法、克鲁斯卡尔算法程序，掌握有向无环图（AOV 网）、拓扑排序思想。理解并会运用关键路径，能在图中找出关键路径，能写出最短路径的算法程序。

任务分析

可以用连通网来表示 n 个城市以及 n 个城市间可能设置的电线线路，其中网的顶点表示城市，边表示两城市之间的线路，赋予边的权值表示相应的铺设费用。对于 n 个顶点的连通网可以建立多棵不同的生成树，每一棵生成树均是一个通信网。要选对一棵生成树，使总的耗费最少，实际上是构造连通网的最小代价生成树 (简称为最小生成树) 的问题。对于图 7-26 (a) 的带权无向图，图 7-26 (b) 就是它的一棵最小生成树。

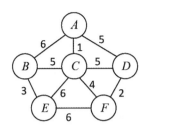 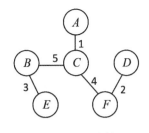

（a）带权无向图　　　　　　（b）最小生成树

图 7-26　带权无向图及最小生成树

树立最优化的科学思想

在图中，从一顶点到达其他顶点有很多种路径，但一定有一条最优、最短的路径；在工程实践中，我们需要树立最优化的科学思想，其是关于系统的最优设计、最优控制、最优管理问题的理论与方法。对于一个问题，我们可以制订多种解决方案，在众多的解决方案中再来分析出一种最优的解决方法，而不是对需要解决的问题，只要找到了一种解决方法，就立即去解决。大多数问题都有多种解决方案，要学会思考，学会在多种解决方案中选择一种最优的，这就是最优化的科学思想。在分析问题时，我们要从不同的方面去思考，可以从以下几方面去分析：系统目标，实现目标的可能方案，实行各方案的支付代价，建立系统模型，制定系统评价标准等。

知识储备

◆　**子任务 1　最小生成树**

1. 生成树

图中所有顶点均由边连接在一起但不存在回路的图叫生成树。生成树按照不同的生成顺序可以分为深度优先生成树和广度优先生成树。图 7-27（a）所示的图的生成树如图 7-27（b）和图 7-27（c）所示。

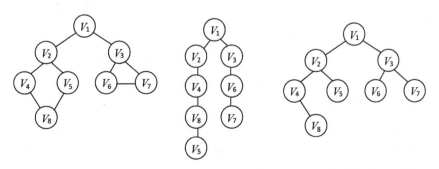

（a）图 G　　　　（b）深度优先生成树　　　　（c）广度优先生成树

图 7-27　无向图的生成树

2. 最小生成树

如果连通图是一个网，则称该网中所有生成树中权值总和最小的生成树为最小生成树（也称最小代价生成树）。

最小生成树

构造最小生成树的方法有多种，典型的构造方法有两种：一种称为普里姆（Prim）算法，另一种称为克鲁斯卡尔（Kruskal）算法。

1）普里姆算法

假设 $G=(V, E)$ 是一个具有 n 个顶点的连通网，顶点集 $V=\{v_1, v_2, \cdots, v_n\}$。设所求的最小生成树 $T=(U, T_E)$，其中 U 是 T 的顶点集，T_E 是 T 的边集，U 和 T_E 的初值均为空集。

普里姆算法的基本思想如下：首先从 V 中任取一个顶点（假设取 V_1），将生成树 T 置为仅有一个结点 v_1 的树，即置 $U=\{v_1\}$；然后只要 U 是 V 的真子集，就在一个端点已在 T 中、另一个端点仍在 T 外的所有边中，找一条最短（即权值最小）的边。假定符合条件的最短边为 (v_i, v_j)，其中 $v_i \in U$，$v_j \in U-V$，把该条边 (v_i, v_j) 和其不在 T 中的顶点 v_j，分别并入 T 的边集 T_E 和顶点集 U。如此进行下去，每次往生成树里并入一个顶点和一条边，直到把所有顶点都并入生成树 T 为止。此时，必有 $U=V$，T_E 中有 $n-1$ 条边，则 $T=(U, T_E)$ 是 G 的一棵最小生成树。

例如，对于图 7-26（a）所示的带权无向图，从顶点 A 出发，利用普里姆算法构造一棵最小生成树的过程如图 7-28 所示。

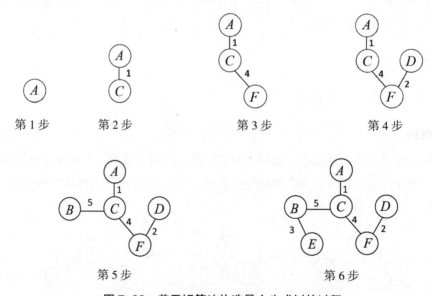

图 7-28　普里姆算法构造最小生成树的过程

在选择具有最小代价的边时，如果同时存在几条具有相同最小代价的边，则可任选一条边，因此最小生成树不是唯一的，但它们的最小代价总和是相等的。

在实现算法时，可以附设一个 edges 数组，记录从顶点 U 到 $V-U$ 的代价最小的边。每条边的信息包括边的起始点、终点和权值。从顶点出发，利用普里姆算法构造连通网 G 的最小生成树的算法（见算法 7-8）描述如下：

（1）初始化 edges 数组，记录顶点 u 到其余顶点的代价最小的 $n-1$ 条边。

（2）将顶点 u 加入 U 中。

（3）当 U 不等于 V 时，做如下处理：从 edges 数组中任选一条代价最小的边，将该边的终点加入 U 中，调整 edges 数组，使它始终记录顶点集 U 到 $V-U$ 的代价最小的边。

算法 7-8　普里姆算法构造最小生成树

```c
#define MAXEDGE 100      /* 图中最大边数 */
typedef struct{
    int v1;   /* 边的起始点 */
    int v2;   /* 边的终点 */
    int cost;/* 边的权值 */
}EdgeType;
void Prim(MGraph G,int u){
    int i,j,k,v,min,max=10000;
    EdgeType edges[MAXEDGE];
    for(j=1;j<=G.vexnum;j++)
      if(j!=u){/* 初始化 edges 数组 */
        edges[j].v1=u;
        edges[j].v2=j;
        edges[j].cost=G.arcs[u][j];
      }
    edges[u].cost=0;/* 将 u 加入 U*/
    for(i=1;i<G.vexnum;i++){
        min=max;
        for(j=1;j<=G.vexnum;j++)  /* 在 edges 中找代价最小的边 */
            if(edges[j].cost!=0 && edges[j].cost<min){
                min=edges[j].cost;k=j;
            }
        v=edges[k].v2;            /* 标记最短边的终点 v*/
        edges[v].cost=0;          /* 将 v 加入 U*/
        for(j=1;j<=G.vexnum;j++)  /* 调整 edges 数组 */
            if(edges[j].cost!=0 && G.arcs[v][j]<edges[j].cost){
                edges[j].v1=v;
                edges[j].cost=G.arcs[v][j];
            }
    }
}
```

假设网中有 n 个顶点，则第一个进行初始化的循环语句的频度为 n，第二个循环语句的频度为 $n-1$。其中有两个内循环：其一是在 edges 数组中找权值最小的边，其频度为 $n-1$；其二是重新调整 edges 数组中的边，其频度为 n。由此，普里姆算法的时间复杂度为 $O(n^2)$，与网中的边数无关，因此适用于求稠密网的最小生成树。

2）克鲁斯卡尔算法

不同于普里姆算法，克鲁斯卡尔算法是按权值的递增次序来构造一棵最小生成树的方法。

假设 $G=(V, E)$ 是一个具有 n 个顶点的连通网，顶点集 $V=(v_1, v_2, \cdots, v_n)$。所求的最小生成树为 $T=(U, T_E)$，其中 U 是顶点集，T_E 是边集，U 和 T_E 的初值均为空集。

克鲁斯卡尔算法的基本思想：将最小生成树初始化为 $T=\{V, \varnothing\}$，仅包含 G 的全部顶点，不包含 G 的任意一条边。此时 T 由 n 个连通分量组成，每个分量只有一个顶点；将图 G 中的边按代价的增序排序；按这一顺序选择一条代价最小的边，若该边所依附的顶点分属于 T 中不同的连通分量，则将此边加入 T 中，否则舍去此边而选择下一条代价最小的边。依次类推，直至 T_E 中包含了 $n-1$ 条边（即 T 中所有顶点都在同一个连通分量上）为止。

例如，对于图 7-26（a）中的带权无向图，图中的各边次序为 (A, C)、(D, F)、(B, E)、(C, F)、(A, D)、(C, D)、(B, C)、(C, E)、(E, F)，最小生成树 T 的边集初始时为空。为了使生成树各边权值总和最小，应该先选取权值最小的边。因为前 4 条边 (A, C)、(D, F)、(B, E)、(C, F) 的代价分别为 1、2、3、4，同时它们又都连通了不同的连通分量的两个顶点，故依次将它们从 E 中删除，并加入 T 中，再从 E 中选取权值最小的边，这时可能选取的边为 (A, D)、(C, D)、(B, C)、(C, E)、(E, F)。此时，由于边 (A, D)、(C, D) 连通了两个连通分量，所以删除这两条边，而边 (B, C) 由于连通了不同的连通分量的两个顶点，故将 (B, C) 加入 T 中，并从 E 中删除它，此时 T 中已包含 5 条边，得到一棵最小生成树，其构造最小生成树的过程如图 7-29 所示。

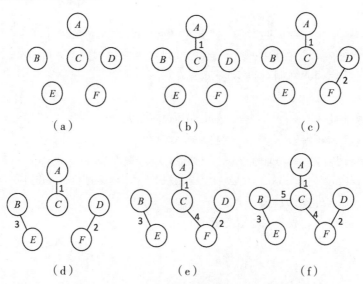

图 7-29　克鲁斯卡尔算法构造最小生成树

在实现此算法时，可设置一个 edges 数组存储连通网中所有边，为了便于选择当前权值最小的边，需要将 edges 数组中各条边按权值大小进行排列。

在对连通分量进行合并时，采用集合的合并方法，对于有 n 个顶点的连通网，设置一个数组 father[0，…，n–1]，其初值为 father[i]=–1（i=0，1，2，…，n–1），表示 n 个顶点在不同的连通分量上；然后，依次扫描 edges 数组中的每一条边，并查找相关联的两个顶点所属的连通分量。假设 V_{f1} 和 V_{f2} 为两个顶点所在的树的根结点的序号，若 V_{f1} 不等于 V_{f2}，这条边的两个顶点不属于同一个连通分量，则将这条边作为最小生成树的边并输出，然后合并它们所属的两个连通分量。

算法源代码如算法 7-9 所示。函数 Find 的作用是寻找图中顶点所在树的根结点在数组 father 中的序号。

算法 7-9　克鲁斯卡尔算法构造最小生成树

```c
#define MAXEDGE 100    /* 图中最大边数 */
typedef struct{
    int v1;   /* 边的起始点 */
    int v2;   /* 边的终点 */
    int cost;/* 边的权值 */
}EdgeType;
EdgeType edges[MAXEDGE];
int Find(int father[],int v) // 寻找顶点 v 所在的根结点
{
    int  t=v;
    while(father[t]>0)
            t=father[t];
    return t;
}
void Kruskal(EdgeType edges[],int n)
{ //edges[] 中数据已经按 cost 值由小到大进行排序
    int father[MAXEDGE];
    int i,j,vf1,vf2;
    for(i=0;i<n;i++)
            father[i]=-1;
    i=0;j=0; // 统计已加入最小生成树的边数
    while(i<MAXEDGE && j<n-1)
    {
            vf1=Find(father,edges[i].v1);
            vf2=Find(father,edges[i].v2);
            if(vf1!=vf2)
            {
                    father[vf2]=vf1;
                    j++;
                    printf("%d,%d\n",edges[i].v1,edges[i].v2);
            }
```

```
            i++;
    }
}
```

上述克鲁斯卡尔算法首先需要将带权图 G 的 e 条边按权值大小进行排序；其次是判断新选取的边的两个顶点是否属于同一个连通分量。对带权图 G 中 e 条边的权值进行排序的方法可以有很多种，各自的时间复杂度均不相同，时间复杂度较好的算法是快速排序法、堆排序法等。这些排序算法的时间复杂度均可以达到 $O(n\log_2 n)$。判断新选取的边的两个顶点是否属于同一个连通分量的问题是一个在最多有 n 个顶点的生成树中遍历寻找新选取的边的两个顶点是否存在的问题，此算法的时间复杂度最坏情况下为 $O(n^2)$。

一般来讲，由于普里姆算法的时间复杂度为 $O(n^2)$，因此适用于稠密图；而克鲁斯卡尔算法需对 e 条边按权值进行排序，其时间复杂度为 $O(n\log_2 n)$，因此适用于稀疏图。

◆ 子任务 2 有向无环图

有向无环图（directed acyclic graph，DAG）是指一个没有环的有向图。有向无环图可用来描述工程或系统的进行过程。有向无环图在描述工程的过程中，将工程分为若干个子活动，即子工程。这些子工程即活动之间相互制约，例如一些活动必须在另一些活动完成之后才能开始。整个工作涉及两个问题：一个是工程的进行顺序；另一个是完成整个工程的最短时间。这其实对应有向图的两个重要应用，即拓扑排序和关键路径。

有向无环图

1. AOV 网

用顶点表示活动、用弧表示活动间的优先关系的有向无环图，称为顶点表示活动的网（activity on vertex network），简称 AOV 网。

在 AOV 网中若顶点 V_i 到顶点 V_j 有一条有向路径，则 V_i 是 V_j 的前驱，V_j 是 V_i 的后继，若 $<V_i, V_j>$ 是网中的一条弧，则 V_i 是 V_j 的直接前驱，V_j 是 V_i 的直接后继。

例如，计算机专业的学生必须学完一系列规定的课程后才能毕业。这可看作一个工程，用图 7-30 所示的网来表示。网中的顶点表示各门课程的教学活动，有向边表示各门课程的制约关系。如 $<V_2, V_4>$ 表示 "C 程序设计" 是 "数据结构" 的直接前驱，"操作系统" 是 "数据结构" 的直接后继。

课程代号	课程名称	先修课程
V_0	计算机数学	无
V_1	计算机基础	无
V_2	C 程序设计	V_0, V_1
V_3	离散数学	V_0
V_4	数据结构	V_1, V_2, V_3
V_5	编译技术	V_3, V_4
V_6	操作系统	V_4

图 7-30 表示课程间关系的 AOV 网

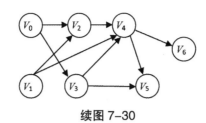

续图 7-30

在 AOV 网中，由弧表示的优先关系具有传递性，如顶点 V_1 是顶点 V_4 的前驱，而顶点 V_4 是顶点 V_5 的前驱，则顶点 V_1 是顶点 V_5 的前驱。在 AOV 网中不能出现有向回路，如果存在回路，则说明某项"活动"能否进行要以自身任务的完成作为先决条件，显然，这样的工程是无法完成的。如果要检测一个工程是否可行，首先要检查对应的 AOV 网是否存在回路。检查 AOV 网是否存在回路的方法就是拓扑排序。

2. 拓扑排序

拓扑 (topology) 排序就是由 AOV 网中所有顶点构成一个线性序列，在这个序列中体现所有顶点间的优先关系，即若在 AOV 网中从顶点 V_i 到顶点 V_j 有一条路径，则在序列中 V_i 排在 V_j 的前面，而且在序列中使原来没有先后次序关系的顶点之间建立起人为的先后关系。AOV 网表示一个工程图，而拓扑排序则是用 AOV 网中的各个活动组成一个可行的实施方案。

对 AOV 网进行拓扑排序的基本思想：

（1）在 AOV 网中任意选择一个无前驱的顶点，即顶点的入度为零，将该顶点输出。

（2）从 AOV 网中删除该顶点和从该顶点出发的弧。

（3）重复执行步骤（1）和（2），直到 AOV 网中不存在无前驱的结点。

（4）若此时输出的结点数小于有向图的顶点数，则说明有向图中存在回路；否则输出的顶点顺序即为一个拓扑序列。

按照以上步骤，图 7-30 所示的 AOV 网的拓扑序列为 V_0，V_1，V_2，V_3，V_4，V_5，V_6 或 V_1，V_0，V_2，V_3，V_4，V_5，V_6 等。由拓扑排序的基本思想可知，一个有向无环网的拓扑序列是不唯一的。

图 7-31 是图 7-30 所示的 AOV 网的拓扑序列的构造过程。

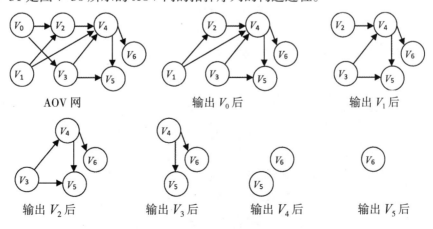

图 7-31　AOV 网构造拓扑排序过程

对一个有向无环图进行拓扑排序的算法设计，可采用邻接表作为其存储结构，设计一个数组 indegree 存放各顶点的入度。其算法思想：

（1）查找入度为 0 的顶点并将顶点入栈。

（2）只要栈不为空，则重复执行以下步骤：

① 将栈顶元素出栈并输出该顶点。

② 将顶点 i 的每个邻接顶点 k 的入度减 1；如果顶点 k 的入度变为 0，则将顶点 k 入栈。

AOV 网拓扑排序的算法描述如算法 7–10 所示。

算法 7–10　AOV 网拓扑排序

```
#define Max_Vertex_Num  50  // 最大顶点数
#define StackSize 100     // 定义栈空间
typedef int ElemType;    // 栈中元素类型
typedef struct ArcNode   // 定义表结点
{
    int adjvex; // 邻接点的位置
    struct ArcNode *next;
}ArcNode,*ArcPtr;
typedef struct VexNode   // 定义头结点
{
    int data;
    ArcNode *firstarc;
}VexNode;
typedef struct     // 定义表头向量
{
    VexNode adjlist[Max_Vertex_Num];
    int vexnum,arcnum; // 顶点数和边数
}ALGraph;
typedef struct{   // 定义栈
    ElemType  Stack[StackSize];
    int top;         // 定义栈顶指针为 top
}SeqStack;
void InitStack(SeqStack *s)  // 初始化栈
{
        s->top=-1;
}
int PushStack(SeqStack *s, ElemType x)  // 入栈
{
        if(s->top==StackSize-1)    {
                printf("栈已满，不能进栈!\n");
                return 0;
        }
```

```
            s->top++;
            s->Stack[s->top]=x;
            return 1;
}
int PopStack(SeqStack *s, ElemType *x)   // 出栈
{
    if(s->top==-1)        {
            printf(" 该栈已空，不能进行出栈 !\n");
            return 0;
    }
    *x=s->Stack[s->top];
    s->top--;
    return 1;
}
int StackEmpty(SeqStack *s)   // 判断栈空
{
    if(s->top==-1)
            return 1;
    else
            return 0;
}
// 对图进行拓扑排序
int ToplogySort(ALGraph G)
{
    int i,k,count=0;
    int indegree[Max_Vertex_Num];
    SeqStack S;
    ArcNode *p;
    // 将各顶点的入度保存在数组 indegree 中
    for(i=0;i<G.vexnum;i++)
            indegree[i]=0;
    for(i=0;i<G.vexnum;i++)
    {
            p=G.adjlist[i].firstarc;
            while(p!=NULL)
            {
                    k=p->adjvex;
                    indegree[k]++;
                    p=p->next;
            }
    }
```

```
for(i=0;i<G.vexnum;i++)
{
        if(!indegree[i])
                PushStack(&S,i);


}
while(!StackEmpty(&S))
{
        PopStack(&S,&i);
        printf("%s ",G.adjlist[i].data);
        count++;
        for(p=G.adjlist[i].firstarc;p;p=p->next)
        { // 处理编号为 i 的顶点的所有邻接顶点
                k=p->adjvex;
                if(!(--indegree[k]))
                    PushStack(&S,k);
                // 如果编号为 i 的邻接顶点的入度减 1 后变为 0, 则将其入栈

        }
}
if(count<G.vexnum)
{
        printf(" 该有向图有回路 \n");
        return 0;
}
else
{
        printf(" 该图可以构成一个拓扑序列 \n");
        return 1;
}
}
```

在拓扑排序的实现过程中，入度为 0 的顶点入栈的时间复杂度为 $O(n)$，有向图的顶点进栈、出栈操作及 while 循环语句的执行次数是 e 次，因此拓扑排序的时间复杂度为 $O(n+e)$。

◆   **子任务 3   关键路径**

有向图在工程管理中有着广泛的用途。用有向图表示工程管理时通常有两种方法：

（1）用顶点表示活动，用有向弧表示活动的优先关系，即形成 AOV 网。

（2）用顶点表示事件，用弧表示活动，弧的权值表示活动所需要的时间。

用这两种方法构造的有向无环图称为边表示活动的网（activity on edge network），简

称 AOE 网。

在研究实际问题时，人们通常关心的是：哪些活动是影响工程进度的关键活动？至少需要多长时间能完成整个工程？

前面的 AOV 网描述了活动之间的优先关系，可以认为是一个定性的研究，有时候还需要定量地研究工程的进度，如整个工程的最短完成时间、各个子工程影响整个工程的程度、每个子工程的最短完成时间和最长完成时间。在 AOE 网中，研究事件与活动之间的关系，可以确定整个工程的最短完成时间，明确活动之间的相互影响，确保整个工程的顺序进行。

在用 AOE 网表示一个工程计划时，用顶点表示各事件，弧表示子工程的活动，权值表示子工程的活动需要的时间。在顶点表示的事件发生之后，从该顶点出发的有向弧表示的活动才能开始。在某个顶点的有向弧表示的活动完成之后，该顶点表示的事件才能发生。

图 7-32 是一个具有 13 个活动、9 个事件的 AOE 网，v_1，v_2，…，v_9 表示 9 个事件，$<v_1$，$v_2>$，$<v_1$，$v_3>$，…，$<v_8$，$v_9>$ 表示 13 个活动，a_1，a_2，…，a_{13} 表示活动的执行时间。进入顶点的有向弧表示活动已经完成，从顶点出发的有向弧表示活动可以开始。顶点 v_1 表示整个工程的开始，v_9 表示整个工程的结束。顶点 v_4 表示活动 v_2、v_3 已经完成，活动 v_5、v_6、v_7 可以开始。其中，完成活动 $<v_1$，$v_2>$ 和 $<v_1$，$v_3>$ 分别需要 5 天和 7 天。

关键路径

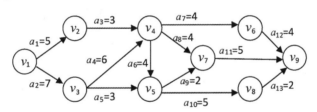

图 7-32　一个工程的 AOE 网

由于在 AOE 网中某些活动可以并行执行，因此完成工程的最短时间是从源点到汇点的最长路径的长度。这里，路径长度是路径上各边的权值之和。把从源点到汇点的最长路径称为关键路径。例如，在图 7-32 的 AOE 网中，（v_1，v_3，v_4，v_5，v_7，v_9）是一条关键路径，长度为 24，也就是说整个工程至少需要 24 天才能完成。一个 AOE 网的关键路径可能不只一条，但所有关键路径的路径长度均相同。如（v_1，v_3，v_4，v_5，v_8，v_9）也是图 7-32 的一条关键路径，长度也为 24。

关键路径上的活动称为关键活动。事件 v_j 可能的最早发生时间 $v_e(j)$，是从源点 v_1 到 v_j 的最长路径的长度。事件 v_k 允许的最迟发生时间 $v_l(k)$ 是在不推迟整个工程完成的前提下，事件 v_k 允许的最迟发生时间，等于汇点 v_n 的最早发生时间 $v_e(n)$ 减去 v_k 到 v_n 的最长路径长度。例如图 7-32 的 AOE 网中，由于关键路径的长度为 24，即事件 v_9 的最早发生时间为 24。事件 v_4 最早发生时间是 13，最迟发生时间也为 13（即 $24-a_6-a_{10}-a_{13}$ 或 $24-a_6-a_9-a_{11}$）。事件 v_6 最早发生时间为 17（即 $a_2+a_4+a_7$），最迟发生时间为 20（$24-a_{12}$），即事件 v_6 在推迟 3 天的情况下，不会影响工程进度。

假定第 i 个活动是用边 $<j$，$k>$ 表示的，则活动的最早开始时间 $e(i)$ 等于事件 v_j 可能的最早发生时间，因为事件 v_j 的发生表明以 v_j 为起点的各条出边表示的活动可以立即开始，所以事件 v_j 可能的最早发生时间 $v_e(j)$ 也是所有以 v_j 为起点的各出边 $<v_j, v_k>$ 所表示的活动的最早开始时间 $e(i)$，即 $e(i)=v_e(j)$。例如图 7-32 的 AOE 网中，活动 $<v_4, v_5>$ 的最早开始时间为 13，即等于事件 v_4 的最早发生时间。

假定第 i 个活动是用边 $<j, k>$ 表示的，执行时间为 a_i，则活动的最迟完成时间等于 $v_l(k)$。因为事件 v_k 的发生表明以 v_k 为终点的各入边所表示的活动均已完成，所以事件 v_k 允许的最迟发生时间 $v_l(k)$ 也是以 v_k 为终点的入边 $<v_j, v_k>$ 所表示的活动可以最迟完成的时间。显然，在不推迟整个工程完成时间的前提下，活动最迟开始时间 $l(i)$ 应该是该活动的最迟完成时间减去持续时间，即 $l(i)=v_l(k)-a_i$。例如图 7-32 的 AOE 网中，活动 $<v_6, v_9>$ 的最迟开始时间等于 20（即 $24-a_{12}$），$<v_5, v_7>$ 的最迟开始时间为 17（$19-a_9$）。

把 $e(i)=l(i)$ 的活动叫关键活动，若关键活动延迟则整个工程延迟，$l(i)-e(i)$ 为活动的最大可利用时间，它表示在不延误整个工程的前提下，活动可以延迟的时间。$l(i)-e(i)>0$ 的活动不是关键活动。提前完成非关键活动并不能加快工程进度。

对一个有向无环网怎样找出关键活动呢？可以采取以下几个步骤：

由上述分析可知，辨别关键活动就是要找 $e(i)=l(i)$ 的活动。若把所有活动的最早开始时间 $e(i)$ 和最迟开始时间 $l(i)$ 都计算出来，就可以找到所有关键活动。为了求得 AOE 网中活动的 $e(i)$ 和 $l(i)$，首先应求得事件 v_j 的最早发生时间 $v_e(j)$ 和最迟发生时间 $v_l(j)$。如果活动由弧 $<j, k>$ 表示，其持续时间为 $d(j, k)$，则有如下关系：

$$e(i)=v_e(j)$$

$$l(i)=v_l(k)-d(j, k)$$

求 $v_e(j)$ 和 $v_l(j)$ 分两步进行：

（1）$v_e(j)$ 的计算是从源点 v_1 开始、自左到右对每个事件进行计算，直至计算到汇点 v_n 为止，通常将源点事件 v_1 最早发生时间定义为 0。对于事件 v_j，仅当其所有前驱事件 v_i 均已发生且所有由边 $<v_i, v_j>$ 表示的活动均已完成时其才可能发生。因此 $v_e(j)$ 可用递推公式表示为：

$$v_e(1)=0$$

$$v_e(j)=\max\{v_e(i)+d(i, j)\}$$

因此求 $v_e(j)$ 必须在 v_j 的所有前驱事件的最早发生时间都已求得的前提下进行，所以，可能按照拓扑序列的顺序计算各事件的最早发生时间。

（2）$v_l(j)$ 的计算是从汇点 v_n 开始、自右向左逐个事件逆推计算，直至计算到源点 v_1 为止。为了尽量缩短工程工期，通常将汇点事件 v_n 的最早发生时间（即工程的最早完成时间）作为 v_n 的最迟发生时间。显然，事件 v_j 的最迟发生时间不得迟于其后继事件 v_k 的最迟发生时间 $v_l(k)$ 与活动 $<v_j, v_k>$ 的持续时间之差。因此，v_j 的最迟发生时间 $v_l(j)$ 可用递推公式表示为：

$$v_l(n)=v_e(n)$$

$$v_l(j)=\min\{v_l(k)-d(j,\ k)\}$$

因此求 $v_l(j)$ 必须在 v_j 的所有后继事件的最迟发生时间都已求得的前提下进行，所以，可以按照某一逆拓扑序列的顺序计算各事件的最迟发生时间。逆拓扑序列可以由拓扑排序的算法得到，只需要增设一个全局栈，在拓扑排序算法中，用以记录拓扑序列，在算法结束后，从栈顶至栈底便为逆拓扑序列。

求出 AOE 网中所有事件的最早发生时间 $v_e[1,\ \cdots,\ n]$ 和最迟发生时间 $v_l[1,\ \cdots,\ n]$ 之后，如果活动用弧 $<j,\ k>$ 表示，其持续时间记为 $d(j,\ k)$，则利用下列公式

$$e(i)=v_e(j)$$

$$l(i)=v_l(k)-d(j,\ k)$$

就可以计算出活动的最早开始时间 $e(i)$ 和最迟开始时间 $l(i)$。计算结果见表 7–1。

表 7-1　图 7-32 AOE 网中各活动的开始时间

活　　动	$e(i)$（最早开始时间）	$l(i)$（最迟开始时间）	$l-e$（最大可利用时间）
$<v_1,\ v_2>$	0	5	5
$<v_1,\ v_3>$	0	0	0
$<v_2,\ v_4>$	5	10	5
$<v_3,\ v_4>$	7	7	0
$<v_3,\ v_5>$	7	14	7
$<v_4,\ v_5>$	13	13	0
$<v_4,\ v_6>$	13	16	3
$<v_4,\ v_7>$	13	15	2
$<v_5,\ v_7>$	17	17	0
$<v_5,\ v_8>$	17	17	0
$<v_7,\ v_9>$	19	19	0
$<v_6,\ v_9>$	17	20	3
$<v_8,\ v_9>$	22	22	0

从表 7–1 中可以看出，$<v_1,\ v_3>$、$<v_3,\ v_4>$、$<v_4,\ v_5>$、$<v_5,\ v_7>$、$<v_5,\ v_8>$、$<v_7,\ v_9>$、$<v_8,v_9>$ 是关键活动，若将图 7–32 所示网中所有非关键活动删除，则可以得到图 7–33，该图中所有从源点到汇点的路径都是关键路径。

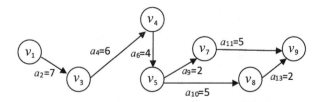

图 7-33　图 7-32 所示的 AOE 网的关键路径

值得指出的是，并不是加快任何一个关键活动都可以缩短整个工程的工期，只有加快

那些处于所有关键路径上的关键活动才能达到这个目的。例如，在图 7-33 中，$<v_7, v_9>$ 是关键活动，它在关键路径（$v_1, v_3, v_4, v_5, v_7, v_9$）上，而不在另一条关键路径（$v_1, v_3, v_4, v_5, v_8, v_9$）上，如果加快它的速度使之由 5 天完成变为 4 天完成，并不能使整个工程的工期由 24 天变为 23 天。如果一个关键活动处于所有关键路径上，则提高这个关键活动的完成速度就可以缩短整个工程的完成时间，如提高关键活动 $<v_1, v_3>$ 的完成速度，由 7 天完成变成 5 天完成，则整个工程用 22 天就可以完成。这是因为 $<v_1, v_3>$ 处于所有的关键路径上。另外，关键路径是可以变化的，提高某些关键活动的完成速度可能使原来的非关键路径变为新的关键路径。因而关键活动的完成速度提高是有限度的。例如图 7-32 中关键活动 $<v_1, v_3>$ 由 7 天完成变成 2 天完成后，路径（$v_1, v_2, v_4, v_5, v_7, v_9$）和（$v_1, v_2, v_4, v_5, v_8, v_9$）都变成了关键路径。此时，再提高 $<v_1, v_3>$ 的速度也不能使整个工程的工期缩短。所以，只有在不改变网的关键路径的情况下，提高关键活动的完成速度才有效。

◆ **子任务 4　最短路径**

除了连通网的最小生成树之外，我们有时还需要知道如两个城市之间是否有通路、一个城市到另一个城市哪条路最短等问题。我们可以用顶点表示城市，带权的弧表示两个城市之间的距离，这样，就可以把一个实际问题转化为在带权图中求两个顶点的最短路径的问题。

在图 7-34 所示的带权有向图中，假设从顶点 v_0 出发，求到各顶点的最短路径，计算如图 7-34 所示。

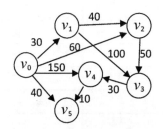

起始点	终点	最短路径	路径长度
v_0	v_1	（v_0, v_1）	30
v_0	v_2	（v_0, v_2）	60
v_0	v_3	（v_0, v_2, v_3）	110
v_0	v_4	（v_0, v_2, v_3, v_4）	140
v_0	v_5	（v_0, v_5）	40

图 7-34　从顶点 v_0 到其他各顶点的最短路径

从图 7-34 中可以看出，从顶点 v_0 到顶点 v_2 有两条路径：（v_0, v_1, v_2）和（v_0, v_2）。其中前者路径长度为 70，后者的路径长度为 60。因此，（v_0, v_2）是从顶点 v_0 到 v_2 的最短路径。从顶点 v_0 到顶点 v_3 有三条路径：（v_0, v_1, v_2, v_3）、（v_0, v_2, v_3）和（v_0, v_1, v_3）。其中第一条路径长度为 120，第二条路径长度为 110，第三条路径长度为 130，因此，（v_0, v_2, v_3）是从顶点 v_0 到顶点 v_3 的最短路径。

求最短路径的经典算法是由迪杰斯特拉（Dijkstra）提出的，因此也称为 Dijkstra 算法，它是根据路径长度递增的顺序求解从顶点 v_0 到其他各顶点的最短路径。

对于图 $G=(V, E)$，将图的顶点分为两组。第一组为 S：表示已经求出的最短路径的终点集合（开始为 $\{v_0\}$）。第二组 $V-S$：表示尚未求出最短路径的顶点集合（开始为 $V-\{v_0\}$ 的全部顶点）。

Dijkstra 算法将按照最短路径长度的递增顺序逐个将第二组的顶点加入第一组中，直到所有顶点都被加入第一组顶点集 S 为止。

设有一个带权有向图 $D=(V, E)$，定义一个数组 dist[]，数组中每个元素 dist[i] 表示顶点 v_0 到顶点 v_i 的最短路径长度，则长度为 dist[j]=min$\{$dist[i] $\mid v_i \in V\}$ 的路径表示从顶点 v_0 出发到顶点 v_j 的最短路径。也就是说，在所有顶点 v_0 到 v_j 的路径中，dist[j] 是最短的一条路径。而数组 dist 的初始状态是：如果从顶点 v_0 到顶点 v_j 存在弧，则 dist[i] 是弧 $<v_0, v_j>$ 的权值；否则 dist[j] 的值为 ∞。

Dijkstra 算法求解最短路径的步骤如下（假设有向图用邻接矩阵存储）：

（1）初始时，S 只包括源点 v_0，即 $S=\{v_0\}$，$V-S$ 包括除 v_0 以外的图中的其他顶点。从 v_0 到其他顶点的路径初始化为 dist[j]=G.arc[0][j].adj。

（2）选择距离顶点 v_i 最短的顶点 v_j，使得 dist[j]=min$\{$dist[i] $\mid v_i \in V-S\}$。

（3）修改从 v_0 到 v_j 的最短路径长度，其中 $v_i \in S$。如果 dist[k]+G.arc[k][i]<dist[i]，则修改 dist[i]，使得 dist[i]=dist[k]+ G.arc[k][k].adj。

（4）重复执行步骤（2）和（3），直到所有从 v_0 到其他顶点的最短路径长度被求出。

在图 7-34 所示的有向网中，求 v_0 到其他各顶点的最短路径及最短路径长度的算法如算法 7-11 所示。

算法 7-11　求 v_0 到其他各顶点的最短路径

```
#include "stdio.h"

#include "string.h"

#include "malloc.h"

#include "stdlib.h"

typedef char VertexType[4];

typedef char InforPtr;

typedef int VRType;

#define INFINITY 32768     // 定义一个无限大值

#define  MAXVERTEX 100   // 最大顶点个数

typedef int PathMatrix[MAXVERTEX][MAXVERTEX];

// 定义一个保存最短路径的二维数组

typedef int ShortPathLength[MAXVERTEX];

// 定义一个保存从顶点 v0 到顶点 v 的最短距离的数组

typedef enum{DG,DN,UG,UN} GraphKind;

// 图的类型，即有向图，有向网，无向图，无向网
```

```c
typedef struct{
    VRType adj; // 无权图，用1表示相邻，0表示不相邻，对于带权图，存储权值
    InforPtr *info;
}AcrNode,AdjMatrix[MAXVERTEX][MAXVERTEX];
typedef struct{
    VertexType ver[MAXVERTEX]; // 用于存储顶点
    AdjMatrix arc;
    int vexnum,arcnum;
    GraphKind kind;
}MGraph;
typedef struct{
    int row;
    int col;
    int weight;
}GNode;
void dijkstra(MGraph N, int v0,PathMatrix path,ShortPathLength dist)
{/* 用dijkstra算法求有向网N的v0顶点到其余各顶点的最短路径path[v]和最短路径长度
    dist[v]*/
    /*final[v]为1时表示v属于S,则已经求出从v0到v的最短路径 */
    int v,w,i,k,min;
    int final[MAXVERTEX]; /* 记录v0到该顶点的最短路径是否已经求出 */
    for(v=0;v<N.vexnum;v++){
        final[v]=0;
        dist[v]=N.arc[v0][v].adj; /* 数组dist存储v0到v的最短距离，初始化
                                        为v0到v的弧的距离 */
        for(w=0;w<N.vexnum;w++)
            path[v][w]=0;
        if(dist[v]<INFINITY)/* 如果v0到v有直接路径，则初始化路径数组 */
        {
            path[v][v0]=1;
            path[v][v]=1;
        }
    }
    dist[v0]=0;
    final[v0]=1;
    for(i=1;i<N.vexnum;i++)    {
        min=INFINITY;
        for(w=0;w<N.vexnum;w++)
```

```
                    if(!final[w] && dist[w]<min)
                    {
                            v=w;
                            min=dist[w];
                    }
            final[v]=1;
            for(w=0;i<N.vexnum;w++)
                    if(!final[w] && min<INFINITY && N.arc[v][w].adj<INFINITY
                    && (min+N.arc[v][w].adj<dist[w]))
                    {
                            dist[w]=min+N.arc[v][w].adj;
                            for(k=0;k<N.vexnum;k++)
                                    path[w][k]=path[v][k];
                            path[w][w]=1;
                    }
        }
}
void CreateGraph(MGraph *N,GNode *value,int vnum,int arcnum,VertexType
            *ch)
{// 采用邻接矩阵存储结构创建有向网 N
    int i,j,k;
    N->vexnum=vnum;
    N->arcnum=arcnum;
    for(i=0;i<vnum;i++)
        strcpy(N->ver[i],ch[i]);
    for(i=0;i<N->vexnum;i++)
        for(j=0;j<N->vexnum;j++)
        {
                N->arc[i][j].adj=INFINITY;
                N->arc[i][j].info=NULL;
        }
    for(k=0;k<arcnum;k++)
    {
        i=value[k].row;
        j=value[k].col;
        N->arc[i][j].adj=value[k].weight;
    }
    N->kind=DN;
```

```
}
void DisplayGrpah(MGraph N)
{
    int i,j;
    printf("有向网具有%d个顶点，顶点依次是:",N.vexnum,N.arcnum);
    for(i=0;i<N.vexnum;i++)
        printf("%s ",N.ver[i]);
    printf("\n有向网N:\n");
    printf("序号i=");
    for(i=0;i<N.vexnum;i++)
        printf("%8d",i);
    printf("\n");
    for(i=0;i<N.vexnum;i++){
        printf("%8d",i);
        for(j=0;j<N.vexnum;j++)
            printf("%8d",N.arc[i][j].adj);
        printf("\n");
    }
}
void main(){
    int i,vnum=6,arcnum=9;
    MGraph N;
    GNode
    value[]={{0,1,30},{0,2,60},{0,4,150},{0,5,40},{1,2,40},
        {1,3,100},{2,3,50},{3,4,30},{4,5,10}};
    VertexType ch[]={"v0","v1","v2","v3","v4","v5"};
    PathMatrix path;
    ShortPathLength dist;
    CreateGraph(&N,value,vnum,arcnum,ch);
    DisplayGrpah(N);
    dijkstra(N,0,path,dist);
    printf("%s 到各顶点的最短路径长度为:\n",N.ver[0]);
    for(i=0;i<N.vexnum;i++)
        if(i!=0)
            printf("%s-%s:%d]\n",N.ver[0],N.ver[i],dist[i]);
}
```

程序运行结果如图 7-35 所示。

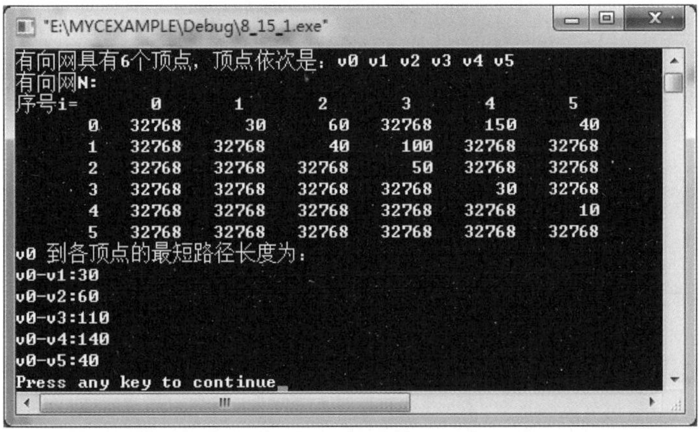

图 7-35　利用 Dijkstra 算法求解从 v_0 到其他各顶点的最短路径程序运行结果

任务实现

```c
#include "stdio.h"
#define MAX_VERTEX_NUM 50        /* 最大顶点个数 */
typedef struct{
    char vexs[MAX_VERTEX_NUM];                    /* 顶点信息用字符表示 */
    int arcs[MAX_VERTEX_NUM][MAX_VERTEX_NUM];/* 邻接矩阵 */
    int vexnum,arcnum;                            /* 图的顶点数和边数 */
}MGraph;
#define MAXEDGE 100     /* 图中最大边数 */
typedef struct{
    int v1;   /* 边的起始点 */
    int v2;   /* 边的终点 */
    int cost;/* 边的权值 */
}EdgeType;
void Creat_MG(MGraph *MG){
    /* 输入顶点和边的信息，建立图的邻接矩阵 */
    int i,j,k,w;
    int v1,v2;
    printf("\n输入顶点数：");
    scanf("%d",&MG->vexnum);
    printf(" 输入边数：");
    scanf("%d",&MG->arcnum);
    getchar();
    for(i=1;i<=MG->vexnum;++i){   /* 输入顶点信息，建立顶点数组 */
        printf(" 输入第 %d 个顶点 (char)：",i);
        scanf("%c",&MG->vexs[i]);getchar();
    }
    for(i=1;i<=MG->vexnum;++i)        /* 初始化邻接矩阵 */
        for(j=1;j<=MG->vexnum;++j)
```

```
                    MG->arcs[i][j]=32767;
    for(k=1;k<=MG->arcnum;k++){      /* 输入边信息，建立邻接矩阵 */
        printf(" 输入第 %d 条边 : v1(int) v2(int) w(int)   : ",k);
        scanf("%d%d%d",&v1,&v2,&w);
        MG->arcs[v1][v2]=MG->arcs[v2][v1]=w;
    }
}
void Prim(MGraph G,int u){
    int i,j,k,v,min,max=10000;
    EdgeType edges[MAXEDGE];
    for(j=1;j<=G.vexnum;j++)
    if(j!=u){/* 初始化 edges 数组 */
        edges[j].v1=u;
        edges[j].v2=j;
        edges[j].cost=G.arcs[u][j];
    }
    edges[u].cost=0;/* 将 u 加入 U*/
    for(i=1;i<G.vexnum;i++){
        min=max;
        for(j=1;j<=G.vexnum;j++)   /* 在 edges 中找代价最小的边 */
            if(edges[j].cost!=0 && edges[j].cost<min){
                min=edges[j].cost;k=j;
            }
        v=edges[k].v2;               /* 标记最短边的终点 v*/
        printf("\n\t城市的始点:%c --> 城市的终点:%c,费用 %d", G.vexs[edges[v].
               v1],G.vexs[edges[v].v2],edges[v].cost);
        edges[v].cost=0;            /* 将 v 加入 U*/
        for(j=1;j<=G.vexnum;j++)   /* 调整 edges 数组 */
            if(edges[j].cost!=0 && G.arcs[v][j]<edges[j].cost){
                edges[j].v1=v;
                edges[j].cost=G.arcs[v][j];
            }
    }
}
main(){
    MGraph MG;
    Creat_MG(&MG);
    Prim(MG,1);
    printf("\n");
}
```

程序运行结果如图 7-36 所示。

图 7-36　线路铺设最小代价程序运行结果

项目小结

　　图是一种复杂的非线性结构，具有广泛的用途。本项目介绍了图的基本概念、图的基本操作、图的存储结构（主要有三种形式，即邻接矩阵表示法、邻接表表示法和十字链表表示法）、图的遍历（有深度优先遍历和广度优先遍历）、图的最小生成树、有向无环图、关键路径、最短路径等。

　　构造最小生成树的算法主要有两个：普里姆算法和克鲁斯卡尔算法。关键路径是指最长的路径，关键路径表示了完成工程的最短工期，关键活动可以决定整个工程完成的日期。求最短路径的著名算法是 Dijkstra 算法。

　　相对而言，本项目是本书的难点，读者应认真理解其内容，深刻分析其算法实质，掌握图的有关术语及存储表示，只有这样，在实际遇到问题时，才能根据所学知识进行解决。

习题演练

一、选择题

1. 在一个具有 n 个顶点的有向图中，若所有顶点的出度之和为 s，则所有顶点的入度之和为（　　）。

A. s　　　　　　　　　　　　　　　　　　B. $s-1$

C. $s+1$　　　　　　　　　　　　　　　　　D. $2s$

2. 一个具有 n 个顶点的无向图，若具有 e 条边，则所有顶点的度之和为（　　）。

A. n　　　　　　　　　　　　　　　　　　B. e

C. $n+e$　　　　　　　　　　　　　　　　　D. $2e$

3. 一个具有 n 个顶点的无向完全图，所含边数为（　　）。

A. n

B. n（$n-1$）

C. n（$n-1$）/2

D. n（$n+1$）/2

4. 有向图中一个顶点的度是该顶点的（　　　）。

A. 入度

B. 出度

C. 入度与出度之和

D.（入度＋出度）/2

5. 一个无向图有 e 条边，若用邻接表存储，表中有（　　　）个边表结点。

A. e

B. $2e$

C. $e-1$

D. 2（$e-1$）

6. 实现图的广度优先遍历算法需要使用的辅助数据结构为（　　　）。

A. 栈

B. 队列

C. 二叉树

D. 树

7. 存储一个无向图的邻接矩阵一定是一个（　　　）。

A. 上三角矩阵

B. 稀疏矩阵

C. 对称矩阵

D. 对角矩阵

8. 在含 n 个顶点和 e 条边的无向图的邻接矩阵中，零元素的个数为（　　　）。

A. e

B. $2e$

C. $n^2 - e$

D. $n^2 - 2e$

9. 假设一个有 n 个顶点和 e 条弧的有向图用邻接表表示，则删除与某个顶点 v_i 相关的所有弧的时间复杂度是（　　　）。

A. O（n）

B. O（e）

C. O（$n+e$）

D. O（$n \times e$）

10. n 个顶点的有向完全图中含有向边的数目最多为（　　　）。

A. $n-1$

B. n

C. n（$n-1$）/2

D. n（$n-1$）

11. 已知一个有向图如图 7-37 所示，从顶点 a 出发进行深度优先遍历，不可能得到的 DFS 序列为（　　　）。

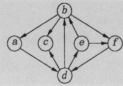

图 7-37　有向图（选择题第 11 题）

A. $a\,d\,b\,e\,f\,c$

B. $a\,d\,c\,e\,f\,b$

C. $a\,d\,c\,b\,f\,e$

D. $a\,d\,e\,f\,c\,b$

12. 有 n 个顶点的强连通图至少含有（　　　）。

A. $n-1$ 条有向边

B. n 条有向边

C. n（$n-1$）/2 条有向边

D. n（$n-1$）条有向边

二、填空题

1. 若采用邻接矩阵结构存储一个具有 n 个顶点的图，则对该图进行广度优先遍历的算法时间复杂度为 _____。

2. 在有向图中，以顶点 v 为终点的边的数目称为 v 的 _____。

3. 在一个具有 n 个顶点的无向图中，要连通所有顶点至少需要 _____ 条边。

4. 假定一个图具有 n 个顶点和 e 条边，则采用邻接矩阵、邻接表表示时，其相应的空间复杂度分别为 _____ 和 _____。

5. 对于一个具有 n 个顶点和 e 条边的无向图，当采用邻接矩阵、邻接表表示时，求任一顶点度数的时间复杂度分别为 _____ 和 _____。

6. 若一个图的顶点集为 $\{a, b, c, d, e, f\}$，边集为 $\{(a, b)，(a, c)，(b, c)，(d, e)\}$，则该图含有 _____ 个连通分量。

7. 若一个图的边集为 $\{(a, c)，(a, e)，(b, e)，(c, d)，(d, e)\}$，从顶点 a 出发进行深度优先搜索遍历得到的顶点序列为 _____，从顶点 a 出发进行广度优先搜索遍历得到的顶点序列为 _____。

8. 若一个连通图中每条边上的权值均不相同，则得到的最小生成树是 _____（唯一 / 不唯一）的。

9. N 个顶点的连通图用邻接矩阵表示时，该矩阵至少有 _____ 个非零元素。

三、应用题

1. 设有一有向图 $G=(V, E)$。其中 $V=\{v_1, v_2, v_3, v_4, v_5\}$，$E=\{<v_2, v_1>，<v_3, v_2>，<v_4, v_3>，<v_4, v_2>，<v_1, v_4>，<v_4, v_5>，<v_5, v_1>\}$，画出该有向图并判断是否为强连通图。

2. 画出图 7-38 无向图的邻接矩阵和邻接表表示。写出从顶点 V_1 出发的深度优先遍历序列和广度优先遍历序列。

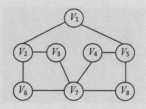

图 7-38 无向图（应用题第 2 题）

3. 分别用普里姆算法和克鲁斯卡尔算法构造图 7-39 中带权无向图的最小生成树，并求出该树的代价。

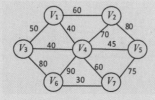

图 7-39 带权无向图（应用题第 3 题）

4. 已知带权图的邻接矩阵表示和邻接表表示的形式说明分别如下:

```
#define MaxNum 50// 图的最大顶点数
#define INFINITY INT_MAX //INT_MAX 为最大整数，表示 ∞
typedef struct{
  char vexs[MaxNum];// 字符类型的顶点表
  int edges[MaxNum][MaxMum];// 权值为整型的邻接矩阵
  int n,e;// 图中当前的顶点数和边数
}MGraph;// 邻接矩阵结构描述
typedef struct node{
  int adjvex;// 邻接点域
  int weight;// 边的权值
  struct node *next;// 链指针域
}EdgeNode;// 边表结点结构描述
typedef struct{
  char vertex;// 顶点域
  EdgeNode * firstedge;// 边表头指针
}VertexNode;// 顶点表结点结构描述
typedef struct {
  VertexNode adjlist[MaxNum];// 邻接表
  int n,e;// 图中当前的顶点数和边数
} ALGraph;// 邻接表结构描述
```

下列算法是根据一个带权图的邻接矩阵存储结构 G_1 建立该图的邻接表存储结构 G_2，请填入合适的内容，使其成为一个完整的算法。

```
void convertM(MGraph *G1,ALGraph *G2)
{
  int i,j;
  EdgeNode *p;
  G2->n=G1->n;
  G2->e=G1->e;
  for(i=0;i<G1->n;i++)
  {
  G2->adjlist[i].vertex=G1->vexs[i];
  G2->adjlist[i].firstedge=___(1)___;
  }
  for(i=0;i<G1->n;i++)
      for(j=0;j<G1->n;j++)
```

```
            if(G1->edges[i][j]<INFINITY)
            {
                    p=(EdgeNode *)malloc(sizeof(EdgeNode));
                    p->weight=__(2)__;
                    p->adjvex=j;
                    p->next=G2->adjlist[i].firstedge;
                    __(3)__;
            }
    }
```

四、算法设计题

1. 设计一个算法，删除无向图的邻接矩阵中的某个顶点。

2. 设计一个算法，分别求出用邻接矩阵和邻接表表示的有向图中顶点的最大出度值。

3. 若图用邻接矩阵存储，试设计深度优先遍历图的非递归算法。

4. 设计一个算法，求解无向图的连通分量的个数，并判定该图的连通性。

项目 8

查找

知识目标

（1）掌握在顺序表上进行查找的方法和算法，会计算相应时间复杂度和空间复杂度、平均查找长度

（2）掌握二分查找的条件及二分查找的方法和算法，会计算对应时间复杂度和空间复杂度

（3）掌握索引表的概念以及索引查找的方法和算法

（4）掌握散列表的概论，会采用除留余数法构造散列函数的方法、采用线性探测法和链接法处理冲突

技能目标

（1）能利用顺序表的查找算法，在编程实践中写出高质量的算法

（2）能利用二分查找法、索引查找及散列查找的方法在实践中写出高效的算法

素质目标

（1）能进行团队协作，开展算法效率分析

（2）具有不怕吃苦的精神

（3）具有一定的研究和创新精神

项目思维导图

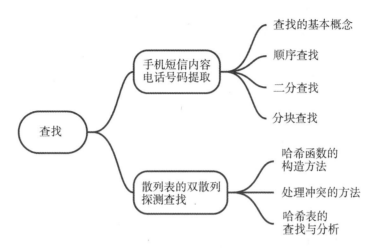

项目 8 课件　　　　　　　　项目 8 源代码

任务 1　手机短信内容电话号码提取

任务简介

在使用手机收发短信时，收到的短信内容中常会包含对方发来的号码，为了能直接提取其中的号码并存入手机的通讯录中，现要求开发手机系统软件中的一个子功能，实现从手机短信内容中识别和提取固定电话号码（以下简称电话号码，7 位或 8 位）和手机号码（11 位），并将其存入通讯录。

任务目标

掌握查找的基本概念，能利用顺序查找、二分查找、分块查找算法的思想，正确写出相应的查找算法，能对各查找算法的效率进行分析。

任务分析

要从手机短信内容中识别出电话号码或手机号码，必须从短信的第一个字符开始查找，找到第一个数值型字符（'0'~'9'），依次判断其后的字符。若其后有连续 6 个或 7 个数值型字符，则将其识别成电话号码并提取；若其后有连续 10 个数值型字符，则将其识别成手机号码并提取。继续向后搜索，直到整个短信内容查找完毕。

因为手机短信内容是没有规律的，所以查找只能用顺序查找法。

短信的内容以文本形式提供，通讯录中的信息采用文本文件的形式保存。

思政小课堂

大数据时代更要注意隐私信息保护

当今时代为大数据时代，互联网上记录了我们大量的个人信息，当我们网上购物、安装 APP、乘坐网约车等时，我们的个人信息都会被记录，这些信息都有可能被不法分子获得，因此，新时代保护个人隐私信息显得特别重要。在 2021 年 8 月 20 日，第十三届全国人大常委会第三十次会议通过《中华人民共和国个人信息保护法》，对保护个人信息权益、规范个人信息处理活动、促进个人信息合理利用等进行了规定。作为新时代大学生，我们一定要警惕网络诈骗，不要相信网上刷单骗局，不要接听来历不明电话，遇到任何需要打款的事项，多与朋友、家人商量，千万不要被网络骗子骗取信息及钱财。

知识储备

◆　**子任务 1　查找的基本概念**

在日常生活中，"查找"是一个很普通的词汇，人们几乎天天都要进行查找工作，如查名单，查电话号码，查机票、火车票、高铁票，百度搜索等。

查找的基本概念

查找（searching）是计算机科学中典型的问题之一，它有极为广泛的应用，在计算机科学领域，查找也称为检索，是数据处理领域中经常使用的一种运算，它有明确而严格的含义，下面先介绍它的几个基本概念：

（1）查找表（search table）：由同一类型的数据元素（或记录）构成的集合。由于"集合"中的数据元素之间存在着完全松散的关系，因此查找表是一种非常灵便的数据结构。

（2）关键字（key）：数据元素（或记录）中某个数据项的值，用它可以标识（识别）一个数据元素（或记录）。若一个关键字可以唯一地标识一个记录，则称此关键字为主关键字（primary key）。例如人事档案记录中"身份证号码"项是主关键字。显然，对不同的记录，其主关键字也不相同。若关键字识别的是若干个记录，则称此关键字为辅（次）关键字。例如人事档案记录中"职称"项就是辅关键字。当数据元素只有一个数据项时，其关键字即为该数据元素的值。

（3）查找：根据给定的某个关键字的值，在查找表中确定一个关键字值等于给定值的数据元素（或记录）。若表中存在一条这样的记录，则称查找是成功的，反之则称查找是不成功的。

（4）平均查找长度（ASL）：在查找过程中对关键字的值进行比较的次数的平均值。平均查找长度是衡量算法的一个重要指标。其定义如下：

$$ASL = \sum_{i=1}^{n} p_i c_i$$

其中，n 是指查找表的数据元素的个数，c_i 是指为找到表中关键字的值与给定值相等的 i 个结点而和给定值进行比较的次数，p_i 是指查找表中第 i 个结点的查找概率。如果每个数据元素的查找概率相等，则 $p_i = 1/n$。

（5）静态查找：仅仅在数据元素的集合中查找是否存在与关键字的值相等的数据元素。静态查找过程中所使用的存储结构称为静态查找表。

（6）动态查找：在数据查找过程中，同时进行数据的插入或删除操作。动态查找过程中所使用的存储结构称为动态查找表。

◆　子任务 2　顺序查找

顺序查找（sequential search）也称为线性查找，它的基本思想是用给定的值与表中各个记录的关键字值逐个进行比较，若找到相等的则查找成功，否则查找不成功，给出找不到的提示信息。这种查找方法对顺序存储和链式存储都适用。下面根据顺序存储结构给出顺序查找算法。

顺序查找

顺序查找的过程为：从表中最后一个记录开始，逐个将记录的关键字值和给定的值进行比较，若某个数据元素的关键字值和给定值相等，则查找成功，找到所查记录；反之，若一直找到第一个，数据元素的关键字值和给定值都不相等，则表明数组中没有所查元素，查找不成功。

顺序表是日常生活中常见的数据结构，在其中进行查找也是常见的操作。有关顺序表的类型说明如下：

```
typedef int KeyType;
#define MaxSize 100
typedef struct{
     KeyType key;
}Element;
typedef struct{
     Element elem[MaxSize];
   int length;
}SSTable;
```

顺序查找的算法如算法 8-1 所示。

算法 8-1　顺序查找

```
int SeqSearch(SSTable ST,KeyType key)
{// 在顺序表中查找关键字为 key 的数据元素
     int i;
     ST.elem[0].key=key; // 设置监视哨
     i=ST.length;
     while(ST.elem[i].key!=key)   // 从表尾向前查找
           i--;
     return i;
}
```

这个程序使用了一点小技巧，开始时将给定的关键字值 k 放入 $r[0].key$ 这个位置，然后从 n 开始倒着查，当某个 $r[i].key=k$ 时，查找成功，自然退出循环。若一直查不到，则直到 $i=0$ 时，由于 $r[0].key$ 必须等于 k，所以也退出循环。由于 $r[0]$ 起到了"监视哨"的作用，所以在循环中不必控制下标 i 是否越界，这就使得运算量大约减少一半。此查找函数结束时，根据返回的 i 值即可知查找结果。若 i 值大于 0，则查找成功，且 i 值即为找到的记录的位置；若 i 值等于 0，则表示查找不成功。

顺序查找的优点是算法简单。对于长度为 n 的顺序表，查找成功最多需要比较 n 次，查找失败需要比较 $n+1$ 次，当数据比较多时，查找效率较低。

假设表中有 n 个数据元素，且数据元素在表中出现的概率相等，即 $1/n$，则顺序表在查找成功时的平均查找长度为：

$$\text{ASL} = \sum_{i=1}^{n} p_i c_i = \sum_{i=1}^{n} \frac{1}{n}(n-i+1) = \frac{n+1}{2}$$

即查找成功时平均比较次数约为表长的一半，在查找失败时，即要查找的元素没有在表中，每次比较都需要进行 $n+1$ 次。

为了提高顺序查找的效率，可做如下改进：如果按关键字递增的顺序将结点排序，那么平均查找长度也会减少，因为这时不成功的查找不必扫描整个线性表，而只要扫描到表中的关键字小于（从表尾开始扫描）或大于（从表头开始扫描）给定值 key 就能确定要找的表中不存在所需结点。

◆   子任务 3   二分查找

二分查找又称为折半查找，是一种效率较高的查找方法，使用该方法进行查找时，要求结点按关键字大小排序，并且要求线性表为顺序有序存储。

二分查找的基本思想是：首先将待查找的 key 值和有序表 ST.elem[low，…，high] 中间位置 mid 上的结点关键字进行比较，若相等，则查找成功，返回该结点的下标 mid；否则，若 key<ST.elem[mid].key，则说明待查找的结点只可能在左子表 ST.elem[low，…，mid-1] 中，只要在左子表中继续进行二分查找即可；若 key>ST.elem[mid].key，则说明待查找的结点只可能在右子表 ST.elem[mid+1，…，high] 中，然后在右子表中继续进行二分查找即可。如此进行下去，直到找到关键字为 key 的结点，或者当前查找区间为空，查找失败。

二分查找

假设被查找的有序表中关键字序列为（10，15，20，25，36，47，57，68，75），当给定的 key 值分别为 15、68、22 时，进行二分查找的过程如图 8-1 所示，图中用大括号表示当前的查找区间，用"↑"指示中间位置 mid 以及 low 和 high。

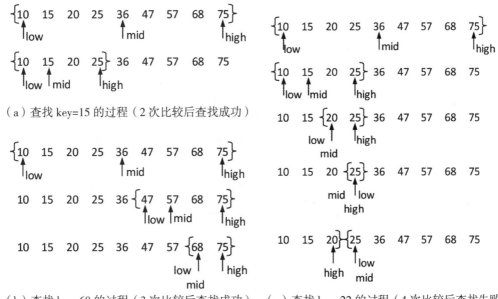

（a）查找 key=15 的过程（2 次比较后查找成功）

（b）查找 key=68 的过程（3 次比较后查找成功）   （c）查找 key=22 的过程（4 次比较后查找失败）

图 8-1   二分查找过程示例

二分查找的算法如算法 8-2 和算法 8-3 所示。

算法 8-2   二分查找算法（非递归算法）

```
int Bin_Search1(SSTable ST,KeyType key)
{// 二分查找的非递归算法
    int mid,low,high;
    low=1;high=ST.length; // 设置初始查找区间
    while(low<=high)
```

```
{
        mid=(low+high)/2;  // 取中间元素位置
        if(key==ST.elem[mid].key)
                return  mid;  // 查找成功
        else
                if(key<ST.elem[mid].key)
                        high=mid-1;
                else
                        low=mid+1;
    }
    return 0; // 查找失败
}
```

算法 8-3   二分查找算法 (递归算法)

```
int Bin_Search2(SSTable ST,int low,int high,KeyType key)
{// 对有序表进行二分查找的递归算法
    int mid;
    if(low<=high)
    {
        mid=(low+high)/2;
        if(key==ST.elem[mid].key) return mid;
        else
                if(key<ST.elem[mid].key)
                        return Bin_Search2(ST,low,mid-1,key);
                else
                        return Bin_Search2(ST,mid+1,high,key);
    }
    else
        return 0; // 查找失败
}
```

二分查找的过程可用一棵二叉树来描述。把整个查找区间的中间结点的位置作为根结点，左子表或右子表的中间结点的位置作为根结点的左孩子和右孩子，依次类推，得到的二叉树称为判定树。例如，对于图8-1所示的9个元素的表，进行二分查找的判定树如图8-2所示。若查找结点36，则只需要进行1次比较；若查找结点15和57，只需要比较2次；如果查找10、20、47、68则只需要比较3次。由此可见，二分查找过程恰好走了一条从判定树的根结点到被查结点的路径，比较的关键字个数恰好为该结点在树中的层数。

因此，二分查找在查找成功时进行比较的关键字个数最多不超过判定树的深度，而具有n个结点的判定树的深度为（$\log_2 n$）+1，所以，二分查找在查找成功时和给定值进行比较的关键字个数至多为（$\log_2 n$）+1。

为了便于讨论，以树高为k的二叉树为例，假设表中每个结点的查找概率相等，即

$p_i=1/n$，则二分查找的平均查找长度为：

$$ASL = \sum_{i=1}^{n} p_i c_i$$

$$= \frac{1}{n}(1 \times 2^0 + 2 \times 2^1 + 3 \times 2^2 + \cdots + k \times 2^{k-1})$$

$$= \frac{n+1}{n}\log_2(n+1) - 1$$

$$\approx \log_2(n+1) - 1$$

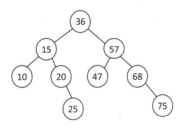

图 8-2　具有 9 个结点的有序表的二分查找判定树

在二分查找中，查找失败也对应着判定树中的一条路径，它是从根结点到相应结点的空子树。当待查区间为空，即区间上界小于区间下界时，比较过程就达到了这棵空子树。例如，在图 8-1（c）中查找关键字 22 的结点时，就走了一条这样的路径。由此可见，二分查找失败时，同关键字进行比较的次数也不会超过树的高度，所以，不论二分查找成功与否，其时间复杂度均为 $O(\log_2 n)$。

虽然二分查找的效率高，但它要求查找表按关键字排序，而排序本身是种很费时的运算，即使采用高效率的排序方法也要花费 $O(n\log_2 n)$ 的时间，另外，二分查找只适用顺序存储结构，而顺序结构的插入和删除都必须移动大量的元素，因此，二分查找只适用于那些一经建立就很少改动而又经常需要进行查找的线性表。对那些查找少而又经常需要改动的线性表，可采用链表作为存储结构，进行顺序查找。

◆　**子任务 4　分块查找**

分块查找也称为索引顺序查找，是对顺序查找的一种改进。在分块查找中，需要两个表，一个是查找表，一个是索引表。分块查找要求将查找表分成若干个子表（或称块），并对每个子表建立一个索引项，索引项包括两个域，即关键字域（用来存放该子表中的最大关键字）和指针域（用来指示该子表的第一个记录在表中的位置）。查找表有序或者分块有序（块间有

分块查找

序，块内无序）。索引表按关键字有序。

所谓"分块有序"指的是第二块中所有记录的关键字增多大于第一块中最大的关键字，第三块中所有关键字均大于第二块中最大的关键字，依次类推。

假设被查找的关键字序列为（18，15，19，20，5，22，24，36，23，37，50，48，63，75，53），将关键字序列分为 3 块，建立的查找表及其索引表如图 8-3 所示。

图 8-3 就是满足分块查找要求的存储结构，其中查找表有 15 个结点，被分为 3 块，

每块中有 5 个结点，第一块中最大关键字 20 小于第二块最小关键字 22，第二块中最大关键字 37 小于第三块最小关键字 48。

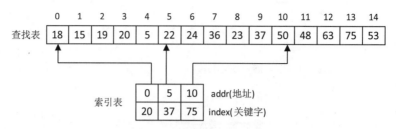

图 8-3 分块查找的存储表示

分块查找时，首先用给定值 key 在索引表中检测索引项，用以确定所要进行的查找在查找表中的查找分块，然后再对该分块进行查找。由于索引表是按关键字有序的，因此在索引表上既可以采用顺序查找，也可以采用二分查找。由于每个块中的结点排列是任意的，因此，在块内只能采用顺序查找。

例如，在图 8-3 所示的存储结构中，查找关键字为 36 的结点，假设采用顺序的方法查找索引表，首先将 36 同第一项索引值 20 进行比较，由于 36>20，故不在第一块；接着与第二块进行比较，由于 36<37，所以，如果关键字 36 存在，必定在第二块中；再由索引表找到第二块的起始地址 5，从该地址开始进行顺序查找，直到找到为止。若查找关键字为 25 的结点，类似地，先确定在第二块，然后在该块中查找，查找不成功说明表中不存在关键字为 25 的结点。

分块查找算法源代码如算法 8-4 所示。

算法 8-4 分块查找

```
typedef int KeyType;
#define MaxSize 100
#define Block 20
typedef struct{
    KeyType key;
}Element;
typedef struct{
    Element elem[MaxSize];
    int length;
}SSTable;  // 顺序表类型说明
typedef struct{
    int addr;
    KeyType index;
}IdTable;  // 索引表类型说明
IdTable id[Block];
int Block_Search(SSTable ST,IdTable id[],KeyType key)
{ // 在顺序表 ST 和索引表 id 上分块查找关键字 key
```

```
        int i,mid;
        int low1,high1;   // 标识索引表的区间
        int low2,high2;   // 标识查找表的区间
        low1=0;high1=Block-1;
        while(low1<high1)// 分析关键字在索引表中可能的位置
        {
                mid=(low1+high1)/2;
                if(key<=id[mid].index)
                        high1=mid-1;
                else
                        low1=mid+1;
        }
        if(low1<Block)
        {
                low2=id[low1].addr; // 块的起始地址
                if(low1==Block-1)
                        high2=ST.length-1;   // 求块末地址
                else
                        high2=id[low1+1].addr-1;
        }
        for(i=low2;i<high2;i++)   // 在块内顺序查找
                if(ST.elem[i].key==key) return i;
        return 0;
}
```

由算法可知，分块查找的平均查找长度由两部分组成：

$$ASL = ASL_{索引表} + ASL_{子表}$$

其中，$ASL_{索引表}$为查找索引表、确定待查块所需要的平均查找长度，$ASL_{子表}$是在块中查找结点所需的平均查找长度。假设线性表中有 n 个结点，平均分成 b 块，每块含有 s 个结点，即 $b \times s=n$。又假设查找块或结点的概率相等，则每块查找的概率为 $1/b$，块中每个结点的查找概率为 $1/s$。

若用顺序查找确定所在块，则分块查找的平均查找长度为：

$$ASL = ASL_{索引表} + ASL_{子表}$$
$$= \frac{1}{b}\sum_{j=1}^{b} j + \frac{1}{s}\sum_{i=1}^{s} i = \frac{b+1}{2} + \frac{s+1}{2}$$
$$= \frac{1}{2}(\frac{n}{s}+s)+1$$

可见，分块查找的平均查找长度不仅和表的总长度 n 有关，还和每一块中的结点个数 s 有关。在表长 n 确定的情况下，s 取 $\sqrt{n}$ 时，ASL 取最小值 $\sqrt{n}+1$。

若用分块查找确定所在块，则分块查找的平均查找长度为：

$$ASL = ASL_{索引表} + ASL_{子表} \approx \log_2(\frac{n}{s}+1) + \frac{s}{2}$$

分块查找的优点是：在查找表中插入和删除一个结点时，只要找到该结点所属的块，在块内插入和删除即可，因块内结点的存放是任意的，所以插入或删除比较容易，无须移动结点。分块查找的缺点是：需要增加一个索引表的存储空间和一个将初始表分块排序的运算。

任务实现

```c
#include<stdio.h>
#include<stdlib.h>
#include<string.h>
typedef struct{
    char word[200];/* 短信内容 */
}message;
typedef struct b{ // 存储通讯录
    char name[8];        /* 姓名 */
    char phone[12];/* 电话号码或手机号码 */
}note;
void getMessage(){// 输入短信内容
    FILE *fp;
    message *m;
    m=(message *)malloc(sizeof(message));
    fp=fopen("message.txt","w");
    if(fp==NULL){
        printf("file open error\n");
        exit(0);
    }
    printf(" 请输入短信内容：(200 字以内 )\n\t");
    gets(m->word);
    fputs(m->word,fp);
    fclose(fp);
}
void getPhone(char phone[12])// 提取短信中的电话号码或手机号码
{
    FILE *fp; char c; char num[12];
    int count=0,no=0;
    fp=fopen("message.txt","r");
    if(fp==NULL) {
        printf("file open error\n");
        exit(0);
```

```
        }
    phone[0]='\0';
    while(!feof(fp))
    {
            c=fgetc(fp);
            if(c>='0'&&c<='9'){
                    num[count]=c; count++;
            }
            else if(count==8||count==11)
                    break;
            else{
                    if(count<8)  count=0;
                    else if(count<11)
                            count=0;
            }
    }
    if(count==11){
            num[count]='\0'; strcpy(phone,num);
    }
    else if(count==8){
            num[count]='\0'; strcpy(phone,num);
    }
    else if(count==0){
            printf(" 短信中无电话号码 !\n"); exit(0);
    }
    printf(" 号码提取成功 !\n\n");
    fclose(fp);
}
void creatPBook(char phone[12])  // 添加已提取出的号码到通讯录
{
    FILE *fp;int i=0;char c;
    note *book;
    book=(note *)malloc(sizeof(note));
    fp=fopen("PhoneBook.txt","a");
    if(fp==NULL){
            printf("file open error\n");
            exit(0);
    }
    if(phone[0]!='\0')
    {
```

```
                printf(" 短信中的电话号码 :\n");
                printf("%s\n 确定存储该号码？ <y/n>",phone);
                scanf("%c",&c);
                fflush(stdin);
                if(c=='y'||c=='Y'){
                        printf(" 电话本打开成功 !\n");
                        printf(" 输入该号的姓名 :\n");
                        scanf("%s",book->name);
                        strcpy(book->phone,phone);
                        fprintf(fp,"%-16s%s\n",book->name,book->phone);
                        printf(" 联系人添加成功 !\n\n");
                }
        }
        fclose(fp);
}
void exportPbook()    // 导出通讯录
{
        FILE *fp;char name[8],number[12];
        fp=fopen("PhoneBook.txt","r");
        if(fp==NULL){
                printf("file open error\n");
                exit(0);}
        printf(" 姓名 \t\t 号码 \n");
        while(!feof(fp)){
                fscanf(fp,"%s %s\n",name,number);
                printf("%-16s%s\n",name,number);}
        fclose(fp);
}
main() // 主函数
{  int n;   char phone[12];
   printf("**********************************************************\n");
   printf("*              欢迎使用本系统                   *\n ");
   printf("**********************************************************\n");
   printf("*          1.   输入短信内容                    *\n ");
   printf("*          2.   获取短信中的号码           *\n");
   printf("*          3.   添加联系人                      *\n ");
   printf("*          4.   导出通讯录                      *\n ");
   printf("*          0.   退   出                              *\n ");
   printf("**********************************************************\n\n\n");
        do{
```

```
        printf(" 请选择要执行的功能模块 :\n");
        scanf("%d",&n);
        fflush(stdin);// 清空输入缓冲区
        switch(n){
                case 0: printf(" 谢谢使用 !\n");break;
                case 1: getMessage();break;
                case 2: getPhone(phone);break;
                case 3: creatPBook(phone);break;
                case 4: exportPbook();break;
        }
    }while(n);
}
```

程序运行结果如图 8-4 所示。

图 8-4　手机短信内容电话号码提取程序运行结果

任务 2　散列表的双散列探测查找

任务简介

试在 0~10 的散列地址空间对关键字序列 (22，41，53，46，30，13，1，67) 构造散列表。利用双散列探测方法处理冲突。散列函数可按如下方法构造：

$$H_1(\text{key})=\text{key}\%M；\quad H_2(\text{key})=\text{key}\%N$$

任务目标

掌握哈希函数的构造方法，会利用哈希函数进行冲突的处理，理解哈希表的查找与分析原理。

M 可取 11，N 可取 7，开放地址法探测序列：$d_1=H_1(key)$；$d_2=(d_1+H_2(key))\%M$。

算法输入：散列表及其长度，结点关键字序列。

算法输出：散列表地址；结点关键字在散列表中存放显示；结点关键字在散列表中存放时的冲突次数。

思政小课堂

学会冷静处理冲突

散列表其实是数据存储的一种方法，也称为散列存储，需要我们构造一个函数（哈希函数）进行存储，但不管是什么函数，存储数据时都可能产生冲突，因此，我们需要找一个很好的解决冲突的方法。同样，在我们生活中，人与人不可避免会产生冲突，我们需要冷静分析，千万不能冲动。人在冲动时，往往会把本应当很好解决的事情变得很难解决。遇事学会冷静思考，认真分析，找出一种好的解决冲突的方法，是一个有知识、有素养的人应当学会的。每个大学生都应当学会遇事冷静分析，具备处理冲突、解决冲突的能力。

知识储备

前面的查找算法有一个共同的特点，就是以待查记录或元素的关键字 key 为标准，查找记录时要进行一系列关键字值的比较。这类查找方法是建立在"比较"的基础上的，查找效率依赖于查找过程中进行比较的次数。那么，是否可以不用比较就直接计算出记录的存储地址，从而找到所要的结点呢？答案是肯定的。要想不经过比较就能找到一个元素，需要将结点的存储位置与它的关键字建立一个确定的关系，使每个关键字和一个唯一的存储位置对应，在查找时，只需要根据对应的关系计算出给定的存储位置。这就是哈希查找方法的基本思想。

利用函数的概念，在记录的存储地址与它的关键字之间建立一个确定的对应关系 H，使每个关键字和记录中唯一的一个存储位置相对应，在查找时，只要根据这个对应关系 H 就能找到给定关键字 key 的存储地址，若存在与 key 相等的记录，则必定在 $H(key)$ 的存储位置上，由此，不需要进行比较，就可以直接取得要找的记录。我们称这个对应关系 H 为关键字集合到地址空间的哈希 (Hash) 函数，此时的地址空间表为哈希表或散列表。

当关键字集合很大时，关键字值不同的元素可能会映射到哈希表的同一地址上，即 $k_1 \neq k_2$，但 $H(k_1)=H(k_2)$，这种现象称为冲突，k_1 与 k_2 称为同义词。实际上，冲突是不可避免的，只能通过改良哈希函数的性能来减少冲突的发生。

因此，哈希查找需要解决以下两个问题。

（1）如何构造哈希函数。

（2）如何处理冲突。

◆ 子任务 1 哈希函数的构造方法

构造散列函数的目标是使散列地址尽可能均匀分布在散列空间上，同时使计算尽可能简单，以节省计算时间。根据关键字的结构和分布不同，可构造出与之适应的各不相同的散列函数，尽可能提高运算效率。常用的构造散列函数的方法主要有以下几种。

哈希函数的
构造方法

1. 直接定址法

直接定址法是指根据关键字的值，取对应的线性函数的值作为其存储地址，即：

$$H(key)=a×key+b$$

这类函数是一一对应函数，不会产生冲突，它适用于关键字的分布基本连续的情况。若关键字分布不连续，将造成存储空间的浪费。

例如：有一组序列关键字为（100，200，400，600，800，900），选取的散列函数为 $H(key)=key/100$，则关键字分布情况如图 8-5 所示。

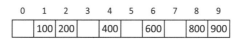

图 8-5　直接定址法构造哈希表

如果选取的散列函数为 $H(key)=key$，则需要 900 个存储空间，显然，这是对存储空间的极大浪费。

2. 除留余数法

除留余数法是指选取一个适当的正整数 p，用 p 去除关键字，取所得余数作为散列地址，即：

$$H(key)=key\%p$$

使用除留余数法，选取合适的 p 很重要。若散列表的表长为 m，一般选择 p 小于或等于 m 的某个最大素数比较好。若 p 选取得不好，容易产生同义词。

由于除留余数法的地址计算公式简单，而且在许多情况下效果较好，因此除留余数法是一种最常用的构造散列函数的方法。

例如：有一组序列关键字为（25，48，27，63，51，22，20，34），设哈希表长为 11，则 p 可取 11，用除留余数法构造散列表如图 8-6 所示。

0	1	2	3	4	5	6	7	8	9	10
22	34		25	48	27		51	63	20	

图 8-6　除留余数法构造哈希表

3. 数字分析法

数字分析法是取关键字中某些取值较均匀的数字作为哈希地址的方法。它适用于所有关键字值已知的情况。我们可对关键字中的每一位的取值分布情况做出分析，从而可以把一个很大的关键字取值区间转化为一个较小的取值区间。例如，要构造一个数据元素个数 $n=60$、长 $m=100$ 的哈希表，我们只给出其中 8 个关键字进行分析，这 8 个关键字值如下：

$$k_1=2016810231 \quad k_2=2015920314 \quad k_3=2017840574 \quad k_4=2016830478$$
$$k_5=2016850478 \quad k_6=2015960784 \quad k_7=2017840476 \quad k_8=2016860498$$

分析上面的 8 个关键字可以发现，关键字从左到右的第 1~5、9~10 位取值都比较集中，不宜于作为哈希地址，剩下的 6~8 位取值比较均匀，可以作为哈希地址。如果地址长度为 1000 以内，则这 8 个关键字的哈希地址为：102，203，405，304，504，607，404，604。

4. 平方取中法

平方取中法是取关键字平方的中间几位作为散列地址的方法，具体取多少位视实际要求而定。一个数平方后的中间几位和该数的每一位都有关，从而可知，由平方取中法得到的散列地址同关键字的每一位都有关，这使得散列地址具有较好的分散性。平方取中法适用于关键字中的每一位取值都不够分散或较分散的位数小于散列地址所需要的位数的情况。

例如，有一组关键字如下：

（0100，0110，1010，1001，0111）

其平方结果是：

（0010000，0012100，1020100，1002001，0012321）

若表长为 1000，则可取中间 3 位作为散列地址，即：

（100，121，201，020，123）

5. 折叠法

折叠法是首先将关键字分割成位数相同的几段（最后一段的位数若不足应补 0），段的位数取决于散列地址的位数，由实际需要而定，然后将它们的叠加和（舍去最高位相加）作为散列地址的方法。

折叠法又可分为移位叠加和边界叠加两种。移位叠加是将各段的最低位对齐，然后相加；边界叠加则是两个相邻的段沿边界来回折叠，然后对齐相加。

例如：关键字 key=753234648，散列地址为 3 位，则将此关键字从左到右按每 3 位一段进行划分，得到的 3 段为 753、234 和 648，则移位叠加和边界叠加的散列地址分别如图 8–7 所示。

```
        753              753
        234              432
    +   648          +   648
    _____         _____
       1635             1833
   H(key)=635       H(key)=833
   （a）移位叠加     （b）边界叠加
```

图 8–7　折叠法求散列地址示例

折叠法适用于关键字的位数较多而所需的散列地址位数又较少，同时关键字位的取值又比较集中的情况。

6. 随机函数法

选择一个随机函数，取关键字的随机函数值作为它的散列地址，即：

$$H(key)=random(key)$$

其中，random 为随机函数。

通常，当关键字长度不等时，采用此法构造散列地址较恰当。

◆ 子任务 2　处理冲突的方法

不同的关键字值用哈希函数计算得到的哈希地址可能是相同的，然而同一存储位置不可能存储两个元素，我们将这种情况称为冲突。冲突是不可能完全避免的，处理冲突指的是一旦发生冲突，则为发生冲突的元素寻找另一个空闲的哈希地址存放。处理冲突的方法主要有两种，即开放地址法和链地址法。

处理冲突的方法

1. 开放地址法

用开放地址法解决冲突的做法是：当发生冲突时，使用某种探测技术在散列表中形成一个探测序列，沿此序列逐个单元查找，直到找到给定的关键字或者遇到一个开放的地址（即该地址单元为空）为止。插入时探测到开放的地址，则可以将待插入的新结点存入该地址单元；查找时探测到开放的地址，则表明表中无待查的关键字，即查找失败。注意：用开放地址法建立散列表时，建表前须将表中所有单元置空。

开放地址法的一般形式为：

$$H_i=(H(key)+d_i)\%m \qquad (i=1，2，3，\cdots，m-1)$$

其中，$H(key)$ 为散列函数，d_i 为增量序列，m 为散列表长。$H(key)$ 是初始的探测位置，后续的探测位置依次为 H_1，H_2，$\cdots$，H_{m-1}，即 $H(key)$。H_1，H_2，$\cdots$，H_{m-1} 形成了一个探测序列。

按照形成探测序列的方法不同，可将开放地址法分为线性探测法、二次探测法和双散列函数探测法。

（1）线性探测法。

线性探测法的基本思想是：将散列表 $T[0，\cdots，m-1]$ 看作一个循环表，若初始探测的地址为 d（即 $H(key)=0$），则最长的探测序列为 d，$d+1$，$d+2$，$\cdots$，$m-1$，0，1，$\cdots$，$d-1$，也就是说，探测时从地址 d 开始，首先探测 $T[d]$，然后依次探测 $T[d+1]$ 等，直到 $T[m-1]$，此后又循环到 $T[0]$，$T[1]$，等等，直到探测到 $T[d-1]$ 为止。

探测过程终止有 3 种情况：① 若当前探测的单元为空，则表示查找失败，若是插入则将 key 写入其中；② 若当前探测的单元中含有 key，则查找成功，但对于插入意味着失败；③ 若探测到 $T[d-1]$ 时，仍未发现空单元也未找到 key，则无论是查找还是插入均意味着失败（此时表已满）。

例如：已知一组序列关键字为（39，23，41，38，44，15，68，12，06，51，25），

则按散列函数 H（key）=key%13 和线性探测法处理冲突构造所得到的散列表 HT[0~14]，如图 8-8 所示。

	0	1	2	3	4	5	6	7	8	9	10	11	12	13	14
HT	39	25	41	15	68	44	06				23		38	12	51

图 8-8   线性探测法处理冲突构造散列表

首先用散列函数计算散列地址，若该地址为空，则插入新结点；否则进行线性探测。

H（39）=0，H（23）=10，H（41）=2，H（38）=12，H（44）=5，H（15）=2，

H（68）=3，H（12）=12，H（06）=6，H（51）=12，H（25）=12

插入 39、23、41、38、44 时，由散列函数得到的散列地址没有冲突，直接插入。

插入 15 时，其散列地址为 2，产生冲突，经过线性探测，得到的地址为 3，无冲突，因此将 15 插入 HT[3] 中。

插入 68、12 时，它们的散列地址分别为 3 和 12，均经过一次线性探测，分别插入 HT[4] 和 HT[13] 中。

06 直接插入 HT[6] 中。

插入 51 时，其散列地址为 12，经过两次线性探测，插入 HT[14] 中。

插入 25 时，其散列地址为 12，经过四次线性探测，得到的地址分别为 13、14、0、1，由于地址 1 无冲突，25 插入 HT[1] 中。

线性探测法可能使第 i 个散列地址的同义词存入第 i+1 个散列地址，这样本应存入第 i+1 个散列地址的元素变成了第 i+2 个散列地址的同义词，因此，可能出现很多元素在相邻的散列地址上"堆积"的情况，大大降低了查找效率。为此，可采用二次探测法或双散列函数探测法，以改善"堆积"问题。

（2）二次探测法。

二次探测法的探测序列依次是 $d+1^2$，$d-1^2$，$d+2^2$，$d-2^2$，等等，也就是说，发生冲突时，将同义词来回散列在第一个地址 $d=H$（key）的两端。

例如，在长度为 15 的散列表 HT[0~14] 中，已经填有关键字 59、6、22、18，如图 8-9（a）所示，现在将关键字 44 也按散列函数 H（key）=key%13 和二次探测法处理冲突并填入表，如图 8-9（b）所示。

	0	1	2	3	4	5	6	7	8	9	10	11	12	13	14
HT						18	6	59		22					

（a）插入 44 前

	0	1	2	3	4	5	6	7	8	9	10	11	12	13	14
HT					44	18	6	59		22					

（b）插入 44 后

图 8-9   二次探测法处理冲突插入关键字 44

填入关键字 44 时，其散列地址为 5，产生冲突，经过二次探测得到的地址为 6，仍有

冲突，再经过二次探测，得到的地址为 4，无冲突，因此将 44 填入 HT[4] 中。

虽然二次探测法减少了"堆积"的可能性，但是二次探测法不容易探测到整个散列表空间，只有当表长 m 为 $4j+3$ 的素数时，才能探测到整个表空间，这里 j 为某一正整数。

（3）双散列函数探测法。

$$H_i=(H(key)+i\times ReH(key))\%m \quad (i=1, 2, \cdots, m-1)$$

其中，H（key）、ReH（key）是两个散列函数，m 为散列表长度。

双散列函数探测法是指，先用第一个函数 H（key）对关键字计算散列地址，一旦产生地址冲突，则用第二个函数 ReH（key）确定移动的步长因子，最后，通过步长因子序列由探测函数寻找空的散列地址。

例如：H（key）$=a$ 时产生地址冲突，就计算 ReH（key）$=b$，则探测的地址序列为：

$$H_1=(a+b)\%m, \quad H_2=(a+2b)\%m, \quad H_3=(a+3b)\%m, \quad \cdots, \quad H_{m-1}=(a+(m-1)b)\%m$$

2. 链地址法

链地址法解决冲突是将所有关键字为同义词的结点链接在同一个单链表中。若散列函数的值域为 0 到 $m-1$，则可将散列表定义为一个由 m 个头指针组成的指针数组 HT[m]，凡是散列地址为 i 的结点，均插入以 HT[i] 为头指针的链表中。

向采用链地址法解决冲突的散列表中插入一个关键字为 key 的结点时，首先根据关键字 key 计算出散列地址 d，然后把由该结点生成的动态结点插入下标为 d 的单链表的表头（可插入单链表的任何位置，但插入表头最方便）。查找过程也与插入类似，首先计算出散列地址 d，然后从下标为 d 的单链表中顺序查找关键字为 key 的结点，若查找成功，则返回该结点的存储地址，若查找失败则返回空指针。

例如：已知一组序列关键字为（39，23，41，38，44，15，68，12，06，51，25），则按散列函数 H（key）$=$key%13 和链地址法构造所得的散列表如图 8-10 所示。

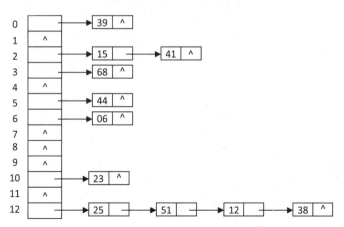

图 8-10　链地址法处理冲突构造散列表示例

与开放地址法相比，链地址法有如下优点：链地址法不会产生"堆积"现象，因而平均查找长度较短；由于链地址法中各单链表上的结点空间是动态申请的，故它更适合于构造表前无法确定表长的情况；在用链地址法构造的散列表中，可以任意地插入和删除结点。

◆　子任务3　哈希表的查找与分析

散列表的查找过程基本上和构造过程相同。一些关键字可通过散列函数转换的地址直接找到，另一些关键字在散列函数得到的地址上产生了冲突，需要按处理冲突的方法进行查找。在前文介绍的两种处理冲突的方法中，产生冲突后的查找过程仍然是给定值与关键字进行比较的过程。所以，散列表的查找效率依然用平均查找长度来衡量。

在查找过程中，关键字的比较次数取决于产生冲突的多少。产生的冲突少，查找效率就高；产生的冲突多，查找效率就低。因此，影响产生冲突多少的因素，也就是影响查找效率的因素。影响产生冲突多少的因素有以下3个。

（1）散列函数是否均匀。

（2）处理冲突的方法。

（3）散列表的装填因子。

尽管散列函数的"好坏"直接影响冲突产生的频度，但在一般情况下，我们认为所选的散列函数是"均匀的"，因此，可不考虑散列函数对平均查找长度的影响。就线性探测法和链地址法处理冲突的例子来看，相同的关键字集合，同样的散列函数，在等概率查找情况下的平均查找长度却不相同。

例如，前面的例子中用线性探测法和链地址法构造的两个散列表，在查找概率相等的前提下，平均查找长度分别为：

$$ASL_{线性探测法} = (1+5+1+2+2+1+1+1+1+2+3) \div 11 = 20 \div 11 \approx 1.82$$

$$ASL_{链地址法} = (1 \times 7 + 2 \times 2 + 3 \times 1 + 4 \times 1) \div 11 = 18 \div 11 \approx 1.64$$

在一般情况下，处理冲突方法相同的散列表，其平均查找长度的不同依赖于表的装填因子的不同。散列表的装填因子定义为：

$$\alpha = \frac{填入表中的元素个数}{散列表的长度}$$

α是散列表装满程序的标志因子。由于表长是定值，α与"填入表中的元素个数"成正比，因此，α越大，填入表中的元素较多，产生冲突的可能性就越大；α越小，填入表中的元素较少，产生冲突的可能性就越小。

在散列存储中，插入和查找的速度是相当快的，它优于前面介绍过的方法，特别是当数据量很大时更是如此。

散列存储的缺点是：根据关键字计算散列地址需要花费一定的计算时间，若关键字不是整数，则首先要把它转换成整数，为此，也要花费一定的转换时间；占用的存储空间较多，因为采用开放地址法处理冲突的散列表总是取α值小于1，采用链地址法处理冲突的散列表同线性表的链式存储相比多占用了一个具有m个位置的指数级空间；在散列表中只能按关键字查找元素，而无法按非关键字查找元素；线性表中元素之间的逻辑关系无法在散列表中体现出来。

任务实现

```c
#include <stdio.h>
#define M 11
#define N 7
typedef int keytype;
typedef struct{
  keytype key; // 关键字
  keytype sn; // 探测次数
}HashList;
HashList hash[M]={0,0};
void hashtab(int x){/* 散列表的建立及插入算法 */
  int d,sum=0;
  d=x%M;
  if(hash[d].key==0){/* 一次探测无冲突发生 */
    hash[d].key=x;
    hash[d].sn=1;
  }
  else{/* 发生冲突 */
    while(hash[d].key!=0){/* 产生探测序列 */
      d=(d+x%N)%M;
      sum++;
    }
    hash[d].key=x;/* 将结点放入开放地址 */
    hash[d].sn=sum+1;/* 探测次数递增 */
  }
}
int hashsearch(int x){/* 散列表的查找算法 */
  int d,sum=0;
  d=x%M;
  while(hash[d].key!=0 && hash[d].key!=x){/* 产生探测序列 */
    d=(d+x%N)%M;
    sum++;
  }
  if(hash[d].key==0){/* 查找失败 */
    printf("\n查找失败 %d 不在哈希表中 ",x);
    return 0;
  }
  else{/* 查找成功 */
    printf("\n查找成功: %d 在哈希表中 ",x);
    printf("\n%d\t%d\t%d\n",hash[d].key,d,hash[d].sn);
    return 1;
```

```
    }
}
int hashdelete(int x){/* 散列表的删除算法 */
  int d,sum=0;
  d=x%M;
  while(hash[d].key!=0 && hash[d].key!=x){/* 产生探测序列 */
    d=(d+x%N)%M;
    sum++;
  }
  if(hash[d].key==0){/* 查找失败 */
    printf("\n%d is not in the Hash.",x);
    return 0;
  }
  else{/* 查找成功 */
   printf("\n 查找成功 :%d 在哈希表中，元素被删除 ",x);
   printf("\n%d\t%d\t%d\n",hash[d].key,d,hash[d].sn);
   hash[d].key=0;
   hash[d].sn=0;
   return 1;
  }
}
void prthash(){/* 输出散列地址、结点关键字、探测次数 */
  int i;
  for(i=0;i<M;i++)  printf("%5d",i);
  printf("\n");
  for(i=0;i<M;i++)  printf("%5d",hash[i].key);
  printf("\n");
  for(i=0;i<M;i++)  printf("%5d",hash[i].sn);
  printf("\n");
  getchar();
}
main(){
  int x[8]={22,41,53,46,30,13,1,67},y;
  int sele,i,d;
  while(1){
    printf("\n1. 建立哈希表 : \t2. 显示哈希表 : \t3. 哈希查找 : \t4. 插入元素 : \t5.
          删除元素 : \t6. 退出 : \n");
    printf(" 输入选择 : \t");
    scanf("%d",&sele);
    if(sele==1)
    {
            for(i=0;i<8;i++)
                    hashtab(x[i]);
```

```
            printf(" 哈希表已经建立 !\n");
    }
    else if(sele==2)
        prthash();
    else if(sele==3){
        printf("\n 输入要查找的元素 : ");
        scanf("%d",&y);
        hashsearch(y);
    }
    else if(sele==4){
        printf("\n 输入要插入的元素 : ");
        scanf("%d",&y);
        hashtab(y);
        prthash();
    }
    else if(sele==5){
        printf("\n 输入要删除的元素 : ");
        scanf("%d",&y);
        hashdelete(y);
        prthash();
    }
    else if(sele==6)
        break;
    }
}
```

程序运行结果如图 8-11 所示。

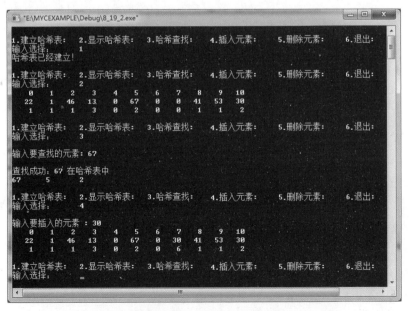

图 8-11　散列表的双散列探测查找程序运行结果

项目小结

查找是数据处理中经常使用的一种运算。关于线性表的查找，本项目介绍了顺序查找、二分查找和分块查找等方法。若线性表是有序表，则二分查找是一种最快的查找方法。对于查找，还可以使用哈希查找方法，通过计算就可以找出所要找的数据，因为哈希查找利用哈希函数的映射关系直接确定所要查找元素的位置，大大减少了与元素关键字进行比较的次数。建立哈希表的方法主要有直接定址法、除留余数法、数字分析法、平方取中法、折叠法和随机函数法等。在哈希表查找过程中，不可避免有冲突发生，处理冲突的方法主要有开放地址法和链地址法。

习题演练

一、选择题

1.顺序查找法适合于存储结构为（　　　）的线性表。

A.散列存储
B.顺序存储和链式存储
C.压缩存储
D.索引存储

2.对线性表进行二分查找时，线性表必须（　　　）。

A.以顺序方式存储

B.为链式存储

C.以顺序方式存储，且结点按关键字有序排列

D.为链式存储，且结点按关键字有序排列

3.若表中的记录顺序存放在一个一维数组中，在等概率情况下顺序查找的平均查找长度为（　　　）。

A.$O(1)$
B.$O(\log_2 n)$
C.$O(n)$
D.$O(n^2)$

4.对有 14 个数据元素的有序表 $R[14]$（设下标从 1 开始）进行二分查找时，搜索到 $R[4]$ 的关键字等于给定的值，此时元素比较顺序依次为（　　　）。

A.$R[1]$、$R[2]$、$R[4]$、$R[4]$
B.$R[1]$、$R[13]$、$R[2]$、$R[3]$
C.$R[7]$、$R[3]$、$R[5]$、$R[4]$
D.$R[7]$、$R[4]$、$R[2]$、$R[3]$

5.设有一个长度为 100 的已经排好序的有序表，用二分查找法进行查找，若查找不成功，至少比较（　　　）次。

A.9
B.8
C.7
D.6

6.采用分块查找时，若线性表中共有 625 个元素，查找每个元素的概率相同，假设采用顺序查找法来确定结点所在的块，每块具有（　　　）个结点为最佳。

A. 10   B. 25

C. 6   D. 625

7. 有一个有序表为 {1, 3, 9, 12, 32, 41, 62, 75, 77, 82, 95, 100}，当二分查找值为 82 的结点时，（   ）次比较后查找成功。

A. 1   B. 2

C. 4   D. 8

8. 设哈希表长 $m=14$，哈希函数为 $H(key)=key\%11$。表中已有 4 个结点：

addr（15）=4; addr（38）=5; addr（61）=6; addr（84）=7

如用二次探测法处理冲突，关键字 49 的结点地址是（   ）。

A. 8   B. 3

C. 5   D. 9

9. 下面有关散列冲突处理的说法中不正确的是（   ）。

A. 处理冲突即当某关键字得到的散列地址不为空时，为其寻找另一个空地址

B. 使用链地址法在链表中插入元素的位置随意，既可以是表头表尾，也可以在中间

C. 二次探测法能够保证只要散列表未填满，总能找到一个不冲突的地址

D. 线性探测法能够保证只要散列表未填满，总能找到一个不冲突的地址

10. 对于查找表，在查找过程中，若被查找的数据元素不存在，则把该数据元素插入集合中，这种方式主要适合于（   ）。

A. 静态查找表   B. 动态查找表

C. 静态查找表与动态查找表   D. 两种表都不适合

二、填空题

1. 假定有一个有序表 R[0~11] 中每个元素检索的概率相等，则进行顺序检索的平均检索长度为 _____，进行二分检索的平均检索长度为 _____。

2. 在进行二分查找时，要求查找表必须是 _____ 存储，并且数据元素之间是 _____。

3. 对于长度为 n 的线性表，若进行顺序查找，则时间复杂度为 _____，若进行二分查找，则时间复杂度为 _____。

4. 在线性表散列存储中，处理冲突的方法有 _____ 和 _____ 两类。当装填因子一定时，采用链地址法处理冲突比采用开放地址法处理冲突的平均检索长度要 _____。

5. 若一个待散列存储的线性表长度为 n，用于散列的散列表长度为 m，则 m 应 _____ n，装填因子为 _____。

6. 在对有 20 个元素的递增有序表进行二分查找时，查找长度为 5 的元素的下标时依次查找的元素为 _____。

7. 在分块查找中，要得到最好的平均查找长度，应将有 256 个元素的线性查找表分成 ____ 块，每块的最佳长度是 _____。若每块的长度为 8，则等概率情况下平均查找长度为 _____。

三、应用题

1. 构造一棵有 12 个元素的二分查找判定树，并求解下列问题：

（1）各元素的查找长度最大是多少？

（2）查找长度为 1、2、3、4 的元素各是哪些元素？

（3）查找第 5 个元素依次需要比较哪些元素？

2. 已知散列表地址区间为 0~11，散列函数为 $H(k)=k\%11$，采用线性探测法处理冲突，将关键字序列（20，30，70，15，8，12，18，63，19）依次存储到散列表中，试构造出该散列表，并求出在等概率情况下的平均查找长度。

3. 散列表的地址区间为 0~15，散列函数为 $H(key)=key\%13$。设有一组关键字（19，01，23，14，55，20，84），采用线性探测法处理冲突，依次存放在散列表中。求解下列问题：

（1）元素 84 存放在散列表中的地址是多少？

（2）搜索元素 84 需要比较的次数是多少？

四、算法设计题

1. 设计一个算法，在利用开放地址法处理冲突的散列表上删除一个指定结点。

2. 设计一个算法，实现将监视哨放在查找表的末端的顺序查找。

3. 设计一个算法，在散列表中，利用链地址法处理冲突并插入一个数据元素。

项目 9

排序

知识目标

（1）理解排序在数据处理中的重要性，理解排序方法"稳定性"含义，理解排序方法的分类及算法好坏的评价标准

（2）掌握各种排序方法的基本思想、排序过程及算法实现

（3）掌握各种排序方法在最好、最坏、平均情况下的时间复杂度和空间复杂度

（4）理解各种排序方法的优缺点

技能目标

（1）能利用各种排序方法，在实践中编写高质量的排序程序

（2）在实践中，能根据排序方法的优缺点选择合适的排序算法

素质目标

（1）能进行团队协作，开展算法效率分析

（2）具有不怕吃苦的精神

（3）具有一定的研究和创新精神

项目思维导图

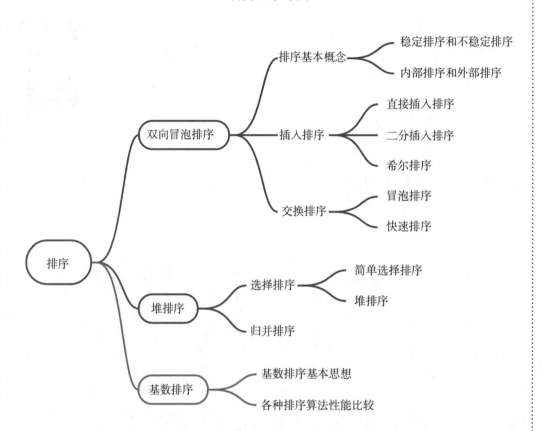

项目 9 课件

项目 9 源代码

任务 1 双向冒泡排序

任务简介

设计一个算法，对一组关键字序列实现双向冒泡排序，要求输出每一趟排序后的排序结果。

任务目标

掌握排序的基本概念，能区分稳定排序和不稳定排序及内部排序和外部排序，能写出直接插入排序、二分插入排序、希尔排序等插入排序算法程序，能写出冒泡排序、快速排序等交换排序的算法程序，并掌握排序的思想，能分析排序方法的时间复杂度和空间复杂度。

任务分析

双向冒泡排序第 i 趟冒泡时，分别从序列的两端开始，逐个比较相邻元素，找出当前的最小元素及最大元素，将当前的最小元素放在 $r[i]$ 中，最大元素放在 $r[N-i]$ 中。

思政小课堂

人不学则退步，国家不发展则落后

排序是一种根据数据的大小，由大到小或由小到大按规则进行排列的过程，在排序过程中，数据所在的位置会不断调整，从而达到顺序排列的目的。这与人一样，一个人如果不学习，则会走在别人后面，能力、知识水平处于别人之下；同样，一个国家如果不发展，则会处于落后的位置，经济发展会受到制约。因此可以说，人不学则退步，国家不发展则落后。2022 年 6 月，习近平在全球发展高层对话会上指出："发展是人类社会的永恒主题。""只有不断发展，才能实现人民对生活安康、社会安宁的梦想。"

知识储备

◆ **子任务 1 排序基本概念**

1. 排序

所谓排序就是将一组记录按照记录中关键字进行有序（非递增或非递减）排列的过程（或操作）。

假设含有 n 个记录的序列为 R_1，R_2，R_3，$\cdots$，R_n，其相应的关键字序列为 k_1，k_2，k_3，$\cdots$，k_n，需确定 1，2，$\cdots$，n 的一种排列 p_1，p_2，$\cdots$，p_n，使其相应的关键字满足非递减（或非递增）关系 $k_{p1} \le k_{p2} \le \cdots \le k_{pn}$，使记录序列成为一个按关键字有序排列的序列 R_{p1}，R_{p2}，$\cdots$，R_{pn}。这样一种操作即为排序。

上述排序定义中的关键字 k_i 可以是记录 R_i（i=1，2，$\cdots$，n）的主关键字，也可以是

数据结构项目教程

记录 R_i 的次关键字，甚至可以是若干数据项的组合。

待排序记录的数据类型描述如下：

```
#define MaxSize 50
typedef int KeyType;
typedef struct{
    KeyType key;
}RecType;
RecType r[MaxSize];
```

2. 稳定排序和不稳定排序

当待排序记录的关键字均不相同时，任何一组记录经过排序得到的结果是唯一的。否则，如待排序的记录序列中有两个或两个以上的关键字值相同，排序结果不唯一。假设 $k_i=k_j$（$1 \leq i \leq n$，$1 \leq j \leq n$，$i \neq j$），且在排序前的序列中 k_i 领先于 k_j（即 $i<j$），若在排序后的序列中 k_i 仍领先于 k_j，则称所用的排序方法是稳定的，该排序为稳定排序；反之，若在排序后的序列中 k_i 落后于 k_j，则称所用的排序方法是不稳定的，该排序为不稳定排序。

3. 内部排序和外部排序

根据排序过程所使用的存储设备不同，排序可以分为内部排序和外部排序。

内部排序是指整个排序过程完全在内存中进行，不涉及内、外存之间的数据交换。按所用的策略不同，内部排序可以分为 5 类，即插入排序、交换排序、选择排序、归并排序和分配排序。

外部排序是指在排序进行的过程中需要对外存进行访问的排序。在这个过程中，需要不断在内、外存之间进行数据交换。

◆ 子任务 2　插入排序

插入排序的基本思想是：在一个已经排好序的记录序列的基础之上，每次将一个待排序的记录有序地插入已经排好序的记录序列之中，直到将所有待排序记录全部插入为止。插入排序主要有直接插入排序、二分插入排序和希尔排序。

插入排序

1. 直接插入排序

直接插入排序是一种简单的排序方法，其基本思想是：假设待排序的记录存放在数组 $r[1, 2, \cdots, n]$ 中，初始时，$r[1]$ 自成一个有序表，无序表为 $r[2, \cdots, n]$，然后从 $i=2$ 直到 $i=n$ 为止，依次将 $r[i]$ 插入当前的有序表 $r[1, \cdots, i-1]$，最终生成含有 n 个记录的有序表。

将 $r[i]$ 插入有序表 $r[1, \cdots, i-1]$ 中，若 $r[i].key<r[i-1].key$，则进行如下操作：

（1）暂存记录 $r[i]$，即 $r[0]=r[i]$。

（2）用顺序查找的方法对有序表进行倒序扫描，并将关键字大于 $r[0].key$ 的记录后移，直到找到一个记录 $r[j]$，其关键字小于或等于 $r[0].key$，然后结束。

（3）将记录 $r[0]$ 存入 $r[j+1]$。

设有一组关键字（40，32，20，54，75，10，26，32），进行直接插入排序的排序过程如图 9-1 所示。

初始关键字	[40]	32	20	54	75	10	26	32
$i=2$	[32	40]	20	54	75	10	26	32
$i=3$	[20	32	40]	54	75	10	26	32
$i=4$	[20	32	40	54]	75	10	26	32
$i=5$	[20	32	40	54	75]	10	26	32
$i=6$	[10	20	32	40	54	75]	26	32
$i=7$	[10	20	26	32	40	54	75]	32
$i=8$	[10	20	26	32	32	40	54	75]

图 9-1　直接插入排序

直接插入排序算法及完整程序源代码如算法 9-1 所示。

算法 9-1　直接插入排序

```c
#include "stdio.h"
#define MaxSize 50
typedef int KeyType;
typedef struct{
    KeyType key;
}RecType;
RecType r[MaxSize+1]; // 顺序表 ,r[0] 闲置或用作哨兵单元
void Insert_Sort(RecType r[],int n)   // 直接插入排序算法
{
    int i,j;
    for(i=2;i<=n;i++)
            if(r[i].key<r[i-1].key){
                r[0].key=r[i].key;
                j=i-1;
                while(r[0].key<r[j].key){
                        r[j+1].key=r[j].key;
                        j--;
                }
                r[j+1].key=r[0].key;
            }
}
void main(){
```

```
    RecType a[MaxSize];
    int i,n;
    printf(" 输入待排序的元素个数 :");
    scanf("%d",&n);
    printf(" 输入 %d 个数值 :",n);
    for(i=1;i<=n;i++)
            scanf("%d",&a[i].key);
    Insert_Sort(a,n); // 调用直接插入排序算法
    printf(" 排序结果 :");
    for(i=1;i<=n;i++)
            printf("%4d",a[i].key);
    printf("\n");
}
```

程序运行结果如图 9-2 所示。

图 9-2　直接插入排序算法程序运行结果

当待排序序列中记录的关键字非递减有序排列（以下简称正序）时，需进行关键字间比较的次数的最小值为 $n-1$，记录不需移动；反之，当待排序序列中记录的关键字非递增有序排列（以下简称逆序）时，需要进行 $n-1$ 趟排序，需进行 $(n+2)(n-1)/2$ 次比较，需进行 $(n+4)(n-1)/2$ 次记录移动。所以，直接插入排序算法的时间复杂度为 $O(n^2)$。另外，算法所需的辅助空间是一个监视哨，故空间复杂度为 $O(1)$。

直接插入排序是一种稳定的排序方法。

2. 二分插入排序

二分插入排序是直接插入排序的一种改进。插入排序的基本操作是在一个有序表中进行查找和插入，若这个查找操作利用二分查找来实现，则由此进行的插入排序称为二分插入排序。

在有序表上利用二分查找确定插入位置时，首先将待插入记录的关键字与有序表中间位置记录的关键字进行比较,若待插入记录的关键字小于有序序列中间位置记录的关键字，则下次查找的区间在中间记录的前半部分，否则在中间记录的后半部分。然后在新的区间进行同样的查找操作，直到查找区间无效，即 low>high 时，查找结束，此时，插入位置为 low 或 high+1。

二分插入排序算法及完整程序源代码如算法 9-2 所示。

算法 9-2　二分插入排序

```c
#include "stdio.h"
#define MaxSize 50
typedef int KeyType;
typedef struct{
    KeyType key;
}RecType;
RecType r[MaxSize+1];
void B_InSert_Sort(RecType r[],int n)   // 二分插入排序算法
{
    int i,j,low,high,mid;
    for(i=2;i<=n;i++)   // 用二分查找法确定插入位置
    {
        r[0].key=r[i].key;
        low=1;high=i-1;
        while(low<=high)
        {
            mid=(low+high)/2;
            if(r[0].key<r[mid].key)
                high=mid-1;
            else
                low=mid+1;
        }
        for(j=i-1;j>=high;j--)// 数据进行移动
            r[j+1].key=r[j].key;
        r[high+1].key=r[0].key; // 数据插入
    }
}
void main(){
    RecType a[MaxSize];
    int i,n;
    printf(" 输入待排序的元素个数 :");
    scanf("%d",&n);
    printf(" 输入 %d 个数值 :",n);
    for(i=1;i<=n;i++)
        scanf("%d",&a[i].key);
    B_InSert_Sort(a,n); // 调用二分插入排序算法
    printf(" 排序结果 :");
    for(i=1;i<=n;i++)
```

```
            printf("%4d",a[i].key);
    printf("\n");
}
```

程序运行结果如图 9-3 所示。

图 9-3　二分插入排序算法程序运行结果

二分插入排序仅减少了关键字之间的比较次数，而记录的移动次数不变，因此，二分插入排序的时间复杂度仍然是 $O(n^2)$。另外，其空间复杂度为 $O(1)$。

二分插入排序也是稳定的排序方法。

3. 希尔排序

希尔排序又称为缩小增量排序，因由 D.L.Shell 于 1959 年提出而得名。其基本思想是：先取一个小于 n 的整数 d_1 为第一个增量，把全部记录分成 d_1 个组，所以距离 d_1 倍数的记录放在同一组中，在各组中进行直接插入排序；然后，取第二个增量 $d_2<d_1$，重复上述的分组和排序，直至所取的增量为 $d_t=1$（$d_t<d_{t-1}<\cdots<d_2<d_1$），即所有记录放在同一组中进行直接插入排序。

该方法实质上是一种分组插入方法，它不是每次逐个对元素进行比较，而是先将整个待排序记录序列分割成若干个子序列，然后分别进行直接插入排序，待整个序列中的记录基本有序时，再对全体记录进行一次直接插入排序。

设有一组关键字（50，75，41，20，53，61，45，95，75，63），进行希尔排序，增量值分别为 5、3 和 1。其希尔排序的过程如图 9-4 所示。

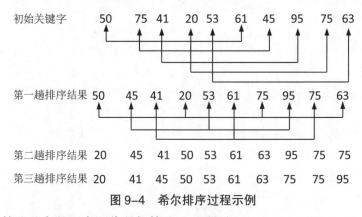

图 9-4　希尔排序过程示例

希尔排序算法及完整程序源代码如算法 9-3 所示。

算法 9-3　希尔排序算法

```
#include "stdio.h"
#define MaxSize 50
```

```
typedef int KeyType;
typedef struct{
        KeyType key;
}RecType;
RecType r[MaxSize+1];
int d[4]={5,3,1,0};
void Shell_Sort(RecType r[],int n,int d[])    // 希尔排序算法
{
        int i,j,di,k=0;
        do{
                di=d[k];
                for(i=di+1;i<=n;i++)
                        if(r[i].key<r[i-di].key)
                        {
                                r[0].key=r[i].key;
                                for(j=i-di;j>0 && r[0].key<r[j].key;j=j-di)
                                        r[j+di].key=r[j].key;
                                r[j+di].key =r[0].key;
                        }
                k++;
        }while(di>1);
}
void main(){
        RecType a[MaxSize];
        int i,n;
        printf(" 输入待排序的元素个数 :");
        scanf("%d",&n);
        printf(" 输入 %d 个数值 :",n);
        for(i=1;i<=n;i++)
                scanf("%d",&a[i].key);
        Shell_Sort(a,n,d); // 调用希尔排序算法
        printf(" 排序结果 :");
        for(i=1;i<=n;i++)
                printf("%4d",a[i].key);
        printf("\n");
}
```

程序运行结果如图 9-5 所示。

希尔排序的主要特点是每一趟以不同的间隔距离进行直接插入排序，当 d 较大时，被移动的记录是跳跃式进行的，从而使得最后一次排序（d=1）时序列已经基本有序，只要做记录的少量比较和移动即可完成排序，因此提高了排序的速度。这里需要注意的是，应

该尽量避免增量序列中的值互为倍数的情况，最后一个增量必须是 1。一般认为希尔排序的时间复杂度为 $O(n^{1.3})$。希尔排序是不稳定的排序方法。

图 9-5　希尔排序程序运行结果

◆ 子任务 3　交换排序

交换排序的基本思想是：两两比较待排序记录的关键字，若发现两个记录逆序，则进行交换，直到没有逆序的记录为止。

交换排序

交换排序有两种基本的排序，即冒泡排序和快速排序。

1. 冒泡排序

冒泡排序是交换排序中较简单的一种。其基本思想是：首先将第一个记录的关键字和第二个记录的关键字进行比较，若为逆序（即 $r[1].key>r[2].key$），则交换两个记录，然后比较第二个记录和第三个记录的关键字，依次类推，直至比较第 $n-1$ 个记录和第 n 个记录的关键字为止。上述过程称作第一趟冒泡排序，其结果是关键字最大的记录被安置到最后的位置上。接下来进行第二趟冒泡排序，对前 $n-1$ 个记录进行同样的操作，使得关键字次大的记录被安置在第 $n-1$ 个记录的位置上。依次类推，直至整个序列有序为止。在一般情况下，整个排序过程需要进行 k（$1 \leq k \leq n$）趟冒泡排序。显然，判别冒泡排序的结束条件是"在一趟排序过程中没有进行交换记录的操作"。

例如：有一组序列关键字为（10，20，5，7，4），对其进行冒泡排序，排序过程如图 9-6 所示。

```
10┐ 10   10   10   10        10┐  5    5    5
20┘ 20┐  5    5    5          5┘ 10┐  7    7
 5   5┘ 20┐  7    7           7   7┘ 10┐  4
 7   7   7┘ 20┐  4            4   4   4┘ 10
 4   4   4   4┘ 20           20   20   20   20

  第一趟冒泡排序过程              第二趟冒泡排序过程

 5┐  5    5                  5┐  4
 7┘  7┐  4                   4┘  5
 4   4┘  7                   7    7

10   10   10                10   10

20   20   20                20   20

  第三趟冒泡排序过程              第四趟冒泡排序过程
```

图 9-6　冒泡排序过程示例

冒泡排序的算法及完整程序源代码如算法 9-4 所示。

算法 9-4　冒泡排序

```c
#include "stdio.h"
#define MaxSize 50
typedef int KeyType;
typedef struct{
    KeyType key;
}RecType;
RecType r[MaxSize+1];
void Bubble_Sort(RecType r[],int n) // 冒泡排序算法
{
    int i,j,flag=1;
    for(i=1;i<n&&flag;i++)
    {
        flag=0;
        for(j=1;j<=n-i;j++)
                if(r[j+1].key<r[j].key)
                {
                        flag=1;
                        r[0].key=r[j].key;
                        r[j].key=r[j+1].key;
                        r[j+1].key=r[0].key;
                }
    }
}
void main(){
    RecType a[MaxSize];
    int i,n;
    printf(" 输入待排序的元素个数 :");
    scanf("%d",&n);
    printf(" 输入 %d 个数值 :",n);
    for(i=1;i<=n;i++)
            scanf("%d",&a[i].key);
    Bubble_Sort(a,n); // 调用冒泡排序算法
    printf(" 排序结果 :");
    for(i=1;i<=n;i++)
            printf("%4d",a[i].key);
    printf("\n");
}
```

程序运行结果如图 9-7 所示。

图 9-7 冒泡排序程序运行结果

算法中 flag 为标识变量，若某一趟排序过程中有记录交换，则 flag 的值为 1；若没有记录交换，则 flag 的值为 0。当 flag=0 或 i=n 时，外循环结束。算法的最坏时间复杂度为 $O(n^2)$，最好时间复杂度为 $O(n)$。另外，冒泡排序是稳定的排序方法。

2. 快速排序

快速排序的基本思想是：以某个记录为基准，通过一趟排序将待排序记录分割成独立的两部分，其中前一部分所有记录的关键字均小于或等于基准记录的关键字，后一部分所有记录的关键字均大于或等于基准记录的关键字。将待排序序列按关键字以基准记录分成两部分的过程，称为一次划分。对各部分不断进行划分，直到整个序列按关键字有序排列。

设 low=1，high=n，r[low, …, high] 为待排序序列，快速排序的一次划分过程如下：

（1）设置两个搜索指针，i 是向后搜索的指针，j 是向前搜索的指针，令 i=low，j=high，取第一个记录为基准记录，r[0]=r[low]。

（2）当 i=j 时，基准记录位置确定，即为 i 或 j，填入基准记录 r[i]=r[0]，一次划分结束。否则，当 i<j 时，进行如下操作：

① 当 i<j 且 r[j] ≥ r[0] 时，从 j 所指位置向前搜索，直到 r[j]<r[0] 或 i=j 时停止搜索。

② 将小于基准记录关键字的记录 r[j] 前移，即 r[i]=r[j]。

③ 当 i<j 且 r[i] ≤ r[0] 时，从 i 所指位置向后搜索，直到 r[i]>r[0] 或 i=j 时停止搜索。

④ 将大于或等于基准记录关键字的记录 r[i] 后移，即 r[j]=r[i]。

设有一组记录关键字为（50，20，61，78，32，10，27，84，63，40），选其中第一个为基准，对其进行第一趟快速排序。排序过程如图 9-8 所示。

第一趟排序结束后，整个序列以 50 为基准分成两个区间，即 [40，20，27，10，32] 和 [78，84，63，61] 左子区间关键字的值都不大于 50，右子区间关键字的值都不小于 50，接下来需要再对左右两个子区间进行快速排序，直到整个序列完全有序为止。

与图 9-8 类似：

第二趟排序结果：[32 20 27 10] 40 50 [61 63] 78 [84]。

第三趟排序结果：[10 20 27] 32 40 50 61 63 78 84。

最后的排序结果：10 20 27 32 40 50 61 63 78 84。

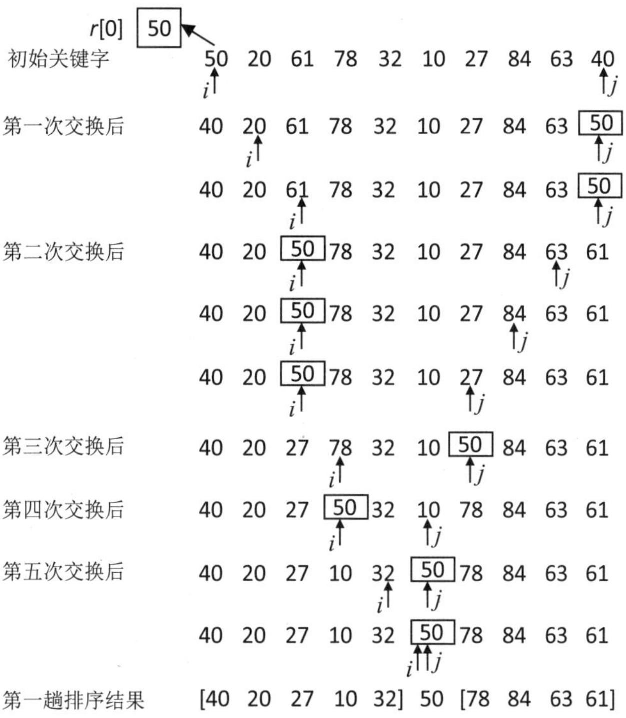

图 9-8　第一趟快速排序过程

快速排序的算法及完整程序源代码如算法 9-5 所示。

算法 9-5　快速排序

```c
#include "stdio.h"
#define MaxSize 50
typedef int KeyType;
typedef struct{
     KeyType key;
}RecType;
RecType r[MaxSize+1];
int Partition(RecType r[],int low,int high) // 按基准记录划分区间
{
     int i,j;
     i=low,j=high;
     r[0].key=r[i].key; // 暂存基准记录
     while(i<j)
     {
          while(i<j && r[j].key>r[0].key) //j向左扫描
               j--;
          r[i]=r[j]; // 把关键字比 r[0] 小的记录移到前面
          while(i<j && r[i].key<=r[0].key)  //i向右扫描
```

数据结构项目教程

```
                    i++;
                r[j]=r[i]; // 把关键字比 r[0] 大的记录移到后面
        }
        r[i]=r[0]; // 基准记录最终存放位置
        return i;
}
void Quick_Sort(RecType r[],int low ,int high)  // 快速排序算法
{
        int u;
        if(low<high){
                u=Partition(r,low,high);
                Quick_Sort(r,low,u-1); // 对左子表进行递归排序
                Quick_Sort(r,u+1,high);// 对右子表进行递归排序
        }
}
void main(){
        RecType a[MaxSize];
        int i,n;
        printf(" 输入待排序的元素个数 :");
        scanf("%d",&n);
        printf(" 输入 %d 个数值 :",n);
        for(i=1;i<=n;i++)
                scanf("%d",&a[i].key);
        Quick_Sort(a,1,n); // 调用快速排序算法
        printf(" 排序结果 :");
        for(i=1;i<=n;i++)
                printf("%4d",a[i].key);
        printf("\n");
}
```

程序运行结果如图 9-9 所示。

图 9-9　快速排序程序运行结果

快速排序的时间主要耗费在划分操作上，对长度为 k 的区间进行划分，共需进行 $k-1$ 次关键字比较，最理想的划分结果为基准的左、右两个子区间的长度大致相等，总的关键字比较次数为 $O(n\log_2 n)$。最坏情况是每次划分选取的基准记录都是当前无序区中关键

字最小（或最大）的记录，划分的结果是基准左边的子区间为空（或右边子区间为空），而划分所得的另一个非空的子区间中记录数目仅比划分前的无序区中记录数目减少一个，因此快速排序必须做 $n-1$ 次划分，第 i 次划分开始时区间长度为 $n-i+1$，所需的比较次数为 $n-i$（$1 \leq i \leq n-1$），故总的比较次数达到最大值 $n（n-1）/2$。

因为快速排序的记录移动次数不大于比较的次数，所以快速排序的最好时间复杂度为 $O（n\log_2 n）$，最坏时间复杂度为 $O（n^2）$。快速排序的平均时间复杂度为 $O（n\log_2 n）$，就平均性能而言，它是基于关键字比较的内部排序中速度最快的，也因此而得名。

快速排序是一种递归的排序方法，需要用栈来实现递归调用，在最好情况下，每次划分较均匀，递归深度为 $\log_2 n$，故所需栈空间为 $O（\log_2 n）$。在最坏情况下，序列划分为长度为 $n-1$ 和 1 的两个子序列，这时递归深度为 n，需要栈空间 $O（n）$。

快速排序是不稳定的排序方法。

任务实现

```
#include <stdio.h>
#define MAXSIZE 20        /* 顺序表最大长度 */
typedef int KeyType;       /* 定义关键字类型为整数类型 */
typedef struct{
        KeyType key;         /* 关键字项 */
}RecType;  /* 记录类型 */
void dbSort(RecType r[],int n){
   int i=1,j,k,exchange=1; /* 默认有交换 */
   RecType t;
   while(exchange){
     exchange=0;
     for(j=n-i;j>=i;j--)     /* 找最小元素 */
       if(r[j].key<r[j-1].key)
         {exchange=1;t=r[j];   r[j]=r[j-1];   r[j-1]=t;}
     for(j=i;j<n-i;j++)      /* 找最大元素 */
       if(r[j].key>r[j+1].key)
         {exchange=1;t=r[j];   r[j]=r[j+1];  r[j+1]=t;}
     if(exchange==1){
       printf("\n输出这 %d 个元素 \n", n);
       for(k=0;k<n;k++)
         printf("%4d",r[k].key);
     }
     i++;/* 趟数加 1*/
   }
}
```

数据结构项目教程

```
main(){
    RecType r[MAXSIZE+1];    /* 顺序表，其中r[0]闲置或用作哨兵单元 */
    int i,n;
    printf("\n输入排序元素的个数n: ");
    scanf("%d",&n);
    printf("\n输入这 %d 个待排序的数值 :\n", n);
    for(i=0;i<n;i++)
        scanf("%d",&r[i].key);
    dbSort(r,n);
    printf("\n");
}
```

程序运行结果如图9-10所示。

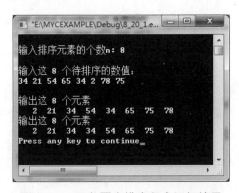

图9-10 双向冒泡排序程序运行结果

任务2 堆排序

任务简介

设计一个算法，对一组关键字序列实现堆排序，要求输出初始序列及每一趟排序后的结果。

任务目标

掌握简单选择排序、堆排序、归并排序等的算法思想，能正确写出其相应的算法程序，能分析算法的时间复杂度和空间复杂度。

任务分析

要实现堆排序，首先得把输入的数据构建成一个堆，输出堆顶元素后，需要调整剩下的 $n-1$ 个元素，使其成为一个堆，再进行输出。这里涉及了堆的含义，怎么构建一个堆，如何输出堆中元素，以及如何调整元素使其成为一个堆。

思政小课堂

选择大于努力，思路决定出路

堆排序的本质是一种选择排序，每次从待排序序列中选择一个值后，再从剩余的数值中选择一个值进行排序，依次类推。一个人在一生中也要经历很多选择，不同的选择将决定一个人一生的发展方向和成就的高低。作为大学生，我们努力学习，就是为了以后有更多选择的机会。人生有多个选择题，我们会进行多次选择。在做出选择之前，我们要弄清楚我们究竟想要什么、怎样才能足够优秀。思路决定出路，只有彻底把思路搞清楚了，才会明白很多事情、少走弯路，从而事半功倍。所以，人在做任何事情之前，一定要多思考。思考可以带来很多意想不到的收获，带来很多惊喜。

知识储备

◆ 子任务 1 选择排序

选择排序的基本思想是：每一趟从待排序序列 $r[1，\cdots，n]$ 的记录中选出关键字最小的记录，放在 $r[i]$ 中，直到全部记录按关键字有序为止。

常用的选择排序方法有简单选择排序和堆排序两种。

选择排序

1. 简单选择排序

简单选择排序是一种较简单的选择排序方法，它的基本思想是：第一趟从所有的 n 个记录中，通过顺序比较各关键字的值，选取关键字值最小的记录与第一个记录交换；第二趟从剩下的 $n-1$ 个记录中选取关键字值最小的记录与第二个记录交换；依次类推，第 i 趟排序是从剩下的 $n-i$ 个记录中选取关键字值最小的记录，与第 i 个记录交换；经过 $n-1$ 趟排序后，整个序列就成为有序序列。

设有一组序列关键字为（20，30，41，25，10，24，87，45），用简单选择排序将其按由小到大的顺序进行排序，排序过程如图 9-11 所示。

第一趟	20	30	41	25	10	24	87	45
第二趟	[10]	30	41	25	20	24	87	45
第三趟	[10	20]	41	25	30	24	87	45
第四趟	[10	20	24]	25	30	41	87	45
第五趟	[10	20	24	25]	30	41	87	45
第六趟	[10	20	24	25	30]	41	87	45
第七趟	[10	20	24	25	30	41]	87	45
结果	[10	20	24	25	30	41	45	87

图 9-11 简单选择排序示例

简单选择排序算法及程序源代码如算法 9-6 所示。

算法 9-6　简单选择排序

```c
#include "stdio.h"
#define MaxSize 50
typedef int KeyType;
typedef struct{
    KeyType key;
}RecType;
RecType r[MaxSize+1];
void Select_Sort(RecType r[],int n) //简单选择排序算法
{
    int i,j,k,d;
    for(i=1;i<n;i++)
    {
        k=i;   //用 k 指示最小元素所在的位置
        for(j=i+1;j<=n;j++)
                if(r[j].key<r[k].key)
                        k=j;
        if(k!=i)
        {
                r[0].key=r[i].key;
                r[i].key=r[k].key;
                r[k].key=r[0].key;
        }
    // 输出每一趟排序结果
    printf("\n第 %d 趟排序结果 :",i);
    for(d=1;d<=n;d++)
            printf("%4d",r[d].key);
    }
}
void main(){
    RecType a[MaxSize];
    int i,n;
    printf(" 输入待排序的元素个数 :");
    scanf("%d",&n);
    printf(" 输入 %d 个数值 :",n);
    for(i=1;i<=n;i++)
            scanf("%d",&a[i].key);
    Select_Sort(a,n); // 调用简单选择排序算法
```

```
        printf("\n最终排序结果:");
        for(i=1;i<=n;i++)
                printf("%4d",a[i].key);
        printf("\n");
    }
```

程序运行结果如图 9-12 所示。

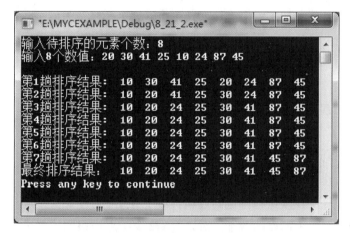

图 9-12 简单选择排序程序运行结果

在一趟选择排序中，记录移动次数最少为 0 次，最多为 3 次，所以，当简单选择排序初始序列为正序时，移动次数为 0；当初始序列为逆序时，每趟排序要执行交换操作，总的移动次数取最大值 3（n-1）。然而，不论记录的初始排列如何，所需进行的关键字之间的比较次数相同，均为 n（n-1）/2。因此，简单选择排序的平均时间复杂度为 $O(n^2)$。

简单选择排序方法是不稳定的。

2. 堆排序

对于具有 n 个结点的完全二叉树，将它的结点从上到下、从左到右编号，编号小于或等于 n/2 的结点为分支结点，编号大于 n/2 的结点为叶子结点。对于每个编号为 i 的分支结点，它的左孩子编号为 2i，右孩子编号为 2i+1。

设有一个具有 n 个关键字的序列（k_1，k_2，…，k_n），该序列当且仅当满足 $k_i \leq k_{2i}$ 且 $k_i \leq k_{2i+1}$，或者 $k_i \geq k_{2i}$ 且 $k_i \geq k_{2i+1}$（i=1，2，…，n/2）时称为堆，前者称为小根堆，后者称为大根堆。

将序列对应的一维数组看成是一棵完全二叉树，则小根堆序列对应的完全二叉树中所有分支结点的值均小于或等于其左右孩子的值，大根堆序列对应的完全二叉树中所有分支结点的值均大于或等于其左右孩子的值。

例如：关键字序列（6，10，25，28，13，40，30）是小根堆，它对应的二叉树中每个分支结点的值均小于或等于其左右孩子的值，如图 9-13（a）所示；关键字序列（52，23，45，10，8，30，24）则是一个大根堆，它对应的完全二叉树中每个分支结点的值均大于或等于其左右孩子的值，如图 9-13（b）所示。

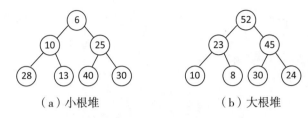

（a）小根堆　　　　　　　（b）大根堆

图 9-13　堆示例

设有 n 个记录，将其按关键字排序。首先将这 n 个记录按关键字建成堆，将堆顶元素输出，得到 n 个记录中关键字最小（或最大）的记录。然后，将剩下的 $n-1$ 个记录建成堆，输出堆顶元素，得到 n 个记录中关键字次小（或次大）的记录。如此反复，便得到一个按关键字有序排列的序列。这个过程称为堆排序。

由此可知，实现堆排序需解决两个问题：

（1）如何将 n 个元素的序列按关键字建成堆。

（2）输出堆顶元素后，怎么样调整剩余的 $n-1$ 个元素，使其按关键字成为一个新堆。

首先讨论将 n 个结点的序列按关键字建成初始堆的过程。建堆的思路为：对初始序列建堆的过程，就是一个反复进行筛选的过程。对于有 n 个叶子结点的完全二叉树，其最后一个叶子结点是第 $n/2$ 个结点的孩子。对以第 $n/2$ 个结点为根的子树进行筛选，使其子树成为堆，然后向前依次对以各结点为根的子树进行筛选，使之成为堆，直到根结点。

例如：图 9-14（a）中的二叉树表示了有 7 个元素的无序序列（24，45，73，50，43，61，84），将其调整为大根堆的过程如图 9-14 所示。

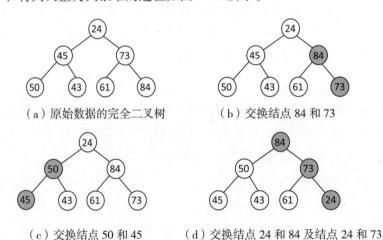

（a）原始数据的完全二叉树　　　　（b）交换结点 84 和 73

（c）交换结点 50 和 45　　　（d）交换结点 24 和 84 及结点 24 和 73

图 9-14　建立初始堆过程示意图

首先调整以 73 为根的子树，由于 73 小于其孩子结点中的较大者 84，因此交换结点73 和 84，交换结果如图 9-14（b）所示。

然后，调整以 45 为根的子树，由于 45 小于其孩子结点中的较大者 50，因此交换结点 45 和 50，交换结果如图 9-14（c）所示。

最后调整以 24 为根的子树，由于 24 小于其孩子结点中的较大者 84，因此交换结点24 和 84，又因为结点 24 小于结点 73，所以继续交换结点 24 和 73，交换结果如图 9-14（d）

所示。此时，初始堆已建成。

在输出堆顶元素后，对剩余元素需要重新建堆，就需要另一个调整过程。

调整方法：设有一个有 m 个结点的堆，输出堆顶结点后，剩下 $m-1$ 个结点，将堆底结点送入堆顶，堆被破坏，其原因是不满足堆的性质。将根结点与左、右孩子中较小（较大）的进行交换，若与左孩子交换，则堆的左子树被破坏，且仅左子树的根结点不满足堆的性质；若与右子树交换，则堆的右子树被破坏，且仅右子树的根结点不满足堆的性质。继续对不满足堆性质的子树进行上述交换操作，直到叶子结点为止，堆被重新建成。

例如，对于图 9-14（d）中的初始堆，输出堆顶结点 84 后，调整得到的新堆如图 9-15 所示。

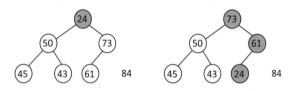

图 9-15　输出堆顶元素及调整后的新堆

堆排序算法源代码如算法 9-7 所示。

算法 9-7　堆排序

```
void HeapSort(RecType r[],int n){
   // 对 r[1,…,n] 中的 n 个记录进行堆排序
   int k,i;
   RecType w;
   for(k=n/2;k>=1;k--)        sift(r,k,n);         // 建立初始堆
   printf("\n初始堆: ");
   for(i=1;i<=n;i++) printf("%4d",r[i].key);
   for(k=n;k>=2;k--){// 将第一个元素同当前区间内最后一个元素对调
      w=r[k];r[k]=r[1];r[1]=w;
      sift(r,1,k-1);
      printf("\n排序结果:");
      for(i=1;i<=n;i++) printf("%4d",r[i].key);
   }
}
void sift(RecType r[],int k,int m){   // 堆排序算法
   int i,j;
   i=k;   j=2*i;
   r[0]=r[i];
   while(j<=m){
      if(j<m&&r[j].key<r[j+1].key) j++;
      if(r[0].key<r[j].key)
```

```
        {r[i]=r[j];i=j;j=2*i;}
    else break;
    }
  r[i]=r[0];
}
```

堆排序是一种不稳定的排序方法。堆排序的最坏时间复杂度为 $O(n\log_2 n)$，相对于快速排序来说，这是堆排序的优点。由于建初始堆所需要的时间（比较次数）较多，因此堆排序不适宜用于记录数较少的文件，相反，适宜用于记录数多的文件。它的空间复杂度为 $O(1)$。

◆ **子任务 2 归并排序**

归并排序是将一个无序序列通过一系列的合并过程产生一个有序序列，是利用"归并"技术来实现的。归并是指将若干个已经排好序的序列合并成一个有序序列。

归并的算法思想：设两个有序的子文件放在同一向量中相邻的位置 r[low, …, m] 和 r[m+1, …, high] 上，先将它们合并到一个局部的暂存向量 R_1 中。合并过程中，设置 i、j 和 p 三个指针，其初值分别指向这三个记录区的起始位置。合并时依次比较 r[i] 和 r[j] 关键字，取关键字较少的记录复制到 $R_1[p]$ 中，然后将被复制记录的指针 i 或 j 加 1，且将指向复制位置的指针 p 加 1。重复这一过程直至两个有序的子文件中有一个已经全部复制完毕为止，此时将另一个非空子文件的剩余记录依次复制到 R_1 中即可。待合并完成后，将 R_1 复制到 r[low, …, high] 中。

在归并排序时，第一趟先将待排序的文件 r[1, …, n] 看作是 n 个长度为 1 的有序子文件，将这些子文件两两归并，若 n 为偶数，则得到 n/2 个长度为 2 的有序子文件；若 n 为奇数，则后一个子文件不参与归并，直接进入下一趟归并。第二趟归并是将第一趟归并所得到的有序子文件继续两两归并。如此反复，直到最后得到一个长度为 n 的有序文件为止。

上述的每次归并，均是将两个有序的子文件合并成一个有序的子文件，故归并排序也称为两路归并排序。

设有一组序列关键字为（23，45，74，54，86，95，21，54，65，32），对其进行归并排序，排序过程如图 9-16 所示。

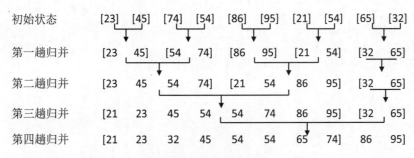

图 9-16 归并排序示例

归并排序算法及程序源代码如算法 9-8 所示。

算法 9-8　归并排序

```c
#include "stdio.h"
#define MaxSize 50
typedef int KeyType;
typedef struct{
     KeyType key;
}RecType;
RecType r[MaxSize+1];
void Merge(RecType r[],int low,int high,int m)
{
     RecType temp[100];//temp 为临时数组，存放待排序的元素
     int i,j,k;
     for(i=low;i<=high;i++)
          temp[i].key=r[i].key;
     i=low; j=low+m; k=low;
     while(i<low+m && j<=high)
     {
          if(temp[i].key<=temp[j].key)
               r[k++].key=temp[i++].key;
          else
               r[k++].key=temp[j++].key;
     }
     if(i>=low+m)
          while(j<=high) r[k++].key=temp[j++].key;
     else
          while(i<low+m) r[k++].key=temp[i++].key;
}
void  Mege_Sort(RecType r[],int n)  // 归并排序算法
{// 对 r[1,…,n] 中的 n 个记录进行两路归并排序
     int  length,low,high;  //low 为被合并的第一个子表起始位置,high 为被合并的第二
                          个子表的终止位置
     low=1;length=1;
     while(length<n){
          high=(n<low+2*length-1)? n:low+2*length-1; // 取较小值给 high
          Merge(r,low,high,length);// 合并函数
          if(high+length<n)
               low=high+1;
          else{
               length=length*2;low=1;
```

```
            }
        }
}
void main(){
        RecType a[MaxSize];
        int i,n;
        printf("输入待排序的元素个数:");
        scanf("%d",&n);
        printf("输入%d个数值:",n);
        for(i=1;i<=n;i++)
                scanf("%d",&a[i].key);
        Mege_Sort(a,n); //调用归并排序算法
        printf("\n最终排序结果:");
        for(i=1;i<=n;i++)
                printf("%4d",a[i].key);
        printf("\n");
}
```

程序运行结果见图 9-17。

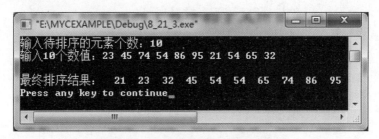

图 9-17　归并排序程序运行结果

　　归并排序过程中的主要操作是有秩序地复制记录，因此它是一种稳定的排序方法。对长度为 n 的文件，需进行 $\log_2 n$ 趟两路归并，每趟归并的时间为 $O(n)$，故归并排序时间复杂度无论是在最好情况还是在最坏情况下均是 $O(n\log_2 n)$。

　　归并排序算法需要一个辅助数组变量 temp，长度与待排序的序列相同。因此，该算法的空间复杂度为 $O(n)$。

任务实现

```
#include <stdio.h>
#define MAXSIZE 20        //顺序表最大长度
typedef int KeyType;      //定义关键字类型为整数类型
typedef struct{
        KeyType key;      //关键字项
}RecType; //记录类型
```

```
void sift(RecType r[],int k,int m){   // 堆排序算法
    int i,j;
    i=k;  j=2*i;
    r[0]=r[i];
    while(j<=m){
        if(j<m&&r[j].key<r[j+1].key) j++;
        if(r[0].key<r[j].key)
            {r[i]=r[j];i=j;j=2*i;}
        else break;
    }
    r[i]=r[0];
}
void HeapSort(RecType r[],int n){
    // 对 r[1,…,n] 中的 n 个记录进行堆排序
    int k,i;
    RecType w;
    for(k=n/2;k>=1;k--)        sift(r,k,n);        // 建立初始堆
    printf("\n初始堆：");
    for(i=1;i<=n;i++) printf("%4d",r[i].key);
    for(k=n;k>=2;k--){// 将第一个元素同当前区间内最后一个元素对调
        w=r[k];r[k]=r[1];r[1]=w;
        sift(r,1,k-1);
        printf("\n排序结果:");
        for(i=1;i<=n;i++) printf("%4d",r[i].key);
    }
}
main(){
    RecType r[MAXSIZE+1];
    int i,n;
    printf("输入待排序元素个数n:");
    scanf("%d",&n);
    printf("输入 %d 个元素：", n);
    for(i=1;i<=n;i++)  scanf("%d",&r[i].key);
    HeapSort(r,n);
    printf("\n");
}
```

程序运行结果见图 9-18。

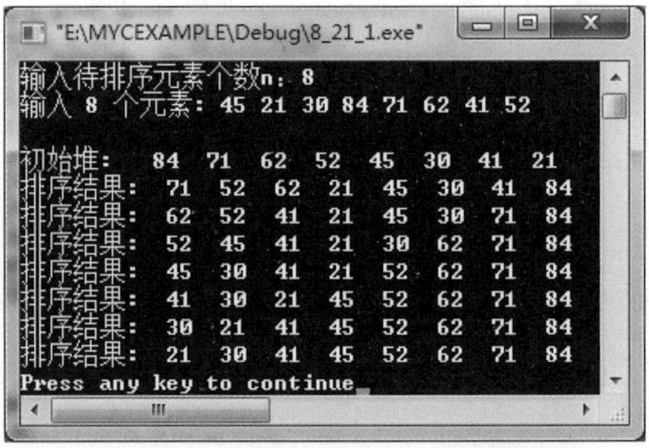

图 9-18　堆排序程序运行结果

任务 3　基数排序

任务简介

设计一个算法，对一组关键字序列 (627，120，006，452，784，942，068，251，345，210) 实现基数排序，要求输出初始序列及每一趟排序后的排序结果。

任务目标

掌握基数排序算法的基本思想，能写出基数排序的算法程序，能理解各种排序算法时间复杂度和空间复杂度的比较。

任务分析

基数排序与前面所述各类排序方法是完全不同的一种排序方法。基数排序不必经过关键字的比较来实现排序，而是根据关键字每个位上的有效数字的值，借助于"分配"和"收集"两种操作来实现排序。

基数排序原则如下：

首先确定需设置的箱子个数，由于十进制整数有 10 个基数，故需设置 10 个箱子；然后确定排序的趟数，根据待排序的整数最多位数，确定排序趟数，先按个位，再按十位，依次类推；最后确定每一趟操作步骤，即先"装箱"再"收集"。

思政小课堂

团队的力量是无穷的

基数排序一般是对不同类的数据进行分类，分类以后，再对同类数据进行排序。其分类一般来说就是先组建团队，按团队再进行排序。这种团队就类似于我们生活、工作中的团队。在新时代，一个人的能力再强，要想做成功每件事情，都是很不容易的，遇到困难时，我们可以借助团队的力量，利用团队开展工作，这样可以提高事业的成功率和办事的效率。团队的力量是无穷的，在团队工作中，我们需要很好地融入团队，有时还需要学会管理团队，分配团队中的每个人的工作职责，通过团队的运作，最大限度地提高办事的成功率。作为新时代的大学生，我们需要学会组建团队，利用团队强大的凝聚力，求同存异，寻找利益共同体，不断深入团队合作，使自身产生更大的价值，进而使我们的事业取得巨大的成功。

知识储备

基数排序是借助于多关键字排序的思想，将单关键字按基数分成多关键字进行排序的方法。

◆ 子任务 1　基数排序基本思想

基数排序

在日常生活中，扑克牌就属于多关键字排序问题。扑克牌有 4 种花色，即红桃、方块、梅花和黑桃，每种花色从 A 到 K 共 13 张牌。这 4 种花色就相当于 4 个关键字，而每种花色的 A 到 K 牌就相当于对不同的关键字进行排序。

我们可以按花色和数值将扑克牌信息分成两个字段，假设其大小关系为：

（1）花色：红桃 < 方块 < 梅花 < 黑桃。

（2）数值：A<2<3<4<5<6<7<8<9<10<J<Q<K。

若对扑克牌按花色、数值进行升序排列，可以得到如下序列：

　红桃 A, 2, 3, …, K　方块 A, 2, 3, …, K　梅花 A, 2, 3, …, K　黑桃 A, 2, 3, …, K

即两张牌，若花色不同，不论数值怎样，花色字段值低的那张牌都小于花色字段值高的，只有在同花色的情况下，大小关系才由数值的大小确定。这就是多关键字排序。

为了得到排序结果，可以按照以下方法进行调整：

先对花色进行排序，将其分成 4 组，即红桃组、方块组、梅花组、黑桃组。再对每个组分别按数值进行排序。最后，将 4 个组连接起来即可。

基数排序正是借助于这种思想，对不同类的元素进行分类，然后对同一类中的元素进行排序，通过这样的过程，完成对元素序列的排序。在基数排序中，通常将对不同元素的分类称为分配，排序过程称为收集。

基数排序的基本思想是：首先设置若干个箱子，顺序扫描待排序的数据，按数据的个位数装箱，把个位数为 k 的数据全部装入第 k 个箱子里（装箱分配）；然后，按箱号递增的顺序将各个非空箱子里的数据相连即得到第一趟排序结果（收集）；接下来，顺序扫描第一趟结果，按数据的十位数装箱，收集后得到第二趟排序结果；依次类推，直到按数据的最高位装箱，收集的结果即为最终的有序序列。

例如：有一组关键字序列（627，120，6，452，784，942，68，251，345，210），这组元素的位数最多为 3 位，在排序之前，首先将所以元素都转换成 3 位数字组成的数，即不足 3 位的，在前面添 0，因此关键字序列变为（627，120，006，452，784，942，068，251，345，210）。对这组元素进行基数排序需要经过两趟分配和收集。其过程如下：

（1）对最低位进行分配和收集，过程如图 9-19 所示。

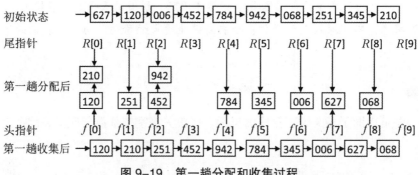

图 9-19　第一趟分配和收集过程

其中，数组 $f(i)$ 保存第 i 个链表的头指针，数据 $R[i]$ 保存第 i 个链表的尾指针。

（2）对十位数进行分配和收集的过程如图 9-20 所示。

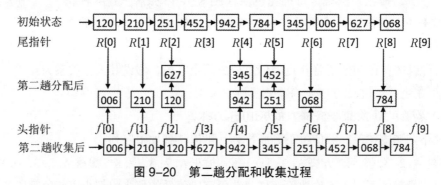

图 9-20　第二趟分配和收集过程

（3）对百位数字进行分配和收集的过程如图 9-21 所示。

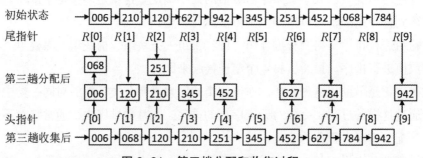

图 9-21　第三趟分配和收集过程

容易看出，经过第一趟排序即对个位数关键字进行分配后，关键字被分为 10 类，个位数相同的数字被划分为一类；对分配后的元素进行收集，得到按个位数非递减排列的元素序列。同理，经过第二趟分配和收集，得到按十位数非递减排列的元素序列；经过第三趟分配和收集，得到最终的排序结果。

◆　子任务 2　各种排序算法性能比较

从前面的比较和分析可知，每一种排序方法都有优缺点，适用于不同的情况。在实际应用中，应根据具体情况进行选择。

各种排序算法性能比较如表 9-1 所示。

表 9-1　各种排序算法性能比较

排序方法	时间复杂度			空间复杂度	稳定性
	平均情况	最好情况	最坏情况		
冒泡排序	$O(n^2)$	$O(n)$	$O(n^2)$	$O(1)$	稳定
直接插入排序	$O(n^2)$	$O(n)$	$O(n^2)$	$O(1)$	稳定
简单选择排序	$O(n^2)$	$O(n^2)$	$O(n^2)$	$O(1)$	不稳定
希尔排序	$O(n^{1.3})$			$O(1)$	不稳定
快速排序	$O(n\log_2 n)$	$O(n\log_2 n)$	$O(n^2)$	$O(\log_2 n)$	不稳定
堆排序	$O(n\log_2 n)$	$O(n\log_2 n)$	$O(n\log_2 n)$	$O(1)$	不稳定
归并排序	$O(n\log_2 n)$	$O(n\log_2 n)$	$O(n\log_2 n)$	$O(n)$	稳定

1. 时间复杂度

常用的内部排序方法按平均时间复杂度可分为以下 3 类。

（1）平方阶 $O(n^2)$ 排序，一般称为简单排序，例如直接插入排序、简单选择排序和冒泡排序。

（2）线性对数阶 $O(n\log_2 n)$ 排序，如堆排序、归并排序和快速排序。

（3）$O(n^{1.3})$ 阶排序，例如希尔排序。

从表 9-1 可以看出，在平均情况下，堆排序、归并排序和快速排序的时间复杂度均为 $O(n\log_2 n)$，它们都能达到较快的排序速度。进一步分析可知，快速排序是目前为止平均速度最快的排序方法。在最好的情况下，当参加排序的原始数据基本有序或局部有序时，冒泡排序和直接插入排序是速度最快的排序方法，时间复杂度为 $O(n)$；在最坏情况下，堆排序和归并排序速度最快，其时间复杂度为 $O(n\log_2 n)$。

2. 空间复杂度

所有排序方法的空间复杂度可归为以下 3 类：

（1）归并排序属于第一类，它的空间复杂度为 $O(n)$；

（2）快速排序属于第二类，其空间复杂度为 $O(\log_2 n)$；

（3）其他排序方法属于第三类，空间复杂度为 $O(1)$。

由此可知，归并排序的空间复杂度最大。

3. 稳定性

所有的排序分为稳定排序和不稳定排序两种。从表 9-1 可知，直接插入排序、冒泡排序、归并排序是稳定的排序；而简单选择排序、希尔排序、快速排序、堆排序是不稳定的排序。

4. 参加排序的数据规模

当 n 比较小时，采用简单排序方法比较好；当 n 很大时，采用时间复杂度为 $O(n\log_2 n)$ 的排序方法比较好。这是因为，n 越小，则 n^2 与 $n\log_2 n$ 的差距越小，采用简单排序算法效率较高；n 越大，则 n^2 与 $n\log_2 n$ 的差距越大，选用快速排序、堆排序和归并排序算法效率较高。

数据结构项目教程

5. 记录本身的信息量

记录本身的信息量大，表明记录所占用的存储字节数多，移动记录所需要的时间也就越多，这对移动记录次数较多的算法不利。例如，在简单排序算法中，简单选择排序移动记录的次数为 n 的数量级，冒泡排序和直接插入排序为 n^2 数量级，所以当记录本身信息量比较大时，选择简单选择排序算法有利，而选择冒泡排序和直接插入排序不利。对于堆排序、快速排序、归并排序和希尔排序而言，记录本身信息量的大小对它们的影响不大。

任务实现

```c
#include "stdio.h"
#include "stdlib.h"
#define D 3          //D代表关键字的位数
#define R 10         //R代表十进制
typedef char KeyType;
struct Node{
    KeyType key[D+1];
    struct Node* next;
};//初始序列及结果用单链表存储，关键字为字符串
typedef struct Node RadixNode;
typedef struct QueueNode{//类型定义（使用队列结构描述箱子）
    RadixNode *front;
    RadixNode *rear;
}Queue;
Queue queue[R];
void Radixsort(RadixNode *head,int d,int r){  //实现基数排序的方法
    int i,j,k;
    RadixNode *p;
    p=head->next;     //p指向第1个结点
    printf("\noutput key\n");
    while(p)  //若p所指结点非空
        {printf("%s ",p->key);p=p->next;}
    for(j=d-1;j>=0;j--){    //从个位开始，依次类推
        for(i=0;i<r;i++){//10个箱子清空（清队列）
            queue[i].front=NULL;
            queue[i].rear =NULL;
        }
        //顺序扫描，按相应的数位装箱
        p=head->next;                   //为从头扫描做准备
        while(p!=NULL){
        k=(p->key[j])-'0';                     //取数位k
```

```
            if(queue[k].front==NULL)
                queue[k].front=p;
            else
                (queue[k].rear)->next=p;
        queue[k].rear=p;
            p=p->next;                          // 处理下一个关键字
        }
        // 收集，将非空箱子首尾相连
        i=0;
        while(queue[i].front==NULL)  i++;         // 找到第 1 个非空的箱子
        head->next=queue[i].front; //head 指向收集结果的第 1 个关键字
        p=queue[i].rear;
        for(i=i+1;i<r;i++)
            if(queue[i].front!=NULL){         // 收集其余非空箱子
                p->next=queue[i].front;
                p=queue[i].rear;
            }
        p->next=NULL;
        // 输出本趟收集结果
        printf("\n");
        p=head->next;
        while(p)
        {printf("%s ",p->key);p=p->next;}
    }
}
RadixNode *Creat_RadixList(int n){
    // 依次输入 n 个元素的值，利用尾插法建立带头结点的单链表
    RadixNode *L,*s,*r;
    int i;
    L=(RadixNode *)malloc(sizeof(RadixNode));// 申请空间，生成头结点
    r=L;              // 指针 r 指向头结点
    printf(" 输入 %d 个数: \n", n);getchar();
    for(i=1;i<=n;i++){
        s=(RadixNode *)malloc(sizeof(RadixNode));
        scanf("%s",s->key);
        r->next=s;     // 将新结点 *s 插入指针 r 所指结点的后面
        r=s;           // 指针 r 指向新结点
    }
    r->next=NULL;// 对于非空表，最后结点的指针域为空指针
    return L;
```

```
}
main(){
    RadixNode *L;
    int n;
    printf("\n输入待排序的元素个数： ");
    scanf("%d",&n);
    L=Creat_RadixList(n);
    Radixsort(L,D,R);
    printf("\n");
}
```

程序运行结果如图 9-22 所示。

图 9-22　基数排序程序运行结果

项目小结

　　排序是程序设计中数据处理时经常运用的一种重要运算，本项目首先介绍了排序的基本概念，详细介绍了插入排序、交换排序、选择排序、归并排序、基数排序五种排序方法，对这几种排序方法的基本思想、排序过程及算法实现进行了详细的讨论，并简要给出了其时间复杂度和空间复杂度，最后再对各种排序算法进行了比较和总结。

　　排序运算在计算机信息处理中处于重要的地位，学生应深刻理解各种排序方法的基本思想和特点，掌握各种排序方法的算法，能够在实际应用中利用排序思想和方法写出高质量的排序算法程序，解决实践中的问题。

习题演练

一、选择题

　　1.设有一组初始记录关键字序列为（5，2，6，3，8），以第一个记录关键字 5 为基准进行一趟快速排序的结果为（　　）。

　　A.2，3，5，8，6　　　　　　　　　　　　　　　　　　B.3，2，5，8，6

C.3，2，5，6，8　　　　　　　　　　　　　　D.2，3，6，5，8

2. 设由某班 n 个学生的成绩组成待排序的记录关键字，则在堆排序中需要（　　）个辅助记录单元。

A.1　　　　　　　　　　　　　　　　　　　　B.n

C.$n\log_2 n$　　　　　　　　　　　　　　　　D.n^2

3. 设一组初始记录关键字为（20，15，14，18，21，36，40，10），则以 20 为基准记录的一趟快速排序结束后的结果为（　　）。

A.10，15，14，18，20，36，40，21

B.10，15，14，18，20，40，36，21

C.10，15，14，20，18，40，36，21

D.15，10，14，18，20，36，40，21

4. 设一组初始记录关键字序列为（345，253，674，924，627），则用基数排序需要进行（　　）趟的分配和回收才能使得初始序列变成有序序列。

A.3　　　　　　　　　　　　　　　　　　　　B.4

C.5　　　　　　　　　　　　　　　　　　　　D.8

5. 从未排序的序列中依次取出一个元素与已排序序列中的元素进行比较，然后将其放在已排序序列的合适位置，该排序方法称为（　　）。

A.直接插入排序　　　　　　　　　　　　　　B.冒泡排序

C.选择排序　　　　　　　　　　　　　　　　D.基数排序

6. 下列给出的 4 种排序方法中，（　　）排序方法是不稳定的。

A.插入　　　　　　　　　　　　　　　　　　B.冒泡

C.两路归并　　　　　　　　　　　　　　　　D.堆

7. 对 n 个关键字进行冒泡排序，在元素无序的情况下比较次数为（　　）。

A.$n+1$　　　　　　　　　　　　　　　　　　B.n

C.$n-1$　　　　　　　　　　　　　　　　　　D.$n(n-1)/2$

8. 若一组记录的关键字为（46，79，56，38，40，84），则利用堆排序的方法建立的初始堆为（　　）。

A.79，46，56，38，40，84　　　　　　　　　B.84，79，56，38，40，46

C.84，79，56，46，40，38　　　　　　　　　D.84，56，79，40，46，38

9. 在下面的排序方法中，关键字比较次数与记录的初始排列无关的是（　　）。

A.希尔排序　　　　　　　　　　　　　　　　B.冒泡排序

C.直接插入排序　　　　　　　　　　　　　　D.简单选择排序

10. 用某种排序方法对关键字序列（25，84，21，47，15，27，68，35，20）进行排序时，序列的变化情况如下：

20，15，21，25，47，27，68，35，84

15，20，21，25，35，27，47，68，84

15, 20, 21, 25, 27, 35, 47, 68, 84

则所采用的排序方法是（　　　）。

  A. 选择排序　　　　　　　　　　　　B. 希尔排序

  C. 归并排序　　　　　　　　　　　　D. 快速排序

二、填空题

1. 在有序表（12, 24, 36, 48, 60, 72, 84）中二分查找关键字 72 时所需进行的关键字比较次数为 _____。

2. 在对一组记录（23, 45, 21, 71, 63, 85, 47, 86, 91, 25, 24）进行直接插入排序时，要把第 7 个记录 47 插入有序表中，为寻找插入位置至少要比较 _____ 次。

3. 在进行插入和选择排序时，若初始数据基本正序，则选用 _____；若初始数据基本逆序，则选用 _____。

4. 对 n 个元素的序列进行冒泡排序，最少的比较次数是 _____，此时元素的排列情况为 _____；在 _____ 情况下比较次数最多，其比较次数为 _____。

5. 希尔排序把记录按下标的一定增量分组，对每组记录进行直接插入排序，随着增量 _____，所分成的组包含的记录越来越多，当增量的值为 _____ 时，整个数组合为一组。

6. 对 n 个数据进行简单选择排序，所需进行的关键字间比较次数为 _____，时间复杂度为 _____。

7. 在时间复杂度为 $O(n\log_2 n)$ 的排序方法中，_____ 排序方法是稳定的；在时间复杂度为 $O(n^2)$ 的排序方法中，_____ 排序方法是不稳定的。

三、算法分析题

1. 阅读下列算法，并回答下列问题：

（1）该算法采用何种策略进行排序？

（2）算法中 R[n+1] 的作用是什么？

```
Typedef struct{
    KeyType key;
    infoType otherinfo;
} nodeType;
typedef nodeType SqList[MAXLEN];
void sort(SqList R,int n)
{
  //n 小于 MAXLEN-1
  int k;i;
  for(k=n-1;k>=1;k--)
    if(R[k].key>R[k+1].key)
    {
        R[n+1]=R[k];
```

```
            for(i=k+1;R[i].key<R[n+1].key;i++)
                R[i-1]=R[i];
                R[i-1]=R[n+1];
        }
}
```

2. 利用下面程序实现二分查找算法，在空白处填写适当内容，使该程序功能完整。

```
Typedef struct{
    KeyType key;
    InfoType otherinfo;
}SeqList[N+1];
int BinSearch(SeqList R, int n, KeyType K)
{   int low=1, high=n;
    while(___(1)___){
    mid=(low+high)/2;
    if(___(2)___)
        return mid;
    if(R[mid].key>K)
        high=mid-1;
    else
        ___(3)___;
    }
        return 0;
}
```

四、算法设计题

1. 编写一种算法，实现单链表存储结构下的选择排序，并输出排序结果。

2. 编写一个算法，实现快速排序，并输出每一趟的排序结果。

3. 利用基数排序的思想，设计一个学生考试总成绩的排序算法，要求存储学生的学号和姓名及成绩，最后按总成绩从高到低进行输出。

参考文献

REFERENCES

[1] 严蔚敏，吴伟民 . 数据结构（C 语言版）[M]. 北京：清华大学出版社，2007.

[2] 徐翠霞 . 数据结构案例教程（C 语言版）[M]. 北京：北京大学出版社，2009.

[3] 陈锐 . 数据结构（C 语言版）[M]. 北京：清华大学出版社，2012.

[4] 安训国，刘俞 . 数据结构 [M]. 3 版 . 大连：大连理工大学出版社，2006.

[5] 陈明 . 实用数据结构 [M]. 2 版 . 北京：清华大学出版社，2010.

[6] 唐发根 . 数据结构 [M]. 2 版 . 北京：科学出版社，2004.

[7] 李春葆，尹为民，蒋晶珏 . 数据结构联考辅导教程 [M]. 北京：清华大学出版社，2011.

[8] 李学国，谭超 . 数据结构项目教程 [M]. 北京：清华大学出版社，2016.